MATLAB
程序设计基础与应用

刘帅奇　李会雅　赵杰　编著

清华大学出版社

北　京

内 容 简 介

本书编写的目的是让读者全面了解 MATLAB 程序设计的基础知识，从而能够掌握基本的 MATLAB 程序开发，以适应现代工程技术的发展。本书针对普通高校广大学生和教师的教学需要，从最简单的 MATLAB 程序设计开始介绍，涉及矩阵运算、图形显示、概率统计、图像处理和插值拟合等内容，覆盖面广，有利于促进广大 MATLAB 使用者之间的交流与学习。

本书主要介绍了 MATLAB 程序设计的一些基础知识。全书共分 8 章，涵盖的主要内容有 MATLAB 编程环境、MATLAB 矩阵及其运算、MATLAB 绘图、MATLAB 程序设计、MATLAB 数据分析及应用、MATLAB 数据结构、MATLAB 图形用户界面设计和 MATLAB 在图像处理中的应用。本书系统地介绍了 MATLAB 程序设计所需要的基本知识，并给出了交互设计软件的方法，最后还给出了 MATLAB 在图像处理中的应用，为后续 MATLAB 的实际应用做好铺垫。为了方便教师教学和读者自我检测，本书每章最后都特意给出了习题供读者实战演练。另外，本书还配备了专业的教学 PPT。以方便相关院校教学使用。

本书可以作为通信、电子信息等专业的高年级本科生、研究生及教师的教材和参考书，也可供从事相关领域研究的科技人员、工程技术人员及 MATLAB 爱好者学习和参考。

图书在版编目（CIP）数据

MATLAB 程序设计基础与应用 / 刘帅奇，李会雅，赵杰编著. —北京：清华大学出版社，2016
（2023.7重印）

ISBN 978-7-302-44918-8

Ⅰ. ①M… Ⅱ. ①刘… ②李… ③赵… Ⅲ. ①Matlab 软件-程序设计 Ⅳ. ①TP317

中国版本图书馆 CIP 数据核字（2016）第 205356 号

责任编辑：冯志强
封面设计：欧振旭
责任校对：徐俊伟
责任印制：丛怀宇

出版发行：清华大学出版社

网　　　址：http://www.tup.com.cn, http://www.wqbook.com

地　　　址：北京清华大学学研大厦 A 座　　邮　编：100084

社 总 机：010-83470000　　邮　购：010-62786544

投稿与读者服务：010-62776969，c-service@tup.tsinghua.edu.cn

质量反馈：010-62772015，zhiliang@tup.tsinghua.edu.cn

印 装 者：三河市少明印务有限公司

经　　销：全国新华书店

开　　本：185mm×260mm　　印　张：21　　字　数：528 千字

版　　次：2016 年 10 月第 1 版　　印　次：2023 年 7 月第 10 次印刷

定　　价：49.80 元

产品编号：069789-01

在线交流，有问有答

全球知名的 MATLAB&Simulink 技术交流社区——MATLAB 中文论坛联合本书作者和编辑，一起为您提供与本书相关的问题解答和 MATLAB 技术支持服务，让您获得极佳的阅读体验。请登录 MATLAB 中文论坛，提出您在阅读本书时产生的疑问，作者将尽力为您解答。您对本书的任何建议也可以在论坛上发帖，以便于我们后续改进。您的建议将是我们创造精品的最大动力和源泉。另外，您也可以在 MATLAB 中文论坛的本书页面上下载本书源程序和教学 PPT 等资源。

"在线交流，有问有答"网络互动参与步骤如下：

（1）在 MATLAB 中文论坛 www.iLoveMatlab.cn 上注册一个会员账号并登录。

（2）在论坛上找到"MATLAB 读书频道：与作者面对面交流"版块，并找到到本书，如图 1 所示。

图 1 "MATLAB 读书频道：与作者面对面交流"版块

（3）单击链接进入本书版块，即可发帖提问，与作者交流。您也可以在该版块上下载本书配套源程序和教学 PPT，还可以查看本书的相关勘误信息，如图 2 所示。

图 2 本书"在线交流，有问有答"版块

前　　言

　　MATLAB 是美国 MathWorks 公司出品的商业数学软件。它将数值分析、矩阵计算、科学数据可视化及非线性动态系统的建模和仿真等诸多强大功能集成在一个易于使用的视窗环境中，为科学研究、工程设计及必须进行有效数值计算的众多科学领域提供了一种全面的解决方案，并在很大程度上摆脱了传统非交互式程序设计语言的编辑模式，代表了当今国际科学计算软件的先进水平。与其他计算机语言相比，MATLAB 更加接近人们书写计算公式的思维方式，其程序编写就像是在演算纸上列出公式进行求解的过程，这使人们摆脱了许多重复、复杂的机械性编程细节，而把注意力集中在创造性问题上，用尽可能短的时间得到有价值的结果。MATLAB 还具有编程简单、节省时间、提高效率、易学易懂、功能强大、适用范围广、可移植性强和开放性强等特点，是在校大学生进行科学研究必须掌握的基本技能。

　　本书作为介绍 MATLAB 编程技术的基础教科书，主要为 MATLAB 初学者详细介绍了MATLAB 的基本功能、函数格式与调用、编程方法与程序运行等内容，并以高等数学、线性代数、概率论、数理统计、优化问题、数据处理、系统仿真等学科为背景，精心选取了实例和常见的案例来讲解 MATLAB 的具体操作方法，从而让读者能够轻松自如地掌握MATLAB 的编程方法和技巧，为从事科学研究和相关行业的开发打下良好的基础。本书内容涵盖了 MATLAB 在各学科通用的基础内容，充分展现了 MATLAB 的各项常用功能，而且叙述简明扼要，深入浅出，还提供了丰富的实例及习题，是广大高校理工科专业的学生和科研爱好者不可多得的 MATLAB 编程基础读物。

本书特色

1. 内容丰富，结构合理

　　本书涵盖了 MATALB 程序设计所涉及的基本概念和矩阵运算、绘图、概率统计、数据分析、数据结构、图形用户界面、图像处理和插值拟合等内容，可以满足大部分 MATLAB初学者的学习需求。

2. 实例丰富，注重实用

　　本书编写时考虑了高等院校相关专业的专业基础和教学需求，讲解时结合 MATLAB程序设计的相关理论，并提供了大量的实例和案例来讲述重要知识点和相关注意事项，有很强的实用性。

3. 由浅入深，循序渐进

本书编写遵循由浅入深，循序渐进的原则，前面的章节可以让读者顺利踏入 MATLAB 的大门，后面的章节则可以让读者逐步深入到相关专业技术领域，这样的安排使得读者的学习曲线平滑，梯度合理，学习效果好。

4. 语言通俗，图文并茂

本书用通俗易懂的语言讲解各个知识点，而且在讲解过程中提供了大量的图示以帮助读者直观地理解所学知识。这可以让读者快速上手，迅速掌握 MATALB 知识。

5. 提供大量的课后习题

本书每章后都提供了丰富的习题，这既可以方便相关院校的教学需求，也可以供 MATLAB 自学人员和爱好者巩固所学知识。这些习题和每章内容密切关联，读者只要掌握了每章内容，稍加努力就能解出这些题目。

6. 提供教学PPT

为了方便相关院校的老师教学和学生学习，笔者专门为本书制作了专业的教学课件（PPT），需要的读者可以按照本文后提供的获取方式获取。

本书内容介绍

本书共分 8 章，主要内容概括如下：

第 1 章介绍 MATLAB 的编程环境，主要包括 MATLAB 的特点、安装、编程环境及一些通用命令等。

第 2 章介绍 MATLAB 矩阵及其运算，主要包括 MATLAB 程序设计语言中的变量、数据、矩阵的定义及基本操作等。

第 3 章介绍 MATLAB 绘图，不仅对 MATLAB 程序中的二维绘图和三维绘图进行了详细介绍，还介绍了如何设置曲线样式、图形标注、坐标控制、图形的可视化编辑和图形窗口的分割等。

第 4 章介绍 MATLAB 环境下进行程序设计的相关知识，主要对 M 文件、程序控制结构、函数文件、全局变量、局部变量和程序调试等问题进行了介绍。

第 5 章介绍 MATLAB 数据分析及应用，主要介绍了 MATLAB 在线性代数、数据处理、数值微积分和常微分方程求解等方面的数据分析方法及应用。

第 6 章介绍 MATLAB 数据结构，主要介绍了多维数组、结构体、细胞和字符串 4 种数据类型的构造和应用。

第 7 章介绍 MATLAB 图形用户界面设计，主要对 GUI 进行了简单介绍，然后介绍了 GUI 开发环境 GUIDE 及其组成部分的用途和使用方法，并给出了 GUI 中菜单和对话框等的设计，还给出了实现 GUI 的设计实例。

第 8 章介绍 MATLAB 在图像处理中的应用，主要介绍了图像的读取、显示和写入，并对简单的图像处理进行了介绍。

本书读者定位

本书可作为高等院校理工科专业本科生或研究生的课程教材及教学参考用书，亦可作为 MATLAB 爱好者和相关研究人员的参考资料。本书要求读者最好具备信号与系统、高等数学和线性代数等课程的基本知识。

本书配套资源获取方式

本书涉及的源程序和教学 PPT 等资源需要读者自行下载。请到清华大学出版社的网站上（www.tup.com.cn）搜索到本书页面，然后在页面上的"资源下载"处下载。读者也可以在 MATLAB 中文论坛上的本书页面上下载（网址：http://www.ilovematlab.cn/forum-255-1.html）。

本书作者

本书主要由刘帅奇、李会雅和赵杰负责编写。北京交通大学的马晓乐博士，河北大学的王雪虎和王竹毅老师，河北大学的张宇、张鹤、马莎莎、魏兰兰、王新杰、张维轩、刘会会、方萍、李小妹、周晨、桂凤林、李然等人也编写了部分内容。本书在编写过程中得到了相关老师及国内兄弟高校同仁的大力支持，在此表示衷心的感谢！

因作者水平所限，本书恐有疏漏之处，恳请广大读者批评指正。

编者

目　　录

第 1 章　MATLAB 编程环境

在数学计算中有三大数学软件，分别是 MATLAB、Mathematica 和 Maple，其中 MATLAB 是应用最广泛的科学计算软件之一，这主要归功于 MATLAB 具有可以很好地进行矩阵运算、绘制函数和控制数据、实现算法、创建用户界面、连接其他编程语言的程序等优点。MATLAB 主要应用于工程计算、控制设计、信号处理与通信、图像处理、信号检测、金融建模设计与分析等领域，是目前在国际上被广泛接受和使用的计算机工具。MATLAB 集数值与符号运算、数据可视化与图形用户界面设计、编程和仿真等多种功能于一体，具有功能强大、易于学习、应用范围广泛等特点，掌握了这一工具将使日常的学习和工作事半功倍。本章主要介绍 MATLAB 的特点、安装、编程环境以及一些常用的通用命令等。

1.1　MATLAB 概述

MATLAB 是一种高效的语言，其发展速度之快、应用范围之广、功能之强大，已为业内人士所惊叹。因此本节先对 MATLAB 的发展历程、系统结构及特点、学科工具箱等内容进行整体介绍，使初学者快速了解 MATLAB 的概况。

1.1.1　MATLAB 发展历程

MATLAB 是 MATrix LABoratory（矩阵实验室）的缩写。20 世纪 70 年代后期，时任美国新墨西哥大学计算机科学系主任的克里夫•莫勒尔（Cleve Moler）教授为了减轻学生编程负担，用 Fortran 语言为学生编写了线性系统软件包（Linpack）和特征值计算软件包（Eispack），这便是最初版本的 MATLAB。

1984 年，杰克•李特（Jack Little）、克里夫•莫勒尔和斯蒂夫•班格尔特（Steve Bangert）合作成立了 Mathworks 公司，正式把 MATLAB 推向市场，并在拉斯维加斯举行的"IEEE 决策与控制会议"上推出了利用 C 语言编写的面向 MS-DOS 系统的 MATLAB 1.0。MATLAB 以商品形式出现后的短短几年里，就以其良好的开放性和运行的可靠性，使原先控制领域里的封闭式软件包纷纷被淘汰。20 世纪 90 年代，MATLAB 已经成为国际控制界公认的标准计算软件。1993 年推出了基于 PC 平台的以 Windows 为操作系统平台的 MATLAB 4.0；1996 年推出了 MATLAB 5.0，增加了更多数据结构，使其成为更方便的编程语言；2000 年 10 月推出了全新的 MATLAB 6.0 正式版（R12），在核心数值算法、界面设计、外部接口、应用桌面等方面有了极大改进；2004 年 7 月推出了 MATLAB 7.0(R14)，在编程环境、代码效率、数据可视化、文件 I/O 等方面进行了全面升级。从 2006 年起，

MATLAB 每年推出两个版本，上半年推出的用 a 标识，下半年推出的用 b 标识，如 2006 年上半年推出的版本为 MATLAB 7.2（R2006a），下半年推出的版本为 MATLAB 7.3（R2006b）。2012 年 3 月发布了最新版 MATLAB 7.14（R2012a）。

  MATLAB 具有功能强、学习容易、效率高等特点，已成为线性代数、数值分析计算、数学建模、最优化设计、统计数据处理、生物医学工程、财务分析、金融计算、自动控制、数字信号处理、通信系统仿真等课程的基本教学工具，是目前世界上最流行的仿真计算软件之一。掌握了这一重要工具，可为今后的学习、科学研究、行业开发打下较好的基础。

1.1.2　MATLAB 主要功能

  MATLAB 的功能非常强大，其主要功能如下。
- 数值计算、符号计算、工程计算等各种计算功能。
- 绘制二维图形和三维图形等数据可视化功能。
- 创建函数文件、数据管理等编程的开发环境。
- 使用线性代数、统计、优化、插值、拟合等方法的数据处理能力。
- 利用工具箱处理各应用领域内特定类型问题的扩展功能。
- 基于 Simulink 工具的系统建模、仿真和分析功能。
- 构建自定义图形用户界面的应用软件开发功能。
- 将 MATLAB 的算法与外部应用程序和语言（如 C、Fortran、Java 和 Microsoft Excel）的集成功能。

1.1.3　MATLAB 特点

  MATLAB 的基本数据单位是矩阵，它的指令表达式与数学、工程中常用的形式十分相似。MATLAB 之所以受到广大读者的喜爱，是因为它具有其他语言所不具备的特点。MATLAB 的特点如下。

1．直译式的编程语言

  MATLAB 语言是以矩阵计算为基础的程序设计语言，简单易学，用户不用花太多的时间即可掌握其编程技巧。其指令格式与习惯用的数学表达式非常相近，语法规则也与一般的结构化高级编程语言类似，包括控制语句、函数、数据结构、输入输出等内容和面向对象编程特点。对于要解决的问题，用户可以在命令窗口中使输入语句与执行命令同步，也可以先编写好一个较大的应用程序（M 文件），然后一起运行。

2．短小高效的代码

  由于 MATLAB 已将数学问题的具体算法编成了函数，因此用户只要熟悉算法的特点、使用场合、函数的调用格式和参数意义等，通过调用函数很快就可以解决问题。MATLAB 语句功能强大，一条语句往往相当于其他高级语言中的几十条甚至上百条语句，为编程者节省了大量的时间。MATLAB 语句书写简单，表达式的书写如同在稿纸中演算一样，与人们的手工运算相一致，容易被接受。

3．强大的科学计算与数据处理能力

MATLAB 是包含大量计算算法的集合，拥有上千个数学函数和工程计算函数，可以直接调用而不需另行编程，可非常方便地实现用户所需的各种计算功能。该软件具有强大的矩阵计算功能，拥有众多的工具箱，几乎能解决大部分学科中的数学问题。

4．先进的绘图和数据可视化功能

MATLAB 具有丰富的图形处理功能和方便的数据可视化功能，以将向量和矩阵用图形表现出来，并且可以对图形进行标注和打印，可用于科学计算和工程绘图。MATLAB 能够按照数据产生高质量的二维数据图形和三维数据图形，并可绘制各类函数的多维图形，还可以对图形设置颜色、光照、纹理、透明性等，以增强图形的表现效果。

5．可扩展性能

MATLAB 包括两部分内容：基本部分和各种可选的工具箱。基本部分构成了 MATLAB 的核心内容，也是使用和构造工具箱的基础；工具箱扩展了 MATLAB 的功能。除内部函数外，所有 MATLAB 基本文件和工具箱文件都是可读可改的源文件，用户可通过对源文件进行修改或加入自己编写的文件，构造自己的专用工具箱，以方便解决自己领域内常见的计算问题。

6．友好的工作平台和编程环境

MATLAB 中的工具包大多采用图形用户界面，其界面越来越精致，更加接近 Windows 的标准界面，人机交互性更强，操作更简单。简单的编程环境提供了比较完备的调试系统，程序不必经过编译就可以直接运行，而且能够及时地报告出现的错误并进行出错原因分析。

7．MATLAB具有强大的面向实际问题的处理能力

MATLAB 是一个包含大量计算算法的集合。MATLAB 的函数集包括从最简单最基本的函数到诸如矩阵，特征向量、快速傅立叶变换的复杂函数。它能解决矩阵运算和线性方程组的求解、微分方程及偏微分方程的组的求解、符号运算、傅立叶变换和数据的统计分析、工程中的优化问题、稀疏矩阵运算、复数的各种运算、三角函数和其他初等数学运算、多维数组操作以及建模动态仿真等问题。在通常情况下，可以用它来代替底层编程语言，如 C 语言和 C++语言。

8．以复数矩阵为基本单元

在 MATLAB 中，以复数矩阵为基本编程单元，使矩阵操作变得轻而易举。

MATLAB 中矩阵操作如同其他高级语言中的变量操作一样方便，而且矩阵无须采用，可随时改变矩阵的尺寸。

1.2　MATLAB 的组成部分

MATLAB 非常强大的功能与其组成部分是密不可分的，本节介绍 MATLAB 的主要组

成部分和 MATLAB 的重要组件，通过两者的配合，MATLAB 才能更好地从事科学计算。

1.2.1 MATLAB 主要组成部分

MATLAB 系统由 MATLAB 开发环境、MATLAB 数学函数库、MATLAB 语言、MATLAB 图形处理系统和 MATLAB 应用程序接口（API）5 大部分构成。下面对这 5 部分分别进行介绍。

- ❑ MATLAB 开发环境是一套方便用户使用的 MATLAB 函数和文件工具集，其中的许多工具是图形化的用户接口。它是一个集成的用户工作空间，允许用户输入输出数据，并提供了 M 文件的集成编译和调试环境，包括 MATLAB 桌面、命令窗口、M 文件编译调试器、工作空间浏览器和在线帮助文档。
- ❑ MATLAB 数学函数库是数学算法的一个巨大集合，包括初等数学的基本算法，高等数学、线性代数学科的复杂算法等。用户直接调用其函数就可进行运算，它是MATLAB 系统的基本组成部分。
- ❑ MATLAB 语言是一种交互性的数学脚本语言，支持逻辑、数值、文本、函数柄、细胞数组和结构数组等数据类型，是一种高级的基于矩阵/数组的语言，具有程序流控制、函数、数据结构、输入输出和面向对象编程等特色。
- ❑ MATLAB 图形处理系统是指 MATLAB 系统提供的强大的数据可视化功能，包括二维、三维图形函数，图像处理和动画效果等。它还提供了包括线型、色彩、标记、坐标等修饰方法，使绘制的图形更加美观、精确。
- ❑ MATLAB 应用程序接口（API）是 MATLAB 语言与 C 语言、Fortran 等其他高级编程语言进行交互的函数库。该库的函数通过调用动态链接库（DLL）实现与MATLAB 文件的数据交换，其主要功能包括在 MATLAB 中调用 C 语言和 Fortran程序，在 MATLAB 与其他应用程序间建立客户/服务器关系。

1.2.2 MATLAB 重要部件

MATLAB 系统提供了两个重要部件：Simulink 和 Toolboxes，在系统和用户编程中占据着重要的地位。

Simulink 是 MATLAB 附带的软件，是对非线性动态系统进行仿真的交互式系统。在Simulink 交互式系统中，可利用直观的方框图构建动态系统，然后采用动态仿真的方法得到结果。

针对各个应用领域中的问题，MATLAB 提供了许多实用函数，称为工具箱函数。MATLAB 之所以能得到广泛应用，源于 MATLAB 众多的工具箱函数给各个领域应用人员带来的便利。MATLAB 通过附加的工具箱（Toolbox）进行功能扩展，每一类工具箱都是实现特定功能的函数集合。MATLAB 工具箱主要分为以下几大类。

- ❑ 数学、统计与优化。
- ❑ 控制系统设计和分析。
- ❑ 信号处理和通信。
- ❑ 图像处理与计算机视觉。

- 计算金融。
- 计算生物。
- 并行计算
- 测试与测量。
- 数据库访问与报告。
- 代码生成和验证。

MATLAB R2012a 自带的学科工具箱类型如表 1.1 所示。

表 1.1　MATLAB R2012a工具箱类型

Toolboxes	工具箱名称	Toolboxes	工具箱名称
Aerospace	航空航天分析工具箱	Image Processing	图像处理工具箱
Bioinformatics	生物信息科学工具箱	Instrument Control	仪器设备控制工具箱
Communication	通信工具箱	Mapping	地图工具箱
Computer Vision System	计算机视觉工具箱	Model-Based Calibration	基于模型的调校工具箱
Control System	控制系统工具箱	ModelPredictive Control	模型预测控制工具箱
Curve Fitting	曲线拟合工具箱	Neural Network	神经网络工具箱
Data Acquisition	数据采集工具箱	OPC	OPC 工具箱
Database	数据库工具箱	Optimization	最优化工具箱
Datafeed	财务资料来源工具箱	Parallel Computing	并行计算工具箱
DSP System	数字信号处理系统工具箱	Partial Differential	偏微分方程工具箱
Econometrics	计算经济学工具箱	Phased Array System	相控阵系统工具箱
Filter Design HDL Coder	滤波器设计 HDL 编码工具箱	Robust Control	鲁棒控制工具箱
Financial	财经工具箱	RF	射频工具箱
Financial Derivatives	衍生金融产品工具箱	Signal Processing	信号处理工具箱
Fixed-Income	固定收益产品工具箱	Statistics	统计工具箱
Fixed-Point	定点工具箱	Symbolic Math	符号运算工具箱
Fuzzy Logic	模糊逻辑工具箱	System Identification	系统辨识工具箱
Global Optimization	全局优化工具箱	Vehicle Network	车载网络工具箱
Image Acquisition	影像撷取工具箱	Wavelet	小波工具箱

MATLAB 具有开放性，其内部函数、主包文件和各种工具包文件，都是可读、可修改的函数，因此用户可通过对源程序进行修改，或加入自己编写的程序来构造新的专用工具包。

1.3　MATLAB 的安装

下面以 Windows 7 系统安装的 MATLAB 7.0 为例来说明 MATLAB 的安装步骤。以 Windows 7 系统安装的 MATLAB 7.0 为例来说明 MATLAB 的安装步骤。

（1）开始安装：将 MATLAB 7.0 安装盘放入光驱，打开 MATLAB 7.0 安装盘，开始安装。初始化后打开 Welcome to the MathWorks Installer 窗口，如图 1.1 所示。选择 Install 选项，单击 Next 按钮进入下一步安装。

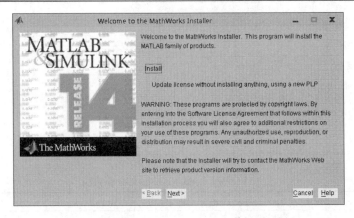

图 1.1　Welcome to the MathWorks Installer 窗口

（2）用户信息登记和授权注册码输入：在步骤（1）中单击 Next 按钮后，将会打开 License Information 窗口，如图 1.2 所示。在 Name 和 Company 这两行中可随便输入，第 3 行则需要输入注册号。

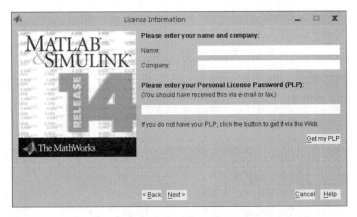

图 1.2　License Information 窗口

（3）软件用户协议：如果上一步中输入授权注册码正确，单击 Next 按钮打开 License Agreement 窗口，如图 1.3 所示。先选择 Yes 选项，再单击 Next 按钮进入下一步操作。

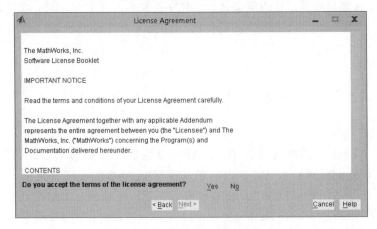

图 1.3　Licensing Agreement 窗口

（4）安装方式选择：MATLAB 提供了两种安装方式，即典型安装（Typical）和自定义安装（Custom），如图 1.4 所示。先选择 Typical 选项，然后单击 Next 按钮进入下一步操作。

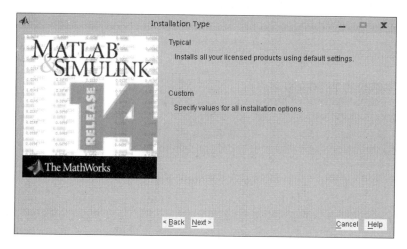

图 1.4　Installation Type 窗口

（5）软件安装路径选择：打开 Folder Selection 窗口，选择软件的安装目录，系统默认是安装在 C 盘下的 MATLAB 文件夹下，如图 1.5 所示，再单击 Next 按钮进入下一步操作。

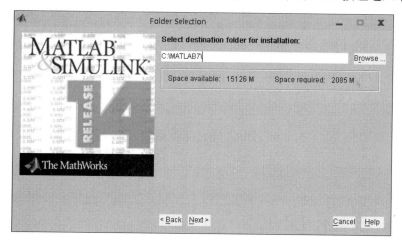

图 1.5　Folder Selection 窗口

（6）确认安装：在 MATLAB 复制文件到硬盘之前，如图 1.6 所示，会打开 Confirmation 窗口给出安装说明。若这些软件安装设置有问题，单击 Back 按钮返回之前的过程，重新选择、设置安装过程；若确认无误，则单击 Install 按钮确认安装。之后会弹出如图 1.7 所示的安装进度框。

（7）阅读产品配置的注意事项：安装完成后会打开如图 1.8 所示的产品配置注意事项的窗口，用来告诉用户目前安装的产品是否需要额外配置，然后单击 Next 按钮，进入下一步操作。

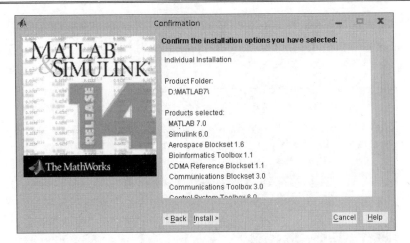

图 1.6　Confirmation 窗口

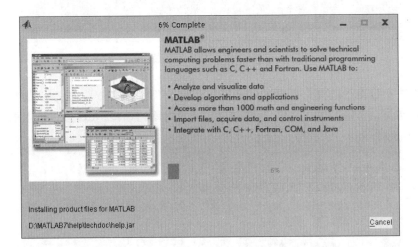

图 1.7　安装进度框

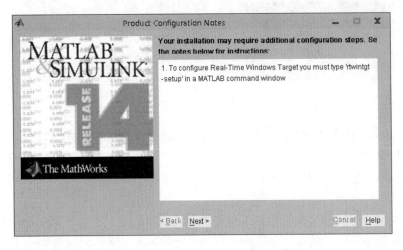

图 1.8　Product Configuration Notes 窗口

（8）安装完成：MATLAB 安装程序完成时，会显示如图 1.9 所示的安装完成窗口。单击 Finish 按钮结束安装过程。

　　当将 MATLAB 安装到硬盘上以后,一般会在 Windows 桌面上自动生成 MATLAB 程序图标,如图 1.10 所示,这时只要双击该图标即可启动 MATLAB;或者单击桌面左下角的"开始"按钮,选择"所有程序"→MATLAB 7.0,即可启动。

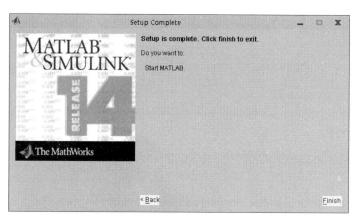
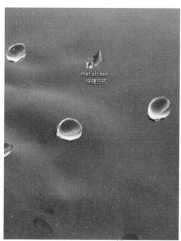

图 1.9　Setup Complete 窗口　　　　图 1.10　MATLAB 桌面快捷键

　　在 MATLAB 操作桌面中的菜单栏中选择 File→Exit MATLAB;或在命令窗口中输入命令 quit 或者 exit;或直接单击窗口右上角的"关闭"按钮，都可关闭 MATLAB。

1.4　MATLAB 开发环境

　　MATLAB 开发环境是一套方便用户使用的 MATLAB 函数和文件工具集,其中许多工具是图形化用户接口,主要包括 MATLAB 的软件开发环境和 MATLAB 的搜索路径等。

1.4.1　MATLAB 软件开发环境

　　MATLAB 的软件开发环境是一个集成的用户工作空间,允许用户输入输出数据,并提供了 M 文件的集成编译和调试环境,包括命令窗口、M 文件编辑调试器、MATLAB 工作空间。MATLAB 开发环境如图 1.11 所示。

　　下面分别介绍 MATLAB 编程环境中包含的元素。

1. 菜单栏

MATLAB 7.0 的菜单栏主要包括 File、Edit、Debug、Desktop、Help 等菜单项,下面简要介绍各菜单项的组成及功能。

❑　File 菜单项:主要包含新建/打开文件、关闭窗口、导入数据、保存工作空间内的数据、设置 MATLAB 的搜索路径、软件属性设置、打印及其页面设置、退出 MATLAB 等选项。

❑ Edit 菜单项：主要用于常见文档的撤销、复制、粘贴、删除、查找等工作，同时用于清除命令窗格、历史窗格、工作空间内容。

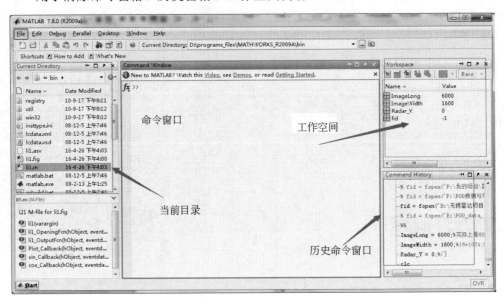

图 1.11　MATLAB 的开发环境

❑ Debug 菜单项：用于程序调试，主要包括调试断点设置、调试步骤的步进。

❑ Desktop 菜单项：用于桌面窗口显示控制。

❑ Help 菜单项：用于获取 MATLAB 7.0 帮助信息，MATLAB 帮助系统主要包括软件自带的帮助文件和网络在线帮助文档。

每个菜单项的具体功能如表 1.2～表 1.8 所示。

表 1.2　File 菜单项

菜 单 名 称	功　　能
New	新建 M 文件、类、图形窗口、变量模型和图形用户界面等
Open	打开 M 文件、fig 文件、mat 文件、mdl 文件、cdr 文件等
Close Command Window	关闭命令窗口
Import Data	从其他文件导入数据，选择该命令，可弹出选择被导入文件的对话框
Save Workspace As	把工作空间的数据保存到相应的路径文件中
Set Path	设置工作路径
Preferences	设置窗口的属性
Page Setup	设置页面
Print	设置打印属性
Print Selection	对选择的文件数据设置打印属性
Exit Matlab	退出 MATLAB

表 1.3　Edit 菜单项

菜 单 名 称	功　　能
Undo	撤销上一步的操作
Redo	重新执行上一步的操作
Cut	剪切选中的对象

菜 单 名 称	功　　能
Copt	复制选中的对象
Paste	粘贴剪切板上的内容
Paste to Workspace	向工作空间中粘贴内容
Select All	全选
Delete	删除选定的对象
Find	查找对象
Find Files	查找文件
Clear Command Window	清空命令窗口的对象
Clear Command History	清空命令的历史记录
Clear Workspace	清除工作空间的对象

表 1.4　Debug菜单项

菜 单 名 称	功　　能
Open Files when Debugging	调试时打开 M 文件
Step	单步调试程序
Step In	单步调试进入子程序
Step Out	单步调试从子函数中跳出
Continue	程序执行到下一个断点
Clear Breakpoints in All Files	清除所有打开文件中的断点
Stop if Errors/Warnings	程序报错或警告时停止向下执行
Exit Debug Mode	退出调试模式

表 1.5　Parallel菜单项

菜 单 名 称	功　　能
Select Cluster Profile	选择集群配置文件
Import Cluster Profile	导入集群配置文件
Manage Cluster Profile	管理集群配置文件
Monitor Jobs	配置项监控工作

表 1.6　Desktop菜单项

菜 单 名 称	功　　能
Minimize Command Window	最小化命令窗口
Maximize Command Window	最大化命令窗口
Undock Command Window	全屏显示命令窗口，并设为当前活动窗口
Move Command Window	移动命令窗口
Resize Command Window	调整命令窗口大小
Desktop Layout	窗口布局选项
Save Layout	保存选定的工作区设置
Organize Layouts	管理保存的工作区设置
Command Window	显示命令窗口
Command History	显示历史命令窗口
Current Folder	显示当前文件夹窗口
Workspace	显示工作窗口
Help	显示帮助窗口

菜 单 名 称	功　能
Profiler	显示轮廓图窗口
File Exchange	文件转换
Editor	编辑器窗口
Figures	图形窗口
Web Browser	网络浏览窗口
Variable Editor	变量编辑器
Comparison Tool	比较工具
Toolbars	显示或隐藏工具栏，用户可以自定义工具栏
Titles	显示或隐藏各个窗口的标题栏

表 1.7　Window菜单项

菜 单 名 称	功　能
Close All Documents	关闭所有文档
Next Tool	下一工具
Previous Tool	上一工具
Next Tab	下一标签页
Previous Tab	上一标签页
0 Command Window	选定命令窗口为当前活动窗口
1 Command History	选定历史命令窗口为当前活动窗口
2 Current Folder	选定当前文件夹浏览器为当前活动窗口
3 Workspace	选定工作空间浏览器为当前活动窗口

表 1.8　Help菜单项

菜 单 名 称	功　能
Product Help	显示产品帮助信息
Function Browser	函数速查窗口
Submit a Mathworks Support Request	请求 Mathworks 技术支持
Using the Desktop	启动 Desktop 的帮助窗口
Using the Command Window	启动命令窗口的帮助（动态显示当前活动窗口的名称）
Web Resources	显示 Internet 上相关的网络资源
Get Product Trials	获得产品试用
Check for Updates	检查更新
Licensing	管理许可
Demos	调出 MATLAB 提供的例程
Terms of Use	使用条款文件
Patents	专利信息
About Matlab	显示关于 MATLAB 的版本信息等

2. 标题栏

MATLAB 7.0 主界面的标题栏如图 1.12 所示，包括常见的文档操作，如新建、打开、剪切、复制、粘贴、撤销、恢复等，用于当前目录的设置。

3. 命令窗口

命令窗口（Command Window）是进行各种 MATLAB 操作最主要的窗口，如图 1.13 所示。

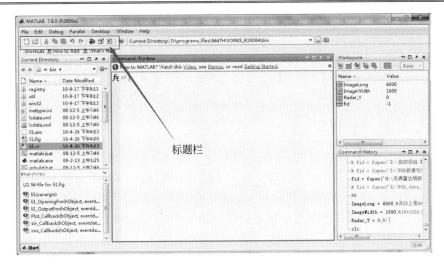

图 1.12　标题栏

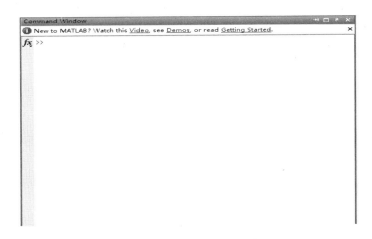

图 1.13　Command Window 窗口

在该窗口中可输入各种 MATLAB 运作的指令、函数和表达式，并可显示除图形外的所有运算结果，运行错误时还会给出相关的出错提示。它是操作者与 MATLAB 交互的主窗口，不仅可以内嵌在 MATLAB 的工作界面，而且还可以以独立窗口的形式浮动在界面上，只需单击该窗口右上角的按钮 ，就可浮动命令窗口；同样，单击浮动命令窗口按钮 ，就可将其嵌入到工作界面。

MATLAB 命令窗口中的 fx >>为命令提示符，表示 MATLAB 处于准备状态，早期版本的 MATLAB 提示符为>>。当在该提示符后输入正确的运算式后，只需按 Enter 键，命令窗口中就会直接显示运算结果。重新输入命令时，用户不用输入整行命令，只需按键盘上的↑键调出刚才输入的命令即可。

在命令窗口中输入命令时，可以不必每输入一条命令就按 Enter 键执行，可以在输入几行后一同运行。注意，换行时，只要在按住 Shift 键的同时按 Enter 键即可，否则 MATLAB 就会执行上面输入的所有语句。但是当需要执行的命令条数过多或者涉及嵌套语句时，这种方式就不太方便了，这时需要用到后面讲到的 M 文件编辑窗口。

【例 1-1】命令窗口的操作示例。输入变量，在命令窗口输入以下代码：

```
a=[1 2 3;4 5 6;7 8 9]
```

MATLAB 程序运行结果如下。

```
a =
     1     2     3
     4     5     6
     7     8     9
```

4．当前文件夹浏览器

当前文件夹浏览器（Current Folder）包含子目录、M 文件、MAT 文件和 MDL 文件等。对于该界面上的 M 文件，可直接进行复制、编辑和运行。界面上的 MAT 文件可直接被送入 MATLAB 工作内存，界面上的子目录可进行 Windows 平台的各种标准操作。

5．工作空间浏览器

工作空间浏览器（Workspace）是 MATLAB 用于存储各种变量和结果的内存空间。它与 MATLAB 的命令窗口一样，不仅可以内嵌在 MATLAB 的工作界面，而且还可以以独立窗口的形式浮动在界面上。该窗口罗列出了 MATLAB 工作空间中所有的变量名、大小、字节数，并可对变量进行观察、编辑、提取和保存。

6．历史命令窗口

历史命令窗口（Command History）可以内嵌在 MATLAB 的右下部，也可以浮动在主窗口上。该窗口记录已经运行过的指令、函数、表达式，以及运行的日期和时间。该窗中的所有指令、文字都允许复制、重运行，以及用于产生 M 文件。

7．捷径键

捷径键是指主界面窗口左下角的 Start 按钮，它是通往 MATLAB 所包含的各种组件、模块库、图形用户界面、帮助分类目录、演示算例等的捷径，并可向用户提供自建快捷操作的环境，如图 1.14 所示。

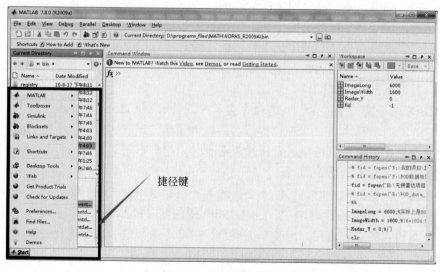

图 1.14　捷径键示意图

1.4.2　MATLAB 搜索路径

MATLAB 的所有文件操作都是在一个被称为"当前文件夹（Current Folder）"的目录中进行的。MATLAB 7.0 默认的当前文件夹是 D:\programs_files\MATHWORKS_R2009A\bin。MATLAB 的早期版本称该文件夹为当前目录（Current Directory），新版本有时也习惯这种叫法。

在 MATLAB 环境中，如果不特别指明存放数据和文件的目录，那么 MATLAB 总是默认地将它们存放在当前文件夹中。出于对 MATLAB 可靠运行和用户方便的考虑，在 MATLAB 开始工作时，就应把当前文件夹设置成用户方便的自定义目录。

【例 1-2】　把当前文件夹设置成自定义目录的方法如下。

在 MATLAB 操作桌面的右上方或当前文件夹浏览器的左上方有一个当前文件夹设置区，如图 1.15 所示，包括 Current Directory 和 Browse for folder。用户在 Current Directory 中直接输入待设置的目录名，或借助 Browse for folder 和鼠标选择待设置目录即可。

图 1.15　当前目录窗口

例如，要在 D:\programs_files\MATHWORKS_R2009A\bin 目录下添加文件夹 mywork，只要按如图 1.16 所示进行操作即可。

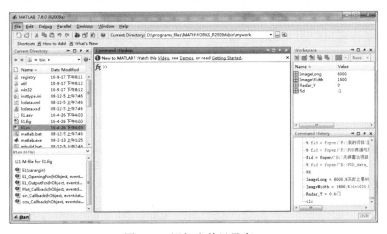

图 1.16　添加当前目录窗口

也可以采用在命令窗口中输入命令的方法设置自定义目录。在命令窗口提示符 𝑓𝑥 >>
后输入如下的命令行即可。

```
>>mkdir C:\UserFolderName          %在 C 盘下创建自定义目录
>>cd C:\UserFolderName             %把当前文件夹设置为该自定义目录
```

MATLAB 在工作时需要按照一定的顺序,从各个目录中寻找所需要的文件、变量、函数和数据,这个顺序称为搜索路径。MATLAB 事先把需要的目录按照优先级设计成搜索路径上的节点,假如用户在命令提示符 𝑓𝑥 >>后输入符号 X,或程序语句中有一个符号 X,MATLAB 将按下列次序去搜索和识别。

(1) 在 MATLAB 内存中进行检查搜索,看 X 是否为工作空间浏览器的变量或特殊常量。如果是,则将其当成变量或特殊常量来处理,不再往下展开搜索;否则,进行下一步判断。

(2) 检查 X 是否为 MATLAB 的内建函数(Built-in Function)。若是,则调用 X 这个内建函数;否则,进行下一步判断。

(3) 继续在当前目录中搜索是否有名称为 X.m 或 X.mex 的文件。若有,则将 X 作为文件调用;否则,进行下一步判断。

(4)继续在 MATLAB 搜索路径的所有目录中搜索是否有名称为 X.m 或 X.mex 的文件。若有,则将 X 作为文件调用。

(5) 上述 4 步全部执行完后,如果仍未发现 X 这一符号的出处,则 MATLAB 发出错误信息。可以利用菜单设置搜索路径:执行 File→Set Path 命令,打开 Set Path(路径设置)对话框,从中设置搜索路径。

1.4.3 MATLAB 变量保存

工作空间浏览器(Workspace)也称为内存浏览器,是用于存储各种变量和结果的内存空间,也是 MATLAB 执行命令及调用变量数据的主要窗口。

Workspace 默认放置于 MATLAB 操作桌面的右上侧后台。单击工作界面右上侧框下方的 Workspace 窗标,可使工作空间浏览器出现在工作界面的前台。只需单击该窗口右上角的按钮 ↗,就可出现浮动的工作空间浏览器窗口。Workspace 窗口及工具栏各按钮功能如图 1.11 所示。

例如,在命令窗口中输入如下变量:

```
>> x = 1:10;
>> y = [3 4 6 9 13 17 24 25 30 36];
```

按 Enter 键后,会在 Workspace 窗口中显示内存变量 x 和 y。选中变量 x 和 y,单击"绘图类型菜单引出键"按钮,选择 pie 选项,即可显示图形,如图 1.17 所示。

当退出 MATLAB 时,工作空间浏览器中的变量就会随之清除。若以后想继续使用这些变量,就需要对这些变量进行保存操作。下面具体讲解保存变量的方式。

保存工作空间浏览器中的所有变量的步骤如下。

(1) 从主界面窗口或工作空间浏览器菜单栏中执行 File→Save Workspace As 命令,弹出 Save to MAT-File 对话框。

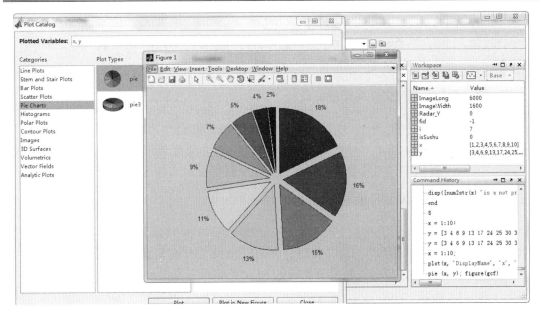

图 1.17　Workspace 窗口

（2）指定保存路径和文件名，MATLAB 会自动提供 mat 扩展名。

（3）单击"保存"按钮。

保存工作空间浏览器中的部分变量的步骤如下。

（1）从共组空间浏览器中选择变量，按 Ctrl 键的同时单击所要保存的多个变量名。

（2）右击鼠标，从弹出的快捷菜单中选择 Save As 命令，弹出 Save to MAT-File 对话框。

（3）指定保存路径和文件名，MATLAB 会自动提供.mat 扩展名。

（4）单击"保存"按钮。

在 Workspace 中选择要打开的变量，单击工具栏中的表格图标⊞，或者双击该变量，即可打开数组编辑器窗口。也可在命令窗口中使用 openvar（变量名）打开此变量名的数组编辑器窗口。此窗口可以内嵌在 Workspace 空间，也可以浮动在主界面窗口上。它可以像 Excel 那样实现数据的复制、剪切、粘贴等操作，也可以进行快速绘图。

1.5　M 文件的使用

将 MATLAB 语句按特定的顺序组合在一起就得到 MATLAB 程序，其文件名的后缀为 M，因此称为 M 文件。M 文件有两类：M 脚本文件和 M 函数文件。M 文件编辑器窗口用来编辑脚本 M 文件和函数 M 文件，是 MATLAB 的程序编制窗口。

1. 建立新的脚本M文件编辑器窗口

单击 MATLAB 界面工具栏上的按钮，或者选择 File→New→Script 命令，可打开空白的脚本 M 文件编辑器窗口，也可在命令窗口输入 edit 命令，新建脚本 M 文件编辑器窗口。

在此窗口中可以编写程序，还可将程序进行保存。例如，保存名为 abc，则在命令窗口中直接输入 abc，按 Enter 键即可。也可通过直接单击窗口工具栏中的按钮🖫保存并运行该程序。

2．建立新的函数M文件编辑器窗口

在 MATLAB 命令窗口中，执行 File→New→Function 命令，即可打开函数 M 文件编辑器窗口。

在此窗口中可以编写函数程序，还可将程序进行保存，文件名是默认设置的函数名。

3．打开已存在的M文件编辑器窗口

单击 MATLAB 界面工具栏上的按钮📂，或者执行 File→Open 命令，打开 Open 对话框，选择文件，单击"打开"按钮，就可打开相应的 M 文件编辑器窗口；或双击当前文件夹浏览器中的 M 文件，也可直接打开相应的 M 文件编辑器窗口。

4．M文件运行方式

M 文件有两种运行方式：

❑ 在命令窗口直接写文件名，按 Enter 键。

❑ 在编辑窗口打开菜单 Tools，再单击 Run 按钮。M 文件保存的路径一定要在搜索路径上，否则 M 文件不能运行。

在 MATLAB 中进行程序设计往往需要运行的指令较多，如果将这些指令逐行从键盘上输入非常麻烦，因此，MATLAB 提供了命令文件来解决这一问题。一组相关指令可以一起填写到同一个 M 文件中，从而在运行时一次运行完成，这非常类似于 Linux 的脚本语言。脚本文件通过工具栏的新建按钮（或执行 File→New→Black M-File 命令）进入 MATLAB 的 M 文件编辑器窗口，在该窗口可以将自己想要运行的命令按照相应的格式编写，然后直接运行。

所谓脚本文件，即多条 MATLAB 语句写在编辑器中，将其作为以扩展名为 m 的文件保存在某一目录中，就得到一个脚本文件。下面举例说明脚本文件的生成。

【例 1-3】 求一个数是否为素数的脚本文件，其 MATLAB 脚本文件的代码如下：

```
x=input('Please input a number:');
if x==1
    disp('既不是素数也不是合数')
    isSushu = -1;
    reurn;
end
isSushu = 1;
for i=2:x-1
    if mod(x, i)==0
        isSushu = 0;
    end
end
if isSushu
    disp([num2str(x) ' is a prime number'])
else
    disp([num2str(x) ' is a not prime number'])
end
```

MATLAB 程序运行结果如下：

```
Please input a number:8
8 is a not prime number
```

注：文件名与变量名的命名规则相同，M文件一般用小写字母。虽然 MATLAB 区分变量名的大小写，但不区分文件名的大小写。M 脚本文件中的语句可以访问 MATLAB 工作空间中的所有变量与数据，同时 M 脚本文件中的所有变量都是全局变量，可以被其他命令文件与函数文件访问，并且这些全局变量一直保存在内存中，可以用 clear 来清除这些全局变量。M 脚本文件没有参数传递功能，但M函数文件有该功能，所以M函数文件的应用更为广泛。

M函数文件由 5 部分组成。包括函数名、输入变量、输出变量、H1 行、注释。其书写格式有严格规定，必须以 function 开头，其格式如下：

```
function 　【输出参数列表】=函数名【输入参数列表】
```

因为M函数必须给输入参数赋值，所以编写M函数必须在编辑器窗口中进行，而执行M函数要在指令窗口，并给输入参数赋值。M函数不能像M脚本文件那样在编辑器窗口通过执行 Debug→run 命令。M函数可以被其他M函数文件或M脚本文件调用。为了以后调用方便，文件名最好与函数名相同且起一个好记的易于以后自己理解的名称。下面同样举例说明函数文件的编写。

【例1-4】　编写 M 函数，实现输入一个数判断是否为素数。MATLAB 代码如下：

```
函数文件：
function isSushu = sushu( x )
%sushu 判断一个数是否是素数
% sushu(x)
% 输入：  x  输入要判断的数
% 输出：  isSushu 0 表示不是素数，1 表示是素数，-1 表示既不是素数也不是合数
%
if x==1
    disp('既不是素数也不是合数')
    isSushu = -1;
    return;
end
isSushu = 1;
for i=2:x-1
    if mod(x, i)==0
        isSushu = 0;
        break;
    end
end
```

则在 MATLAB 中构建如下的脚本文件。

```
x=input('Please input a number:');
if sushu(x)==-1
    disp('number is not prime and not Composit number')
elseif sushu(x)
    disp([num2str(x) ' is a prime number'])
else
    disp([num2str(x) ' is a not prime number'])
end
```

运行上述脚本文件，则 MATLAB 的运行结果如下：

```
Please input a number:7
7 is a prime number
```

函数文件与脚本文件的主要区别在于：函数文件一般都要带参数，都要有返回结果，而脚本文件没有参数与返回结果；函数文件的变量是局部变量，运行期间有效，运行完毕就自动被清除，而脚本文件的变量是全局变量，执行完毕后仍被保存在内存中；函数文件要定义函数名，且保存该函数文件的文件名必须是函数名.m。M 函数文件可以有多个因变量和多个自变量，当有多个因变量时用[ ]括起来。

1.6 常 用 命 令

本节介绍 MATLAB 中有一些常用的管理命令和函数、管理变量和工作空间、控制命令窗口、使用文件和工作环境、启动和退出 MATLAB 函数等。MATLAB 提供了许多命令、格式和标点符号，可以用来管理变量、函数、文件和窗口，还可以设置运算结果的显示格式，以及在表达式运算、语句中的不同作用等。下面分类进行说明。

1. 有关命令行环境的一些操作

（1）简要列出工作空间变量名，调用格式如下。
❑ who：列出环境中所有变量的名称。
❑ who global：列出全局变量的名称。
❑ who-file filename：列出指定.mat 文件的变量名称。
❑ who…var1 var2：列出多个变量的名称。
【例 1-5】 显示窗口中变量的信息。MATLAB 代码如下：

```
a=[1 2 3;4 5 6];
who a
```

MATLAB 程序运行结果如下：

```
Your variables are:
a
```

（2）whos 详细列出工作空间变量名，调用格式如下。
❑ whos：详细列出环境中所有变量的属性。
❑ whos global：详细列出全局变量的属性。
❑ whos-file filename：详细列出指定文件的变量属性。
❑ whos…var1 var2：详细列出多个变量的属性。
【例 1-6】 显示窗口中变量的详细信息。MATLAB 代码如下：

```
a=[1 2 3;4 5 6];
whos a
```

MATLAB 程序运行结果如下：

```
whos a
  Name      Size         Bytes  Class      Attributes
  a         2×3             48  double
```

（3）clear 清除内存中的变量与函数，调用格式如下。

clear name：清除变量。

【例 1-7】　清除内存中的变量并检测是否清除。MATLAB 代码如下：

```
a=[1 2 3;4 5 6];
who a
clear a
who a
```

MATLAB 运行结果如下：

```
Your variables are:
a
```

（4）size 查询矩阵的维数，调用格式如下。

❑　d=size(*X*)：返回矩阵 *X* 的大小。

❑　[*m,n*]=size(*X*)：返回矩阵 *X* 的大小。

【例 1-8】　查询矩阵的维数，MATLAB 代码如下：

```
a=[1 2 3;4 5 6]
[m n] = size(a)
```

MATLAB 运行结果如下：

```
a =
    1    2    3
    4    5    6
m =
    2
n =
    3
```

（5）length 查询矢量的长度，调用格式如下。

n = length(*X*)：返回向量 *X* 的长度为 *n*。

【例 1-9】　查询向量的长度，MATLAB 代码如下：

```
a=[1 2 3 4 5 6]
n = length(a)
```

MATLAB 运行结果如下：

```
a =
    1    2    3    4    5    6
n =
    6
```

（6）load　从文件中读入变量，在后续的章节中将具体介绍。

（7）save　工作空间中变量存盘，在后续的章节中将具体介绍。

（8）pack　整理工作空间的内存。

2．运算结果的显示

屏幕上显示的运行结果是"双精度"数据的默认状态，数字输出结果由 5 位数字构成，但实际上 MATLAB 的数值数据通常以 16 位有效数字的"双精度"进行运算和输出。若要显示其他有效数字，可使用表 1.9 中的命令进行选择，该表可实现的所有格式设置仅在

MATLAB 的当前执行过程中有效。

表 1.9　数据显示格式的控制命令

指　　令	含　　义	举 例 说 明
format format short	默认显示格式，小数点后 4 位有效；对大于 1000 的实数，用 5 位有效数字的科学记数形式表示	314.159 被显示为 314.1590 3 141.59 被显示为 3.141 6e+003
format long	用小数点后的 15 位数字表示	3.141 592 653 589 793
format short e	用 5 位科学记数表示	3.141 6e+00
format long e	用 15 位科学记数表示	3.141 592 653 589 79e+00
format short g	从 format short 和 format short e 中自动选择最佳记数方式	3.141 6
format long g	从 format long 和 format long e 中自动选择最佳记数方式	3.141 592 653 589 79
format rat	用近似有理数表示，显示分式	355/113
format bank	用（银行）元、角、分表示	3.14

3．环境字体的设置

对命令窗口、历史命令窗口等窗口中的字体进行设置的方法：执行 File→Preferences 命令，在弹出的 Preferences 对话框的树形目录中找到 Fonts 项，它对应了 Desktop code font（桌面代码字体）和 Desktop text font（桌面文本字体）两个选项，用户可以更改相应的属性进行设置。选择 Fonts 项的子项 Custom，即可在右侧找到相应的命令窗口、历史命令窗口和编辑器窗口等设置的自定义字体属性。该设置立即生效，并将被永久保留，不因 MATLAB 关闭和开启而改变，除非用户进行重新设置。

4．标点符号的作用

在编辑器窗口或命令窗口中编辑程序时，标点符号的地位极其重要，其含义如表 1.10 所示。标点符号一定要在英文状态下输入。

表 1.10　MATLAB常用标点符号的功能

名　　称	标 点 符 号	作　　用
空格		用做输入量之间的分隔符，用做数组元素的分隔符
逗号	，	用做输入量之间的分隔符，用做数组元素的分隔符，用做要显示计算结果的命令
点	.	在数值表示中，用做小数点；用于运算符号前，构成数组运算符；在结构数组中，用于结构变量名与元素名的连接
分号	；	用做矩阵（数组）的行间分隔符，用做不显示计算结果的命令
冒号	：	用于生成一维数值数组（间隔）；用做单下标援引时，表示全部元素构成的长列；用做多下标援引时，表示该维上的全部元素
注释号	%	用做注释，是非执行语句
单引号对	' '	用做"字符串"符
圆括号	（ ）	改变运算次序，在数组援引时使用，输入函数命令时使用
方括号	[ ]	输入数组时使用，输入函数命令时使用
花括号	{ }	生成单元（细胞）数组时用，图形中被控制特殊字符括号
续行号	…	用于构成一个"较长"的完整数组或命令，续行
惊叹号	！	调用 DOS 操作系统命令
At 号	@	用做匿名函数前导符；放在函数名前，形成函数句柄；放在目录名前，形成"用户对象"类目录

5. 键盘操作和快捷键

在 MATLAB 命令窗口中，实施命令编辑的常用操作键如表 1.11 所示。

表 1.11　实施命令行编辑的常用操作键

键　　名	作　　用	键　　名	作　　用
↑	前寻式调回已输入过的命令行	Home	使光标移到当前行的首端
↓	后寻式调回已输入过的命令行	End	使光标移到当前行的尾端
←	在当前行中左移光标	Delete	删去光标右边的字符
→	在当前行中右移光标	Backspace	删去光标左边的字符
PageUp	前寻式翻阅当前窗中的内容	PageDown	后寻式翻阅当前窗中的内容
Ctrl+R	添加注释，并且对多行有效	Ctrl+T	取消注释，并且对多行有效
Ctrl+Tab	当前空间之间切换	Esc	清除当前行的全部内容
F5	运行编辑窗口的程序	F12	设置取消断点

1.7　本 章 小 结

在本章中介绍了 MATLAB 的一些基本知识和一些常用的管理命令和函数、管理变量和工作空间、控制命令窗口、使用文件和工作环境、启动和退出 MATLAB 函数以及一些常用的快捷键等。通过本章的学习应该做到以下几点。

❏　了解 MATLAB 中一些基本的知识，对 MATLAB 有个整体的认识。
❏　掌握 MATLAB 中一些重要的通用命令及函数的使用方法和使用环境。
❏　了解 MATLAB 中一些常用快捷键的使用方法。

1.8　习 　 　 题

1．简述 MATLAB 的主要功能。
2．简述 MATLAB 的特点。
3．简述 MATLAB 的主要组成部分及其作用。
4．论述脚本文件和函数文件的区别。

第 2 章　MATLAB 矩阵及其运算

MATLAB 又称做矩阵计算软件，由此可见矩阵运算是 MATLAB 的基础，也是进行其他计算的基石。因此矩阵及其相关操作的内容是 MATLAB 中非常重要的环节。本章将对 MATLAB 的矩阵及其相关操作的基础内容进行讲解，主要内容包括 MATLAB 语言中的变量、数据、矩阵的定义及基本操作。

2.1　变量和数据操作

在进行 MATLAB 程序设计学习的过程中，MATLAB 的变量和数据的操作是最基本的知识，也是后续知识的基础，只有将这些掌握好，才能在后续的学习中如虎添翼。

2.1.1　变量与赋值

在进行矩阵学习以前，首先来看 MATLAB 中变量的定义和赋值，无论是何种语言，变量的定义和赋值都是进行该种语言学习的第一步，这也说明这部分的重要性。

1. 变量名区分大小写

变量名的定义必须符合以下条件：
- ❑　必须以字母开头。
- ❑　由字母、数字、下划线组成。
- ❑　最长为 31 个字符。
- ❑　最好不要使用一些用户不可以清除的变量，如 ans、eps、pi、Inf、NaN 等。

【例 2-1】　变量定义举例如下：

```
A  a  king
```

在 MATLAB 中的变量不需要事先定义，在遇见新的变量名时，MATLAB 会自动建立并且为其分配存储空间。如果遇见已经出现的变量，会重新为其分配空间。

2. 数值分为实数和虚数

在 MATLAB 中实数一般用十进制表示，如果是二进制、八进制和十六进制都看做是字符数输入，然后用字符串变换函数 bin2de 等转换成十六进制；浮点数的范围是 $10^{\wedge}(-308) \sim 10^{\wedge}308$，虚数用实数部分+i 虚数部分表示。

【例 2-2】　数值举例如下：

```
109      -27      6e-21
0.01     5i       6+2i
```

可以直接把数值赋给变量，例如 *a*=7。

另外，还有 3 个函数需要认识，一个函数为 real()函数，可以用来提取复数中的实部，另一个函数为 imag()函数，可以用来提取复数的虚部，还有一个函数为 complex()，可以用来生产一个复数。

【例 2-3】 举例说明 real()、imag()和 complex()函数的用法。

```
a = complex(2,9)
b = real(a)
c = imag(a)
```

MATLAB 运行结果如下：

```
a =
   2.0000 + 9.0000i
b =
   2
c =
   9
```

3. 除了可以把数值直接赋给变量，还可以将表达式、矩阵赋给变量

对于矩阵的讲解，会在后面详细讲解。

【例 2-4】 变量的赋值举例如下：

```
a=[1 4 7]
B=abs(6+13i)
C=[]
```

MATLAB 运行结果如下：

```
a =
   1     4     7
B =
   14.3178
C =
   []
```

注：当表达式的结果赋给变量而没有定义变量时，系统默认为 ans。

2.1.2　预定义变量

在 MATLAB 的工作空间中，有些是系统自身定义的变量即预定义变量，也是不可清除变量。下面介绍几个常用的预定义变量。

- ❑ i, j：虚数单位。
- ❑ inf：无穷大。
- ❑ realmax：最大正实数。
- ❑ realmin：最小正实数。
- ❑ ans：没有给定变量值，系统默认采用 ans。
- ❑ eps：可作为一个容许误差，如 eps=2^(−42)。

- ❏ NaN：表示不定值，由 Inf/Inf 或者 0/0 得到。
- ❏ nargin：函数输入的参数个数。
- ❏ nargout：函数输出的参数个数。

2.1.3 内存变量的管理

1. 内存变量的清除clear

清除内存变量并释放相应的内存空间，所采用的命令如下。
- ❏ clear q：清除变量 q。
- ❏ clear all：清除所有的变量。
- ❏ clear：清除所有可以清除的变量。

【例 2-5】 先定义一个变量 *a*，然后求出它的长度，接着用 clear 清除。

```
a=[1,2,3,4,5,6,7,8,9,10]
```

MATLAB 运行结果如下：

```
a =
     1    2    3    4    5    6    7    8    9    10
```

下面对向量 *a* 进行长度的求解。

```
n=length(a)
```

MATLAB 的运行结果如下：

```
n =
   10
```

利用 MATLAB 中的 who 命令显示 MATLAB 中的变量名。

```
who a
```

MATLAB 的运行结果如下：

```
Your variables are:
a
```

下面利用 clear 清除变量，再查看变量。

```
clear a
who a
```

MATLAB 的运行结果中就没有上面那句话了，证明变量清除成功了。

2. 查看变量who和whos命令

who 和 whos 这两个命令用于显示在 MATLAB 工作空间中已经驻留的变量名清单。
格式：直接输入 who 或者 whos 即可。
二者区别：who 命令只显示变量的名称；whos 在给出变量名的同时，还给出大小、所占字节数及数据类型等信息。

3．clc命令清空屏幕

clc 命令用来清除命令行窗口显示的命令，有助于在命令行窗口输入新的命令，而不被原有旧的命令所干扰，在使用该命令的时候，直接在命令窗口输入 clc 即可。

【例 2-6】　先定义一个变量 a=ones(10)，然后求 a 的长度，紧接着利用 clc 命令清除命令行窗口。在 MATLAB 的命令行窗口输入以下命令：

```
a=ones(10)
size(a)
```

MATLAB 运行结果如图 2.1 所示。

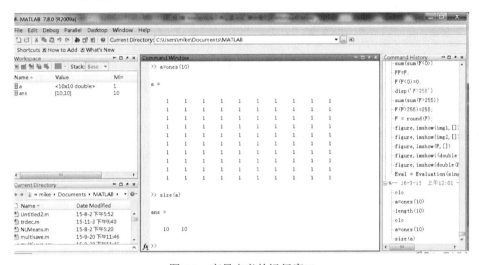

图 2.1　变量定义的运行窗口

然后再在 MATLAB 的命令行窗口输入以下命令：

```
clc
```

MATLAB 运行结果如图 2.2 所示。

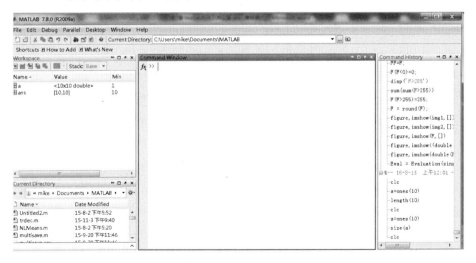

图 2.2　clc 命令运行结果

4．clf命令清空图形

clf 命令用于清空当前显示的图形窗口中的图像。一般情况下，当需要绘制新的图像之前，常常使用 clf 命令清除以前的图像，注意，当前图像窗口仍保留。

【**例 2-7**】 首先画正弦曲线，然后利用 clf 命令清除图形。在 MATLAB 中首先运行以下命令：

```
x = 0:0.1:2*pi;
plot(x,sin(x))
clf
```

MATLAB 运行结果如图 2.3 和图 2.4 所示。

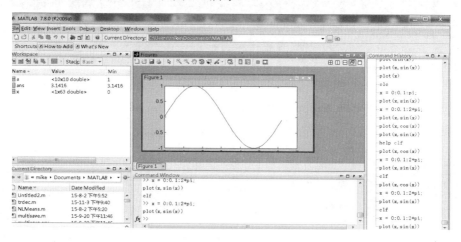

图 2.3　clf 命令运行前的结果

使用 clf 命令之后的运行结果如图 2.4 所示。

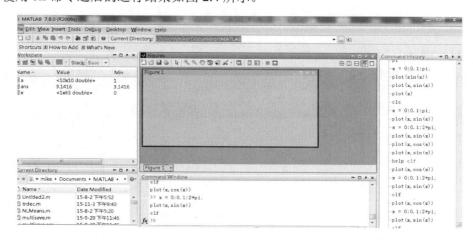

图 2.4　clf 命令运行后的结果

5．figure设定图像显示窗口

figure 命令设定图像显示窗口，即新建一个新的图像显示窗口，这个窗口的属性为默

认属性，对应地，close 命令用来关闭当前图像显示窗口。

6．subplot命令划分绘图窗口

在画图时，有时需要在一个窗口中显示多幅图像进行对比或其他用途。subplot(x,y,z) 命令用于将图像窗口进行分块，x 和 y 分别表示将窗口分为 x 行和 y 列，即一共 x×y 个子窗口，z 则表示当前所在子窗口序号。例如，subplot(3,2,4)表示将图像窗口分为 3×2 个子窗口，该图像在从左到右从上到下的第 4 个子窗口中进行显示，其中，子窗口按照 3 行 2 列的形式进行显示。而 subplot(3,2,6)则表示在最后一个子窗口中进行绘图。

【例 2-8】 已知 x=[1 2 3 2]，y=[1 1 1 1]，将其分别画在第 1、2 个子窗口中。MATLAB 代码如下：

```
x=[1 2 3 2];
y=[1 1 1 1];
subplot(2,1,1)
plot(x)
subplot(2,1,2)
plot(y)
```

MATLAB 运行结果如图 2.5 所示。

7．MATLAB内存变量的管理

（1）在创建和修改数组时利用连续内存保存相关的变量。

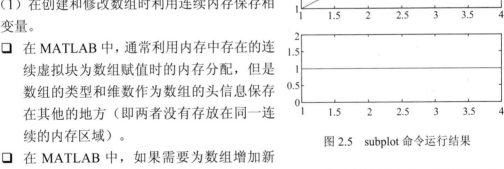

- ❑ 在 MATLAB 中，通常利用内存中存在的连续虚拟块为数组赋值时的内存分配，但是数组的类型和维数作为数组的头信息保存在其他的地方（即两者没有存放在同一连续的内存区域）。

图 2.5   subplot 命令运行结果

- ❑ 在 MATLAB 中，如果需要为数组增加新元素时，首先要观察原数组在 MATLAB 内存中存放的连续内存区域是否可以容纳新增加的数组元素，如果可以容纳新增加的数组元素则仅需要扩大数组的分配内存，然后将新增加的数组元素添加到内存中；否则，如果原有数组存放的连续块不够大，则需要在 MATLAB 内存中搜索新的能够同时容纳原有数组和新增数组元素的连续内存块，如果能够找到足够连续的内存，则可以将原有数组元素复制到新分配的内存中，然后将新增加的数组元素添加新的内存中（在此期间，内存中会有原数组数据的两份备份，增加了内存不足的风险），然后释放原来的内存。如果没有搜索到连续的内存空间，则有可能产生内存不足的错误。

- ❑ 在 MATLAB 中，如果需要删除数组中的元素，则需要先移除数组元素，然后再压缩原来分配给数组的内存空间。

（2）在进行数组拷贝时内存的分配。

❑ 函数形参实参化的时候，只有在传递参数的数据内容变化时才会为参数分配内存。

❑ 在 MATLAB 中，当一个数组赋值给另一个数组变量时，与 C 和 C++ 一样，MATLAB 并不会为新变量分配内存，而是仅将新变量的指针指向原变量，也就是说新变量仅是原来数组变量的引用（别名），但是，如果新变量中元素值有改变时，MATLAB 就会为其新变量分配新的内存。

（3）数组头。

❑ 在 MATLAB 中，whos 函数只能用来查看变量所占用的存储空间，而不能显示数组头信息所占用的空间。

❑ 数组头占据内存，并且其存储空间与数组数据并不连续。

❑ 在 MATLAB 中，结构体和细胞数组不仅需要存储它们自己的数组头信息，还会为这些数组中的每个字段或每个细胞元素创建头信息，因此结构体和细胞数组消耗的内存与其创建方式有关。

（4）不同数据结构的内存。

❑ 在 MATLAB 中，8 位、16 位、32 位、64 位的有符号整型或无符号整型分别占用 1、2、4、8 字节空间，单精度、双精度浮点数分别占用 4、8 字节空间。

❑ 在 MATLAB 中，复数的存储比较特殊。复数的实部和虚部在内存中是分开存放的，当在程序中修改复数的实部或虚部时，会在修改数据的同时复制复数的实部和虚部。

❑ 在 MATLAB 中，当数组的元素绝大部分为 0 时，MATLAB 一般默认采用稀疏矩阵进行存储以节省空间。

（5）MATLAB 内存计算方法。

❑ 在 MATLAB 中，不同的系统数据的内存空间不同。例如，细胞数组占用的内存空间的计算方法为：(header_size × number_of_cells) + data，对于 64 位系统，header_size 为 112。A = {1 2 3}, A = {[1 2 3]}, A = {{1 2 3}} 占用的字节数分别为：112×3+8×3，112×1+8×3，112×4+8×3。

❑ 64 位系统中结构体占用空间的计算方法为：fields × ((112 × array elements) + 64) + data（32 位系统中将 112 改为 60）。

【例 2-9】 已知一个结构数组 A，查看其头信息。MATLAB 代码如下：

```
A = {[]}
whos A
```

MATLAB 运行结果如下：

```
A =
  {[]}
  Name        Size             Bytes  Class      Attributes
  A           1×1                 60  cell
```

8. MATLAB 使用过程中内存不足问题的总结

在进行大型的多媒体数据处理时，往往会出现内存不足（Out of Memory）的提示，这种提示一般存在以下几种情况：当前剩余可用的内存空间不足以满足变量所需的存储要求，存储数据所需的存储空间远超过实际内存中可利用的最大连续存储空间，以及在设计问题的求解方法时，因不完善的设计导致的内存溢出。在此，主要针对第二种情况进行分析并给出相应的解决方案。

在实际的内存使用过程中，由于会不停地对内存单元进行清除和重新分配，内存因而会被分割成许多不连续的区域，进而容易导致内存不足。为了避免产生这种不必要的现象，一般情况下需要进行以下处理。

（1）相比动态分配，预先为矩阵变量设置内存。

在使用传统的为矩阵变量动态分配内存时，MATLAB 中所用的 Block 会随着矩阵大小的增加而为此矩阵连续地分配内存。但是，由于 Block 是不连续的，最初对矩阵的 Block 可能不能满足后续扩大的矩阵内存需求，那么 MATLAB 则只能移动此 Block 来寻求更大的 Block 对矩阵进行存储。在这个过程中，移动 Block 本身需要花费大量的计算时间，而且更有可能寻找不到合适的更大的 Block，进而导致内存不足。如果采用另一种新的内存分配方式，即为矩阵变量预制内存，则在进行相关运算前，MATLAB 会直接根据给定的内存大小来寻找最合适的 Block，那么在以后的计算中则不必为矩阵变量进行连续的分配内存。

（2）根据矩阵变量的大小而依次分配内存。

MATLAB 中，使用 heap method 来对内存进行管理。在 MATLAB 的 heap 菜单中，如果出现内存不足的情况，则会向系统请求内存。但是，当前存在的已经被清空的内存碎片如果能储存下当前待分配内存的变量，那么 MATLAB 会重新利用这些内存碎片。所以，在较大的变量使用完被清除后，它之前所用的内存空间仍可以被新建的较小的变量重新占用，反之，则不成立。例如，定义变量 a 所需内存为 4MB，变量 b、c、d、e 所需内存各为 1MB。如果在清除 a 后，再去定义 b、c、d、e，则 a 之前所用的存储空间可以被它们利用；相反，如果先定义 b、c、d、e 后再释放其内存空间，最后定义 a，则由于这 4 个变量所用空间是不连续的，即使清除它们后，变量 a 仍不能重新利用其存储空间。因此，在定义变量时，可以按照变量大小的顺序来依次为它们分配内存。

（3）尽量减少对占用内存大的瞬时变量的使用，一旦使用完毕，应及时清除。

（4）如果矩阵包含大量的 0 元素，则用稀疏形式对其进行存储。在保留矩阵信息不丢失的条件下，稀疏形式可以使矩阵所占用的内存大大减少，而且所需的计算时间也大大缩短。

（5）适时地使用 pack 命令。

当内存被分割成许多内存碎片后，实际上，其本身可能包含巨大的内存空间，只是没有能够存储变量的连续空间（即 Block）而已。如果是由于这种原因导致的内存不足，则此时使用 pack 命令可以有效地解决问题。

（6）在满足可行性的前提下，可以尝试把一个大的矩阵进行分块得到若干个小的矩阵，该方法可以减少每次所使用的内存大小。

（7）增加虚拟内存。

如果系统是 Window XP 系统，则可以通过以下方式来改变内存：右击"我的电脑"，在弹出的快捷菜单中选择"属性"→"高级"→"性能"→"设置"命令；如果是 Window 7 系统，则右击"计算机"→"属性"→"高级系统设置"→"高级"→"设置"→"高级"→"更改"命令，建议更改值为物理内存的两倍左右，若物理内存已经是 3GB+，则无须再做任何调整。

（8）对于 Windows，尽可能少地使用系统资源。

在 Windows 中，由于相关的字体、窗口等都是需要占用系统资源的，所以在 MATLAB

中运行程序时尽量关闭暂不用的 Windows 窗口。

（9）除非在必不可少的情况下才启动 Java 虚拟机，相应地，尽量采用 MATLAB 的 nojvm 命令启动。相关的操作为，在 MATLAB 的快捷方式属性里寻找…/matlab.exe 并将其改为…/matlab.exe-nojvm。

（10）将 MATLAB Serve 关闭。

2.1.4　MATLAB 常用数学函数

在数学分析与计算时，常需要使用常用的数学函数，这些函数在 MATLAB 中可以直接调用，下面对进行科学计算和科学研究过程中，本学科常用的一些基本数学函数的用法进行如下总结。

1．abs(x)纯量的绝对值

【例 2-10】　已知 x=-5，求其绝对值。MATLAB 代码如下：

```
x=-5;
abs(x)
```

MATLAB 运行结果如下：

```
ans =
     5
```

2．sqrt(x)开方函数

表示对 x 求开平方的函数。

【例 2-11】　已知 x=9，对其开方。MATLAB 代码如下：

```
x=9;
sqrt(x)
```

MATLAB 运行结果如下：

```
ans =
     3
```

3．取整函数

❑ round(x)：四舍五入至最近整数。
❑ fix(x)：无论正负，舍去小数至最近整数。
❑ floor(x)：地板函数，即舍去正小数至最近整数。
❑ ceil(x)：天花板函数，即加入正小数至最近整数。

虽然上述的函数都是取整函数，但是由于取整的规则不同（fix()函数只保留整数部分，ceil()函数向上取整，floor()函数向下取整，round()函数四舍五入取整），这几个函数是不能互相取代的。下面举例进行描述。

【例 2-12】　已知 x=4.7，分别用 round(x)、fix(x)、floor(x)、ceil(x)函数取 4.7 的整数。

```
x=4.7;
round(x)
```

```
fix(x)
floor(x)
ceil(x)
```

MATLAB 运行结果如下：

```
ans =
     5
ans =
     4
ans =
     4
ans =
     5
```

由此可以对 4 个函数进行对比。

4．sign(x)符号函数

当 $x<0$ 时，sign(x)=−1；当 $x=0$ 时，sign(x)=0；当 $x>0$ 时，sign(x)=1。

【例 2-13】举例说明 sign()函数的使用方法。

```
a=-1.2;
b=1.2;
c= 0;
sign(a)
sign(b)
sign(c)
```

MATLAB 运行结果如下：

```
ans =
    -1
ans =
     1
ans =
     0
```

5．取余函数

- rem(x,y)：求 x 除以 y 的余数，rem(x,y)命令返回的是 $x-n.\times y$，如果 y 不等于 0，其中的 $n = \text{fix}(x./y)$。
- mod(x,y)：求 x 除以 y 的余数，mod(x,y)命令返回的是 $x-n.\times y$，当 y 不等于 0 时，$n=\text{floor}(x./y)$。

当 x 和 y 的正负号一样的时候，两个函数结果是等同的；当 x 和 y 的符号不同时，rem()函数结果的符号和 x 的一样，而 mod()函数和 y 一样。这是由于这两个函数的生成机制不同，rem()函数采用 fix()函数，而 mod()函数采用了 floor()函数，而这两个函数是用来取整的，fix()函数向 0 方向舍入，floor()函数向无穷小方向舍入。下面举例说明两者的区别。

【例 2-14】举例说明 mod(x,y)和 rem(x,y)的功能。

```
rem(18,4)
mod(18,4)
mod(15,-6)
rem(15,-6)
```

MATLAB 运行结果如下：

```
ans =
     2
ans =
     2
ans =
    -3
ans =
     3
```

6．指数函数

exp(*x*)：求以自然数 e 为底，*x* 的指数。假如 *x* 为向量，则表示对向量中的每个元素求指数后得到的新向量。

7．对数函数

- ❑ log(*x*)：求 *x* 以 e 为底的对数，即自然对数。如果 *x* 为向量，则对其中的每个元素都求自然对数。
- ❑ log2(*x*)：求 *x* 以 2 为底的对数。如果 *x* 为向量，则对其中的每个元素都求以 2 为底的对数。
- ❑ log10(*x*)：求 *x* 以 10 为底的对数。如果 *x* 为向量，则对其中的每个元素都求以 10 为底的对数。

【例 2-15】　简单验证 exp(*x*)、log(*x*)、log2(*x*)、log10(*x*)这些函数的功能，再验证是否正确。MATLAB 代码如下：

```
exp(2)
log(exp(2))
log2(16)
log10(100)
```

MATLAB 运行结果如下：

```
ans =
    7.3891
ans =
     2
ans =
     4
ans =
     2
```

2.1.5　数据的输出格式

在 MATLAB 中，有专门的数据输出格式修订函数 format，该函数可以有效地改变输出的数据格式，但不影响数据的储存形式和计算精度。以下是使用该函数进行数据格式修改的几个例子。

- ❑ format：默认格式。
- ❑ format short：5 字长定点数。
- ❑ format long：15 字长定点数。
- ❑ format short e：5 字长浮点数。

- ❑ format long e：15 字长浮点数。
- ❑ format hex：十六进制。
- ❑ format bank：定点货币形式。
- ❑ format rat：小数分数表示。
- ❑ format +：＋，－，空格。
- ❑ format compact：压缩空格。
- ❑ format loose：包括空格和空行。

在 MATLAB 中，也可以不通过使用 format 命令进行数据输出格式的修改，MATLAB 在 IDE 中提供了修改系统默认数据输出格式的菜单选项，按照下列的路径进行展开就可以进行数据输出格式的修改了，即在 File→Preferences→Command Window→Text Display 展开后，进行数据输出格式的修改。

【例 2-16】　计算 a=1/3 和 a×3。MATLAB 代码如下：

```
a=1/3
a=a*3
```

MATLAB 运行结果如下：

```
a =
    0.3333
a =
    1
```

可以看到，如果不对 MATLAB 的格式进行修改，则 MATLAB 计算所得结果为默认形式。

在 MATLAB 中，不管采用何种格式对变量进行输出，如果不是人为地改变变量的精度，那么系统内核中变量的精度总是在尽可能地维持精确。上述例子中，a=a×3 得到的结果是 1，而不是 0.9999。这充分说明在 MATLAB 中，当对变量进行数学计算时，并不会损失数据信息，即使是中间过程，也会尽可能保留最大的原始信息。

2.2　MATLAB 向量与矩阵

向量是矩阵的基础，而在 MATLAB 中矩阵的相关知识非常重要，因此本节将会从向量的建立及拆分开始，循序渐进地过渡到矩阵的建立和拆分，从而详细讲述矩阵的相关函数，为后续章节的学习打下基础。

2.2.1　向量的建立及拆分

向量在 MATLAB 中有非常重要的作用，可以应用到产生等差数列、组成矩阵、解决线性代数等问题。

1. 向量的创建

（1）直接输入。

- ❑ 行向量：*a*=[1,2,3,4,5]

❑ 列向量：*a*=[1;2;3;4;5]

注意二者的区别，两者构造的向量是不一样的，它们的表现形式也是不一样的，如下例所示。

【例 2-17】 构造行向量和列向量，观察其在 MATLAB 中的表达形式。

```
a=[1,2,3,4,5]
b=[1;2;3;4;5]
```

MATLAB 运行结果如下：

```
a =
     1     2     3     4     5
b =
     1
     2
     3
     4
     5
```

（2）用 ":" 生成向量。

❑ *a*=*J*:*K* 生成的行向量是 *a*=[*J*,*J*+1,…,*K*]。

❑ *a*=*J*:*D*:*K* 生成行向量 *a*=[*J*,*J*+*D*,…,*J*+*m**D*]，*m*=fix((*K*-*J*)/*D*)。

在这里 *J*、*K* 表示范围，*D* 表示间距的大小，假设输入 1:2:7 就是在 1～7 范围内，以间距为 2 的数，即 1,3,5,7。

【例 2-18】 举例用 ":" 生成向量。MATLAB 代码如下：

```
a=2:9
a=2:3:11
```

MATLAB 的运行结果如下：

```
a =
     2     3     4     5     6     7     8     9
a =
     2     5     8    11
```

（3）函数 linspace()用来生成数据按等差形式排列的行向量。

❑ *x*=linspace(*X*1,*X*2)：在 *X*1 和 *X*2 间生成 100 个线性分布的数据，相邻的两个数据的差保持不变，构成等差数列。

❑ *x*=linspace(*X*1,*X*2,*n*)：在 *X*1 和 *X*2 间生成 *n* 个线性分布的数据，相邻的两个数据的差保持不变，构成等差数列。

【例 2-19】 利用 linspace()函数生成行向量。

```
x=linspace(1,100)
y= linspace(1,100,5)
```

MATLAB 运行结果如下：

```
x =
  Columns 1 through 10
     1     2     3     4     5     6     7     8     9    10
  Columns 11 through 20
    11    12    13    14    15    16    17    18    19    20
  Columns 21 through 30
```

```
    21      22      23      24      25      26      27      28      29      30
  Columns 31 through 40
    31      32      33      34      35      36      37      38      39      40
  Columns 41 through 50
    41      42      43      44      45      46      47      48      49      50
  Columns 51 through 60
    51      52      53      54      55      56      57      58      59      60
  Columns 61 through 70
    61      62      63      64      65      66      67      68      69      70
  Columns 71 through 80
    71      72      73      74      75      76      77      78      79      80
  Columns 81 through 90
    81      82      83      84      85      86      87      88      89      90
  Columns 91 through 100
    91      92      93      94      95      96      97      98      99     100
y =
    1.0000    25.7500    50.5000    75.2500   100.0000
```

（4）函数 logspace() 用来生成等比形式排列的行向量。

- ❑ X=logspace($x1,x2$)：在 $x1$ 和 $x2$ 之间生成 50 个对数等分数据的行向量。构成等比数列，数列的第一项 $x(1)=10^{x1}$，$x(50)=10^{x2}$。
- ❑ X=logspace($x1,x2,n$)：在 $x1$ 和 $x2$ 之间生成 n 个对数等分数据的行向量。构成等比数列，数列的第一项 $x(1)=10^{x1}$，$x(50)=10^{x2}$。

【例 2-20】　用 logspace() 函数生成行向量，从例子可以看出，当数据足够大时，系统用 Inf 代替。MATLAB 代码如下：

```
X=logspace(3,1000,7)
```

MATLAB 运行结果如下：

```
X =
  1.0e+169 *
  Columns 1 through 6
    0.0000    1.4678      Inf      Inf      Inf      Inf
  Column 7
      Inf
```

2．向量的拆分

（1）利用[]抽取向量的内容。

【例 2-21】　设 A=[1 2 3 5 6 8]，抽取其中的第 1、3、5 个元素作为新的向量 B。MATLAB 代码如下：

```
A = [1 2 3 5 6 8];
B = A([1 3 5])
```

MATLAB 运行结果如下：

```
B =
    1    3    6
```

（2）利用向量抽取另一个向量的内容。

【例 2-22】　设 A=[1 2 3 5 6 8]，抽取向量 a=[1 3 5]所对应元素作为新的向量 B。MATLAB 代码如下：

```
A = [1 2 3 5 6 8];
```

```
a=[1 3 5];
B = A(a)
```

MATLAB 运行结果如下：

```
B =
     1     3     6
```

（3）利用 ":" 抽取另一个向量的内容。

【例 2-23】 设 A=[1 2 3 5 6 8]，利用 ":" 抽取其中的第 1、3、5 个元素作为新的向量 B。MATLAB 代码如下：

```
A = [1 2 3 5 6 8];
B = A(1:2:5)
```

MATLAB 运行结果如下：

```
B =
     1     3     6
```

2.2.2 矩阵的建立及拆分

在 MATLAB 中矩阵具有非常重要的地位，这一点从 MALTAB 软件开发之初就作为整个开发组的核心来抓，而且现代数字信号处理和数字图像处理中，矩阵理论和应用占有非常重要的地位，几乎所有的图像处理和视频处理都必须依靠矩阵的计算进行，因此对矩阵的学习显得非常有必要。

1．矩阵的建立

在 MALTAB 中创建矩阵有以下规则：矩阵元素必须在[ ]内；矩阵的同行元素之间用空格（或 ","）隔开；矩阵的行与行之间用 ";"（或回车符）隔开；矩阵的元素可以是数值、变量、表达式或函数；矩阵的尺寸不必预先定义。

在 MATLAB 中矩阵的创建有 3 种方法：直接输入法、函数创建法和文件创建法。下面进行一一介绍。

（1）直接输入法。

在 MATLAB 中，建立矩阵最简单的方法是按照上述的规则直接从键盘输入矩阵的元素。当然也可以像向量建立时利用冒号表达式进行矩阵生成。冒号表达式可以产生一个行向量，其使用的格式为 $a{:}b{:}c$，其中 a 为向量的初始值，b 为步长，c 为向量的终止值。当然也可以用 linspace 函数产生行向量，其调用格式为 linspace(a,b,n)，其中 a 和 b 是生成向量的第一个和最后一个元素，n 是元素总数。

【例 2-24】 利用直接输入法生产一个矩阵 A。MATLAB 代码如下：

```
A = [1 2 3; 5 6 8]
```

MATLAB 运行结果如下：

```
A =
     1     2     3
     5     6     8
```

（2）利用 MATLAB 函数创建矩阵。

MATLAB 提供的丰富的函数可以用来创建各式各样的常见矩阵，例如全 1 阵，全 0 阵，单位矩阵等，下面介绍几个常用的矩阵函数。在 MATLAB 中 ones()函数产生全为 1 的矩阵，zeros()函数产生全为 0 的矩阵，rand()函数产生在(0,1)区间均匀分布的随机阵，randn()函数产生均值为 0、方差为 1 的标准正态分布随机矩阵，eye()函数产生单位阵。

① ones()函数调用格式。

❑ ones(n)：产生 $n \times n$ 维的全 1 矩阵。

❑ ones(m,n)：产生 $m \times n$ 维的全 1 矩阵。

【例 2-25】 利用 ones()函数构造矩阵。MATLAB 代码如下：

```
A = ones(3);
B = ones(2, 4);
A
B
```

MATLAB 运行结果如下：

```
A =
    1    1    1
    1    1    1
    1    1    1
B =
    1    1    1    1
    1    1    1    1
```

② zeros ()函数调用格式。

❑ zeros (n)：产生 $n \times n$ 维的全 0 矩阵。

❑ zeros (m,n)：产生 $m \times n$ 维的全 0 矩阵。

【例 2-26】 利用 zeros ()函数构造矩阵，MATLAB 代码如下：

```
A = zeros (3);
B = zeros (2, 4);
A
B
```

MATLAB 运行结果如下：

```
A =
    0    0    0
    0    0    0
    0    0    0
B =
    0    0    0    0
    0    0    0    0
```

③ eye()函数调用格式。

❑ eye (n)：产生 $n \times n$ 维的单位阵。

❑ eye (m,n)：产生 $m \times n$ 维的单位阵。

【例 2-27】 利用 eye ()函数构造矩阵。MATLAB 代码如下：

```
A = eye (3);
B = eye (2, 4);
A
B
```

MATLAB 运行结果如下：

```
A =
    1    0    0
    0    1    0
    0    0    1
B =
    1    0    0    0
    0    1    0    0
```

④ rand()函数调用格式。

❏ Y = rand(n)：返回一个在(0,1)区间均匀分布 $n \times n$ 的随机矩阵 Y。

❏ Y=rand(m,n) 或 Y = rand([$m\ n$])：返回一个在(0,1)区间均匀分布 $m \times n$ 的随机矩阵 Y。

❏ Y = rand($m,n,p,...$) 或 Y= rand([$m\ n\ p...$])：产生一个在(0,1)区间均匀分布 $m \times n \times p \times ...$的随机数组 Y。

❏ Y=rand(size(A))：返回一个和 A 有同样维数大小的在(0,1)区间均匀分布的随机数组。

【例 2-28】 利用 rand()函数生成一个 3×4 在(0,1)区间均匀分布的矩阵 Y。MATLAB 代码如下：

```
Y = rand(3, 4);
Y
```

MATLAB 运行结果如下：

```
Y =
    0.8147    0.9134    0.2785    0.9649
    0.9058    0.6324    0.5469    0.1576
    0.1270    0.0975    0.9575    0.9706
```

【例 2-29】 利用 rand()函数生成一个 3×4 在(-5,5)区间均匀分布的矩阵 Y。MATLAB 代码如下：

```
Y = 5 - 10 * rand(3, 4);
Y
```

MATLAB 运行结果如下：

```
Y =
   -4.5717    3.5811   -2.9221    4.6429
    0.1462    0.7824   -4.5949   -3.4913
   -3.0028   -4.1574   -1.5574   -4.3399
```

【例 2-30】 利用 rand()函数生成一个 3×4 在(-5,5)区间均匀分布的随机整数矩阵 Y。MATLAB 代码如下：

```
Y = 5 - round(10*rand(3, 4));
Y
```

MATLAB 运行结果如下：

```
Y =
   -2    5   -3    0
    2    1   -3    1
   -5    1    3   -1
```

【例 2-31】 利用 rand()函数生成一个 3×4 在(-5,5)区间均匀分布的随机矩阵 Y，且矩阵中元素精确到 0.01。MATLAB 代码如下：

```
Y = 5 - round(1000*rand(3, 4))/100;
Y
```

MATLAB 运行结果如下：

```
Y =
   -2.0900   -1.8000    3.8100    1.6000
   -2.5500   -1.5500    0.0200   -0.8500
    2.2400    3.3700   -4.6000    2.7600
```

⑤ randn()函数调用格式。

❑ Y=randn(n)：产生符合均值为 0，方差为 1 的标准正态分布的 $n×n$ 的随机矩阵 Y。

❑ Y = randn(m,n) 或 Y = randn([m n])：产生符合均值为 0，方差为 1 的标准正态分布的 $m×n$ 的随机矩阵 Y。

❑ Y = randn($m,n,p,...$) 或 Y = randn([m n $p...$])：产生符合均值为 0，方差为 1 的标准正态分布的 $m×n×p×...$的随机数组 Y。

❑ Y = randn(size(A))：返回一个和 A 有同样维数大小的产生符合均值为 0，方差为 1 的标准正态分布的随机数组 Y。

【例 2-32】利用 randn ()函数生成一个 3×4 符合标准正态分布的随机矩阵 Y。MATLAB 代码如下：

```
Y = randn(3, 4);
Y
```

MATLAB 运行结果如下：

```
Y =
    1.1174    0.5525    0.0859   -1.0616
   -1.0891    1.1006   -1.4916    2.3505
    0.0326    1.5442   -0.7423   -0.6156
```

【例 2-33】　利用 randn()函数生成一个 3×4 符合均值为 5，方差为 9 的正态分布的随机矩阵 Y。MATLAB 代码如下：

```
Y = 3 * randn(3, 4) + 5;
Y
```

MATLAB 运行结果如下：

```
Y =
    7.4429    6.0500    6.8481    7.4925
    5.7306    5.5898    6.4199    6.7558
    7.7878    5.7533    6.0550    6.6492
```

（3）利用文件建立矩阵。

load 命令：在 MATLAB 中，由于行业内的数据会非常多，从而导致存储的矩阵的维数和尺寸较大，此时，为了更好地使用 MATLAB 中的内存，应该将大的矩阵进行存储。因此，MATLAB 提供了 save 和 load 命令用来进行大矩阵的存储和读取。在采集数据的时候采用 save 命令将大矩阵保存为文件，在计算时直接利用 load 命令，将文件调入到 MATLAB 的工作环境中使用。同时可以利用 reshape 命令对调入的矩阵进行行列的重排。

例如，reshape(*A,m,n*)表示在矩阵总元素数目不变的情况下，将矩阵 *A* 重新排成 *m*×*n* 的矩阵。

【例 2-34】 使用 save()函数连续保存多个变量到多个文件中。MATLAB 代码如下：

```matlab
file='data';
xstr='x';
% create var
for i=1:10
  eval([xstr,num2str(i),'=',num2str(i),';'])
end
% save data
for i=1:10
    save([file int2str(i)], [xstr int2str(i)]);
end
```

MATLAB 运行结果如图 2.6 所示。

图 2.6　save()函数的运行结果

【例 2-35】 使用 load()函数将上例中的变量在 MATLAB 中显示。MATLAB 代码如下：

```matlab
file='data';
xstr='x';
% create var
% load data
for i=1:10
    load([file int2str(i)], [xstr int2str(i)]);
end
```

MATLAB 运行结果如图 2.7 所示。

2．矩阵的拆分

矩阵的拆分在 MATLAB 中也是常见的一类操作，具有很重要的地位。在进行矩阵拆分时需要注意矩阵的存储方式，矩阵是在 MATLAB 中是按列存储的，因此，目前常用的拆分手段有利用"："拆分矩阵、利用向量拆分矩阵，下面一一介绍。

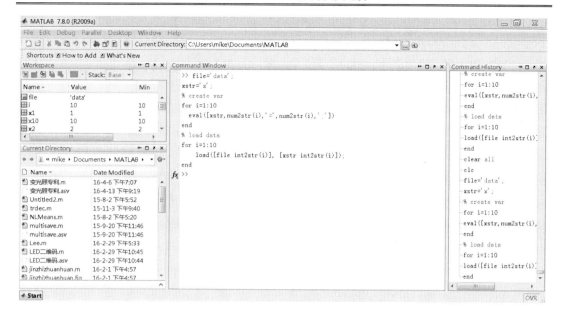

图 2.7　load()函数的运行结果

（1）利用"："抽取矩阵的内容。

【例 2-36】　设 *A*=[1 2 3; 4 5 6; 7 8 9]，抽取其中的第 1、2 行，第 1、2 列元素作为新的矩阵 *B*。MATLAB 代码如下：

```
A = [1 2 3; 4 5 6; 7 8 9];
B = A(1:2,1:2)
```

MATLAB 运行结果如下：

```
B =
    1     2
    4     5
```

【例 2-37】　设 *A*=[1 2 3; 4 5 6; 7 8 9]，抽取其中的第 1、2 行元素作为新的矩阵 *B*。MATLAB 代码如下：

```
A = [1 2 3; 4 5 6; 7 8 9];
B = A(1:2,:)
```

MATLAB 运行结果如下：

```
B =
    1     2     3
    4     5     6
```

【例 2-38】　设 *A*=[1 2 3; 4 5 6; 7 8 9]，抽取其中的第 1、2 列元素作为新的矩阵 *B*。MATLAB 代码如下：

```
A = [1 2 3; 4 5 6; 7 8 9];
B = A(:, 1:2)
```

MATLAB 运行结果如下：

```
B =
    1     2
```

```
    4      5
    7      8
```

（2）利用向量抽取矩阵的内容。

【例 2-39】 设 *A*=[1 2 3; 4 5 6; 7 8 9]，抽取其中的第 1、4 个元素作为新矩阵 ***B*** 的第 1 行，抽取第 2、3 个元素作为新矩阵 ***B*** 的第 2 行。MATLAB 的代码如下：

```
A = [1 2 3; 4 5 6; 7 8 9];
B = [A([1 4]); A([2 3])]
```

MATLAB 运行结果如下：

```
B =
    1      2
    4      7
```

（3）获取矩阵元素。

可以通过下标（行列索引）引用矩阵的元素，如 Matrix(*m*,*n*)。也可以采用矩阵元素的序号来引用矩阵元素，矩阵元素的序号就是相应元素在内存中的排列顺序，在 MATLAB 中，矩阵元素按列存储。序号（Index）与下标（Subscript）是一一对应的，以 *m*×*n* 矩阵 ***A*** 为例，矩阵元素 *A*(*i*,*j*)的序号为(*j*−1)×*m*+*i*。其相互转换关系也可利用 sub2ind()和 ind2sub() 函数求得。

2.2.3　矩阵元素的提取与替换

1．单个元素的提取

【例 2-40】 已知矩阵 *a*，提取该矩阵的第一行第二列元素。

```
a=[1,2,3;3,4,5]
b=a(1,2)
```

MATLAB 运行结果如下：

```
a =
    1      2      3
    3      4      5
b =
    2
```

在这里需要说明的是，矩阵的单下标是按照列排列的。

2．提取矩阵中某一行的元素

【例 2-41】 已知矩阵 *a*，提取矩阵的第一行所有元素。

```
a=[1,2,3;3,4,5]
b=a(1, :)
```

MATLAB 运行结果如下：

```
a =
    1      2      3
    3      4      5
```

```
b =
     1     2     3
```

3．提取矩阵中某一列

【例 2-42】　已知矩阵 *a*，提取矩阵的第一列所有元素。

```
a=[1,2,3;3,4,5],
b=a(:,1)
```

MATLAB 运行结果如下：

```
a =
     1     2     3
     3     4     5
b =
     1
     3
```

4．提取矩阵中的多行元素

【例 2-43】　已知矩阵 *a*，提取该矩阵的第 1、2 行所有元素。

```
a=[1,2,3;3,4,5]
b=a([1,2],:)
```

MATLAB 运行结果如下：

```
a =
     1     2     3
     3     4     5
b =
     1     2     3
     3     4     5
```

5．提取矩阵中的多列元素

【例 2-44】　已知矩阵 *a*，提取该矩阵的第 1、3 列所有元素。

```
a=[1,2,3;3,4,5]
b=a(:,[1,3])
```

MATLAB 运行结果如下：

```
a =
     1     2     3
     3     4     5
b =
     1     3
     3     5
```

6．提取矩阵中多行多列交叉点上的元素

$A(i:i+m,:)$ 表示取 A 矩阵第 $i\sim i+m$ 行的全部元素，而 $A(:,k:k+m)$ 表示取 A 矩阵第 $k\sim k+m$ 列的全部元素，$A(i:i+m,k:k+m)$ 表示取 A 矩阵第 $i\sim i+m$ 行内，并在第 $k\sim k+m$ 列中的所有元素。此外，还可利用一般向量和 end 运算符来表示矩阵下标，从而获得子矩阵。end 表示某一维的末尾元素下标。

【例 2-45】　已知矩阵 *a*，提取该矩阵的第 1、第 2 行和第 1、第 3 列所有元素。

```
a=[1,2,3;3,4,5]
b=a([1,2],[1,3])
```

MATLAB 运行结果如下：

```
a =
    1    2    3
    3    4    5
b =
    1    3
    3    5
```

7．单个元素的替换

【例 2-46】 在 MATLAB 中，a(x,y)代表这个矩阵的 x 行 y 列的某个元素。在下面的例子中，将 a 的第 2 行、第 3 列赋予新的值，也就是把 5 换成–1。MATLAB 代码如下：

```
a=[1,2,3;3,4,5]
a(2,3)=-1
```

MATLAB 运行结果如下：

```
a =
    1    2    3
    3    4    5

a =
    1    2    3
    3    4   -1
```

8．矩阵元素的重排和复制排列

（1）矩阵元素的重排函数为 reshape()，其调用格式如下。

- **B**=reshape(**A**,m,n)：返回的是一个 m×n 矩阵 **B**，矩阵 **B** 的元素就是矩阵 **A** 的元素，若矩阵 **A** 的元素不是 m×n 个则提示错误。
- **B**=reshape(**A**,m,n,p)：返回的是一个多维的数组 **B**，数组 **B** 中的元素个数和矩阵 **A** 中的元素个数相等。
- **B**=reshape(**A**,…,[],…)：可以默认其中的一个维数。
- **B**=reshape(**A**,siz)：由向量 siz 指定数组 **B** 的维数，要求 siz 的各元素之积等于矩阵 **A** 的元素个数。

【例 2-47】 假设原来的矩阵 **cc** 是 3 行 3 列，下面用 reshape()函数进行重排。MATLAB 代码如下：

```
cc = [ 2  3  0;  0  5  5;  0  0  8]
g = reshape(cc, 1, 9)
```

MATLAB 运行结果如下：

```
cc =
    2    3    0
    0    5    5
    0    0    8

g =
    2    0    0    3    5    0    0    5    8
```

（2）矩阵的复制排列函数是 repmat()，其调用格式如下。

❑ **B**=repmat(**A**,n)：返回 **B** 是一个 $n \times n$ 块大小的矩阵，每一块矩阵都是 **A**。

❑ **B**=repmat(**A**,m,n)：返回值是由 $m \times n$ 个块组成的大矩阵，每一个块都是矩阵 **A**。

❑ **B**=repmat(**A**,[m,n,p,...])：返回值 **B** 是一个多维数组形式的块，每一个块都是矩阵 **A**。

【例 2-48】 已知矩阵 **A**=[1 2 3 4]，写出 **A** 复制 6 行的矩阵 **B**。MATLAB 代码如下：

```
A = [1 2 3 4];
B = repmat(A, 6, 1)
```

MATLAB 运行结果如下：

```
B =
    1    2    3    4
    1    2    3    4
    1    2    3    4
    1    2    3    4
    1    2    3    4
    1    2    3    4
```

【例 2-49】 已知矩阵 **A**=[1 2 3 4]，生成对矩阵 **A** 复制 4 行 3 列的矩阵 **B**。MATLAB 代码如下：

```
A = [1 2 3 4];
B = repmat(A, 4, 3)
```

MATLAB 运行结果如下：

```
B =
    1    2    3    4    1    2    3    4    1    2    3    4
    1    2    3    4    1    2    3    4    1    2    3    4
    1    2    3    4    1    2    3    4    1    2    3    4
    1    2    3    4    1    2    3    4    1    2    3    4
```

（3）矩阵的扩大。

我们经常会遇到小矩阵变换成大矩阵，MATLAB 提供了 3 种方法来扩大矩阵，除了刚刚讲解的 repmat()函数，还有连接操作符[ ]，阵列连接函数 cat()（该函数将在后面的内容中讲解）。

【例 2-50】 例如 **a**=[1 2;3 4]，利用 **b**=[a a+1; 5×a a]即可构建新的矩阵，4×4 大矩阵。MATLAB 代码如下：

```
a=[1 2;3 4];
b=[a a+1; 5*a a]
```

MATLAB 运行结果如下：

```
b =
    1    2    2    3
    3    4    4    5
    5   10    1    2
   15   20    3    4
```

9．利用空矩阵删除矩阵的元素

在 MATLAB 中，定义[]为空矩阵。给变量 X 赋空矩阵的语句为 X=[]。注意，X=[]与 clear X 不同，clear 是将 X 从工作空间中删除，而空矩阵则存在于工作空间中，只是维数为 0。

【例 2-51】 例如 A=[1 2;3 4]，删除矩阵 A 的第 2 行。MATLAB 代码如下：

```
A = [1 2; 3 4];
A(2,:) = [];
A
```

MATLAB 运行结果如下：

```
A =
     1    2
```

2.2.4 特殊矩阵

在 MATLAB 中除了 eye()、ones()、zeros()、rand()和 randn()等常用的矩阵生成函数外，还有一些其他的特殊矩阵生成函数，下面进行一一讲解。

1．稀疏矩阵

对于一个 n 阶矩阵，通常需要 $n×n$ 的存储空间，当 n 很大时，进行矩阵运算时会占用大量的内存空间和运算时间。在许多实际问题中遇到的大规模矩阵中通常含有大量零元素，这样的矩阵称为稀疏矩阵。MATLAB 支持稀疏矩阵，只存储矩阵的非零元素。由于不存储那些零元素，也不对它们进行操作，从而节省了内存空间和计算时间，其计算的复杂性和代价仅仅取决于稀疏矩阵的非零元素的个数，这在矩阵的存储空间和计算时间上都有很大的优点。矩阵的密度定义为矩阵中非零元素的个数除以矩阵中总的元素个数。对于低密度的矩阵，采用稀疏方式存储是一种很好的选择。

（1）sparse()函数的调用格式如下。

❑ A=sparse(S)：将矩阵 S 转化为稀疏存储方式的矩阵 A，当矩阵 S 是稀疏存储方式时，则函数调用相当于 A=S。

❑ A=sparse(m,n)：生成一个 $m×n$ 的所有元素都是 0 的稀疏矩阵 A。

❑ A=sparse(u,v,S)：u,v,S 是 3 个等长的向量。S 是要建立的稀疏矩阵的非 0 元素，$u(i)$、$v(i)$分别是 $S(i)$的行和列下标，该函数建立一个 $\max(u)$行、$\max(v)$列并以 S 为稀疏元素的稀疏矩阵。

❑ S=sparse(i,j,s,m,n)：其中 i 和 j 分别是矩阵非零元素的行和列指标向量，s 是非零元素值向量，m，n 分别是矩阵的行数和列数。

【例 2-52】 例如 A=[1 2 0 0; 0 0 3 4; 0 0 0 0]，将矩阵 A 转换为稀疏矩阵 S 存储。MATLAB 代码如下：

```
A=[1 2 0 0; 0 0 3 4; 0 0 0 0];
S = sparse(A);
S
```

MATLAB 运行结果如下：

```
S =
    (1,1)        1
    (1,2)        2
    (2,3)        3
    (2,4)        4
```

（2）其他与稀疏矩阵操作有关的函数如下。

❑ *A* = full(*S*)：返回和稀疏存储矩阵 *S* 对应的完全存储方式矩阵 *A*。

❑ spy(*S*)：查看稀疏矩阵 *S* 的非零元素分布。

【例 2-53】 例如 *A*=[1 2 0 0; 0 0 3 4; 0 0 0 0]，将矩阵 *A* 转换为稀疏矩阵 *S* 存储并显示，然后恢复到正常的矩阵 *A*。MATLAB 代码如下：

```
A=[1 2 0 0; 0 0 3 4; 0 0 0 0];
S = sparse(A);
spy(S)
A = full(S)
```

MATLAB 运行结果如下：

```
A =
    1    2    0    0
    0    0    3    4
    0    0    0    0
```

spy()函数的显示如图 2.8 所示。

（3）从文件中创建稀疏矩阵，利用 load()和 spconvert() 函数可以从包含一系列下标和非零元素的文本文件中输入稀疏矩阵。例如，设文本文件 T.txt 中有 3 列内容，第 1 列是一些行下标，第 2 列是列下标，第 3 列是非零元素值。load T.txt S=spconvert(T)。

（4）稀疏带状矩阵的创建 *S*=spdiags(B,d,m,n) 其中 *m* 和 *n* 分别是矩阵的行数和列数；*d* 是长度为 *p* 的整数向量，它指定矩阵 *S* 的对角线位置；*B* 是全元素矩阵，用来给定 *S* 对角线位置上的元素，行数为 min(*m*,*n*)，列数为 *p*。

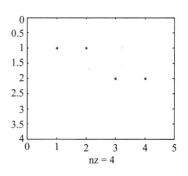

图 2.8　稀疏矩阵的显示

2. 魔方矩阵

魔方矩阵有一个有趣的性质，其每行、每列及两条对角线上的元素和都相等。对于 *n* 阶魔方阵，其元素由 1,2,3,…,*n*×*n* 共 *n*×*n* 个整数组成。MATLAB 提供了求魔方矩阵的函数 magic(n)，其功能是生成一个 n 阶魔方阵。

【例 2-54】 生成一个 5 阶魔方矩阵 *A*。MATLAB 代码如下：

```
A = magic(5)
```

MATLAB 运行结果如下：

```
A =
   17   24    1    8   15
   23    5    7   14   16
    4    6   13   20   22
   10   12   19   21    3
   11   18   25    2    9
```

3. 范德蒙德矩阵

范德蒙德（Vandermonde）矩阵是指最后一列全为 1，倒数第二列为一个指定的向量，其他各列是其后列与倒数第二列的点乘积。可以用一个指定向量生成一个范德蒙德矩阵。

在 MATLAB 中，函数 vander(V)生成以向量 V 为基础向量的范德蒙德矩阵。

【例 2-55】 以向量 a=[1 2 3 4]生成一个范德蒙德矩阵 A。MATLAB 代码如下：

```
a=[1 2 3 4];
A = vander(a)
```

MATLAB 运行结果如下：

```
A =
     1     1     1     1
     8     4     2     1
    27     9     3     1
    64    16     4     1
```

4．希尔伯特矩阵

在 MATLAB 中，生成希尔伯特矩阵的函数是 hilb(n)。使用一般方法求逆会因为原始数据的微小扰动而产生不可靠的计算结果。MATLAB 中，有一个专门求希尔伯特矩阵的逆的函数 invhilb(n)，其功能是求 n 阶的希尔伯特矩阵的逆矩阵。

【例 2-56】 求 4 阶希尔伯特矩阵 A 及其逆矩阵 B。MATLAB 代码如下：

```
A = hilb(4)
B = invhilb(4)
```

MATLAB 运行结果如下：

```
A =
    1.0000    0.5000    0.3333    0.2500
    0.5000    0.3333    0.2500    0.2000
    0.3333    0.2500    0.2000    0.1667
    0.2500    0.2000    0.1667    0.1429
B =
       16      -120       240      -140
     -120      1200     -2700      1680
      240     -2700      6480     -4200
     -140      1680     -4200      2800
```

5．托普利兹矩阵托普利兹（Toeplitz）矩阵

除第一行第一列外，其他每个元素都与左上角的元素相同。生成托普利兹矩阵的函数是 toeplitz(x,y)，它生成一个以向量 x 为第一列，以向量 y 为第一行的托普利兹矩阵。toeplitz(x)用向量 x 生成一个对称的托普利兹矩阵。

【例 2-57】 以[1 2 3]为第一列，[1 4 5]为第一行生成托普利兹矩阵 A。MATLAB 代码如下：

```
toeplitz([1 2 3], [1 4 5])
```

MATLAB 运行结果如下：

```
ans =
     1     4     5
     2     1     4
     3     2     1
```

2.3　MATLAB 矩阵相关运算

鉴于矩阵在 MATLAB 中的重要地位，本节内容主要阐述矩阵的相关运算及其在 MATLAB 中的实现，详细讲述矩阵的算术、关系和逻辑运算，为后续的矩阵处理进行铺垫。

2.3.1　算术运算

MATLAB 的基本算术运算有：＋（加）、－（减）、×（乘）、/（右除）、\\（左除）、^（乘方）、'（转置）。运算是在矩阵意义下进行的，单个数据的算术运算只是一种特例。MATLAB 有两类不同的算术指令运算：基本算术运算和点运算，是按照线性代数运算法则运算的。

1．基本算术运算符

基本运算符的含义与线性代数中所定义的矩阵的运算法则是一致的，下面进行简单的回顾。

（1）矩阵的加减运算：假定有两个矩阵 A 和 B，类似普通的加减法，$A+B$ 和 $A–B$ 可分别实现矩阵 A 与 B 的加或减运算。如果矩阵 A 和 B 的维数相同，则以上运算时分别将矩阵 A，B 中对应位置的元素进行相加减然后得到新的运算后的矩阵；若矩阵 A 和 B 的维数不同，则在 MATLAB 中系统会显示红色警告，并提示矩阵的维数不匹配。

【例 2-58】　已知矩阵 A、B，求两矩阵的和及差。MATLAB 代码如下：

```
A = [1 2 3;4 5 6];
B = [1 5 8 ;2 4 7];
C = A + B
D = A - B
```

MATLAB 运行结果如下：

```
C =
     2     7    11
     6     9    13
D =
     0    -3    -5
     2     1    -1
```

（2）矩阵的乘法：假定有两个矩阵 A 和 B，A 是 m 行 n 列，B 是 n 行 p 列。那么 $C=A×B$ 是 m 行 p 列。设 $A=(a_{ij})$ 为 $m×n$ 的矩阵，$B=(b_{ij})$ 为 $n×1$ 的矩阵，则矩阵 A 可以左乘矩阵 B（注意：矩阵 A 的列数与矩阵 B 的行数相等），所得的积为一个 $m×1$ 的矩阵 C，即 $AB=C$，其中 $C=(c_{ij})$，并且 $c_{ij}=a_{i1}b_{1j}+a_{i2}b_{2j}+…+a_{in}b_{nj}$。

【例 2-59】　已知矩阵 A、B，求两矩阵的乘积。MATLAB 代码如下：

```
A=[1 3 5;2 4 6];
B=[2 3 3;5 6 8;1 4 9];
D=A*B
```

MATLAB 运行结果如下：

```
D =
    22    41    72
    30    54    92
```

（3）矩阵的除法：在 MATLAB 中，有两个矩阵除法的符号，即左除\和右除/。如果 *A* 是一个非奇异方阵，那么 *A\B* 和 *B/A* 对应 *A* 的逆与 *B* 的左乘和右乘，即分别等价于命令 inv(A)×B 和 B×inv(A)。可是，MATLAB 执行它们时是不同的。

【例 2-60】 已知矩阵 *A*、*B*，求 *A\B* 和 *B/A*。MATLAB 代码如下：

```
A = [1 2;3 4];
B = [5 6;7 8];
C = A\B
D = B/A
```

MATLAB 运行结果如下：

```
C =
    -3    -4
     4     5
D =
    -1     2
    -2     3
```

可以用以下代码验证上述说法。

```
L = inv(A)*B
R = B*inv(A)
```

MATLAB 运行结果如下：

```
L =
   -3.0000   -4.0000
    4.0000    5.0000
R =
   -1.0000    2.0000
   -2.0000    3.0000
```

（4）矩阵的乘方：一个矩阵的乘方运算可以表示成 A^x，要求 *A* 为方阵，*x* 为标量。

【例 2-61】 已知矩阵 *A* = [1 2;3 4]，求 *A* 的 3 次幂。MATLAB 代码如下：

```
A = [1 2;3 4];
B = A^3
C = A*A*A
```

MATLAB 运行结果如下：

```
B =
    37    54
    81   118
C =
    37    54
    81   118
```

由上述的实验结果可以看到，矩阵 *A* 的乘方 A^x 就相当于 *x* 个矩阵 *A* 进行相乘。

（5）矩阵的转置："'"表示对实数矩阵进行行列互换，而对复数矩阵进行共轭转置。操作符"."表示对复数矩阵进行转置。

【例 2-62】已知矩阵 A = [1 2;3 4]和 B=[1+i 2–i; 3 –i]，求矩阵 A 和 B 的转置。MATLAB 代码如下：

```
A = [1 2;3 4];
B = [1+i 2-i; 3 -i];
C = A';
D = B';
E = B.';
A
C
B
D
E
```

MATLAB 运行结果如下：

```
A =
   1    2
   3    4
C =
   1    3
   2    4
B =
 1.0000 + 1.0000i   2.0000 - 1.0000i
 3.0000                  0 - 1.0000i
D =
 1.0000 - 1.0000i   3.0000
 2.0000 + 1.0000i        0 + 1.0000i
E =
 1.0000 + 1.0000i   3.0000
 2.0000 - 1.0000i        0 - 1.0000i
```

2. 点运算

在进行运算时，在运算符前面加点，称之为点运算，是指向量或者矩阵中对应位置的元素进行点对点的相关运算，同时要求两个矩阵的维数必须相同，注意在矩阵运算中，".+"与+、".–"和–效果相同，因此在 MATLAB 中并没有定义 ".+" 和 ".–" 运算。

【例 2-63】已知矩阵 A、B，求两矩阵的点乘运算，并与矩阵乘法进行比较。MATLAB 代码如下：

```
A = [1 2 3;4 5 6; 1 1 0];
B = [1 5 8 ;2 4 7; 0 1 0];
C = A .* B
D = A * B
```

MATLAB 运行结果如下：

```
C =
   1   10   24
   8   20   42
   0    1    0
D =
   5   16   22
  14   46   67
   3    9   15
```

观察矩阵 C 和 D，可以发现两种运算符的区别。

【例 2-64】 已知矩阵 **A**、**B**，求两矩阵的点除运算。MATLAB 代码如下：

```
A = [1 2 3;4 5 6];
B = [1 5 8 ;2 4 7];
C = A .\ B
D = A ./ B
```

MATLAB 运行结果如下：

```
C =
    1.0000    2.5000    2.6667
    0.5000    0.8000    1.1667
D =
    1.0000    0.4000    0.3750
    2.0000    1.2500    0.8571
```

观察矩阵 **C** 和 **D**，可以发现 **A**.**B** 相当于矩阵 **B** 中的每个元素除以矩阵 **A** 中对应元素的值，**A**./**B** 则相当于矩阵 **A** 中的每个元素除以矩阵 **B** 中对应元素的值。

【例 2-65】 已知矩阵 **A**，求矩阵 **A** 的点幂运算。MATLAB 代码如下：

```
A = [1 2 3;4 5 6];
B = A .^ 2
```

MATLAB 运行结果如下：

```
B =
     1     4     9
    16    25    36
```

另外需要注意的是，向量或矩阵与一个常数的运算，相当于整个向量和矩阵的每一个元素都与该常数进行相应的运算。

【例 2-66】 已知矩阵 **A**，求矩阵 **A** 与常数 5 的加减乘除和点乘、点除等运算。MATLAB 代码如下：

```
A = [1 2 3;4 5 6];
B = A + 5
C = A - 5
D = A * 5
D1 = A .* 5
E = A / 5
E1 = A ./ 5
E2 = 5 \ A
F = A .\ 5
```

MATLAB 运行结果如下：

```
B =
     6     7     8
     9    10    11
C =
    -4    -3    -2
    -1     0     1
D =
     5    10    15
    20    25    30
D1 =
     5    10    15
    20    25    30
E =
```

```
   0.2000      0.4000      0.6000
   0.8000      1.0000      1.2000
E1 =
   0.2000      0.4000      0.6000
   0.8000      1.0000      1.2000
E2 =
   0.2000      0.4000      0.6000
   0.8000      1.0000      1.2000
F =
   5.0000      2.5000      1.6667
   1.2500      1.0000      0.8333
```

2.3.2　关系运算

MATLAB 提供了 6 种关系运算符：<（小于）、<=（小于或等于）、>（大于）、>=（大于或等于）、==（等于）、~=（不等于）。关系运算符的运算法则如下。

（1）当两个比较量是标量时，直接比较两数的大小。若关系成立，关系表达式结果为 1，否则为 0。

【例 2-67】　举例比较两个数值的大小。MATLAB 代码如下：

```
3>5
3>1
```

MATLAB 运行结果如下：

```
ans =
     0
ans =
     1
```

（2）当参与比较的量是两个维数相同的矩阵时，是对两矩阵相同位置的元素按标量关系运算规则逐个进行比较，并给出元素比较结果。最终的关系运算的结果是一个维数与原矩阵相同的矩阵，它的元素由 0 或 1 组成。

【例 2-68】　已知矩阵 *A*、*B*，比较这两个矩阵的大小。MATLAB 代码如下：

```
A = [1 2 3;4 5 6];
B = [1 5 8 ;2 4 7];
C = A < B
D = A >= B
E = A == B
F = A ~= B
```

MATLAB 运行结果如下：

```
C =
     0     1     1
     0     0     1
D =
     1     0     0
     1     1     0
E =
     1     0     0
     0     0     0
F =
     0     1     1
     1     1     1
```

（3）当参与比较的一个是标量，而另一个是矩阵时，则把标量与矩阵的每一个元素按标量关系运算规则逐个比较，并给出元素比较结果。最终的关系运算结果是一个维数与原矩阵相同的矩阵，它的元素由 0 或 1 组成。

【例 2-69】 已知矩阵 *A*，用常数 3 对其进行比较。MATLAB 代码如下：

```
A = [1 2 3;4 5 6];
B = 3>A
C = A >= 3
D = A == 3
```

MATLAB 运行结果如下：

```
B =
     1     1     0
     0     0     0
C =
     0     0     1
     1     1     1
D =
     0     0     1
     0     0     0
```

2.3.3 逻辑运算

MATLAB 提供了 3 种逻辑运算符：&(与)、|(或)和～(非)。

（1）在逻辑运算中，确认非零元素为真，用 1 表示，零元素为假，用 0 表示。

【例 2-70】 举例说明逻辑运算。MATLAB 代码如下：

```
0&0
0&1
3&2
```

MATLAB 运行结果如下：

```
ans =
     0

ans =
     0

ans =
     1
```

（2）设参与逻辑运算的是两个标量 *a* 和 *b*，*a*&*b* 时，当 *a*,*b* 全为非零时，运算结果为 1，否则为 0；*a*|*b* 时，当 *a*,*b* 中只要有一个非零，运算结果为 1；～*a* 时，当 *a* 是 0 时，运算结果为 1，当 *a* 非零时，运算结果为 0。

【例 2-71】 设 *a* = 1，举例说明逻辑非运算。MATLAB 代码如下：

```
a = 1;
b = ～a
```

MATLAB 运行结果如下：

```
b =
     0
```

值得注意的是 MATLAB 语言与 C、C++等语言不同，进行逻辑非表示时用的是"～"而不是"！"。

（3）若参与逻辑运算的是两个同维矩阵，那么运算将对矩阵相同位置上的元素按标量规则逐个进行。最终运算结果是一个与原矩阵同维的矩阵，其元素由 1 或 0 组成。

【例 2-72】　已知矩阵 **A**、**B**，求矩阵 **A** 和 **B** 的逻辑运算。MATLAB 代码如下：

```
A = [1 0 3;4 0 6]
B = [1 0 8 ;2 4 0]
C = A&B
D = A | B
E = ～A
```

MATLAB 运行结果如下：

```
A =
    1    0    3
    4    0    6
B =
    1    0    8
    2    4    0
C =
    1    0    1
    1    0    0
D =
    1    0    1
    1    1    1
E =
    0    1    0
    0    1    0
```

（4）若参与逻辑运算的一个是标量，一个是矩阵，那么运算将在标量与矩阵中的每个元素之间按标量规则逐个进行。最终运算结果是一个与矩阵同维的矩阵，其元素由 1 或 0 组成。

【例 2-73】　已知矩阵 **A**，求 3|**A**。MATLAB 代码如下：

```
A=[1 0 3; 4 0 6];
B = 3|A
```

MATLAB 运行结果如下：

```
B =
    1    1    1
    1    1    1
```

（5）在算术、关系、逻辑运算中，算术运算优先级最高，逻辑运算优先级最低。

（6）逻辑函数。MATLAB 提供了许多测试用的逻辑函数，灵活、巧妙地运用这些函数，可以得到期望的结果。

① 利用 all()函数可以测定矩阵所有元素是否非零，如果所有元素非零，则为真。

【例 2-74】　例如，编写一段测试矩阵是否为全非 0 元素的测试函数。MATLAB 代码如下：

```
a = [1 0 1; 0 1 1]

if  all(a)
   disp('The all element of matrix is not zero.');
```

```
else
   disp('The matrix has zero element.');
end
```

MATLAB 运行结果如下：

```
a =
    1    0    1
    0    1    1
The matrix has zero element.
```

② any()函数可以测试出矩阵中是否含有非零值。

【例 2-75】 例如，编写一段测试矩阵中是否有非零值的测试函数。MATLAB 代码如下：

```
a = [1 0 1; 0 0 1]
any(a)
```

MATLAB 运行结果如下：

```
a =
    1    0    1
    0    0    1
ans =

    1    0    1
```

这说明矩阵 *a* 中第 1、3 列中包含非零元素，而第 2 列中不含有非零元素。

③ find()函数可以找出矩阵中的非零元素及其位置。

【例 2-76】 例如，编写一段测试矩阵中的非零元素及其位置的测试函数。MATLAB 代码如下：

```
a = zeros(4,5);
a(3, 2)=0.5
a(4,4)=-0.4
[i, j, v]=find(a)
```

MATLAB 运行结果如下：

```
a =
         0         0         0         0         0
         0         0         0         0         0
         0    0.5000         0         0         0
         0         0         0         0         0
a =
         0         0         0         0         0
         0         0         0         0         0
         0    0.5000         0         0         0
         0         0         0   -0.4000         0
i =
     3
     4
j =
     2
     4
v =
    0.5000
   -0.4000
```

这说明在矩阵 *a* 中，第 3 行第 2 列的元素为 0.5，第 4 行第 4 列的元素为–0.4。

④exist()函数可以测定文件是否存在，它可在装入数据文件之前对数据文件进行检测。

【例 2-77】　例如，编写一段程序测试函数 exist()。MATLAB 代码如下：

```
if exist('sg.dat')
    load sg.dat
else
    sg=zeros(5,2)
end
```

MATLAB 运行结果如下：

```
sg =
    0    0
    0    0
    0    0
    0    0
    0    0
```

这样，当存在 sg.dat 时，直接将数据读入 MATLAB 的 sg 变量中；当不存在 sg.dat 时，将变量 sg 初始化为全零矩阵，这在信号处理中很有用。

⑤ 利用 is*这一组函数可对矩阵进行各种检测，其中 isnan()函数可从阵列中检测出非数值（NaN）。当阵列中包含有 NaN 时，则基于这一阵列的任何函数值也为 NaN，因此在数据处理之前，一般应对数据进行分析，删去包含有 NaN 的测量样本。

2.4　矩　阵　函　数

在 MATLAB 中，工具箱中提供了很多矩阵函数，不仅用来形成各式各样的矩阵，还可以对矩阵进行各种操作，从而带来丰富的矩阵函数，下面对此进行介绍。

2.4.1　对角阵与三角阵

1．对角阵函数

对角阵只有对角线上有非零元素的矩阵称为对角矩阵，对角线上的元素相等的对角矩阵称为数量矩阵，对角线上的元素都为 1 的对角矩阵称为单位矩阵。对角阵函数 diag()既可以用来生成矩阵，又可以提取矩阵的对角线元素，其调用格式如下。

（1）$A=\mathrm{diag}(v,k)$：当 v 是有 n 个元素的向量，返回矩阵 A 是行列数为 $n+|k|$ 的方阵。向量 v 的元素位于 A 的第 k 条对角线上。$k=0$ 对应主对角线，$k>0$ 对应主对角线以上，$k<0$ 对应主对角线以下。当 v 是矩阵时，返回向量 A 是矩阵 v 第 k 条对角线上元素构成的向量。

【例 2-78】　已知矩阵 v，求其次对角线上所有元素。MATLAB 代码如下：

```
v=[1 2 3 4;5 6 7 8;9 10 11 12]
A=diag(v,1)
```

MATLAB 运行结果如下：

```
v =
    1    2    3    4
    5    6    7    8
    9   10   11   12
```

```
A =
    2
    7
   12
```

（2）A=diag(*v*)：将矩阵 *v* 的对角线上的元素作为向量提取出来。

【例 2-79】 已知矩阵 *v*，求其对角线元素。MATLAB 代码如下：

```
v=[1 2 3 4;5 6 7 8;9 10 11 12]
A=diag(v,0)
B=diag(v)
```

MATLAB 运行结果如下：

```
v =
    1     2     3     4
    5     6     7     8
    9    10    11    12
A =
    1
    6
   11
B =
    1
    6
   11
```

2. 下三角阵的提取

（1）L=tril(*A*)：提取矩阵 *A* 的下三角部分。

【例 2-80】 已知矩阵 *A*，提取 *A* 的下三角部分。MATLAB 代码如下：

```
A = [1 2 3; 5 6 7; 9 10 11 ]
L = tril(A)
```

MATLAB 运行结果如下：

```
A =
    1     2     3
    5     6     7
    9    10    11
L =
    1     0     0
    5     6     0
    9    10    11
```

（2）L=tril(*A,k*)：提取矩阵 *A* 的第 *k* 条对角线以下部分。*k*=0 对应主对角线，*k*>0 对应主对角线以上，*k*<0 对应主对角线以下。

【例 2-81】 已知矩阵 *A*，提取 *A* 的第 1，−1 条对角线的以下部分。MATLAB 代码如下：

```
A = [1 2 3 ;5 6 7 ;9 10 11]
L = tril(A,1)
L1 = tril(A,-1)
```

MATLAB 运行结果如下：

```
A =
    1     2     3
```

```
     5     6     7
     9    10    11
L =
     1     2     0
     5     6     7
     9    10    11
L1 =
     0     0     0
     5     0     0
     9    10     0
```

3．上三角阵的提取

函数 triu()的调用格式如下。

（1）U=triu(A)：提取矩阵 A 的上三角部分元素。

【例 2-82】 已知矩阵 A，提取 A 的对角线以上部分。MATLAB 代码如下：

```
v = [1 23 35; 67 47 89]
c = triu(v)
```

MATLAB 运行结果如下：

```
v =
     1    23    35
    67    47    89
c =
     1    23    35
     0    47    89
```

（2）U=triu(A,k)：提取矩阵 A 的第 k 条对角线以上的元素。k=0 对应主对角线，k>0 对应主对角线以上，k<0 对应主对角线以下。

【例 2-83】 已知矩阵 A，提取 A 的第 1，-1 条对角线的以上部分。MATLAB 代码如下：

```
A = [1 2 3 ;5 6 7 ;9 10 11]
L = triu (A,1)
L1 = triu (A,-1)
```

MATLAB 运行结果如下：

```
A =
     1     2     3
     5     6     7
     9    10    11
L =
     0     2     3
     0     0     7
     0     0     0
L1 =
     1     2     3
     5     6     7
     0    10    11
```

2.4.2　矩阵的转置与旋转

1．矩阵的转置

MATLAB 中矩阵转置的运算符为"'"，它实际上完成的是矩阵的共扼转置，而一般意义上的转置运算符为"."。当 *A* 是复数矩阵时，*A*'是共轭转置，如果实现非共轭转置，需要采用 *A*.'。

2. 矩阵的翻转和旋转

（1）矩阵的左右翻转。

在 MATLAB 中左右翻转函数是 fliplr()，调用格式为 *B*=fliplr(*A*)将矩阵 *A* 左右翻转成矩阵 *B*。

【例 2-84】 已知矩阵 *A*，求左右翻转的新矩阵。

```
A = [1 2 3; 3 4 2]
B = fliplr(A)
```

MATLAB 运行结果如下：

```
A =
     1     2     3
     3     4     2
B =
     3     2     1
     2     4     3
```

（2）矩阵上下翻转函数。

调用格式：*B*=flipud(*A*)把矩阵 *A* 上下翻转成矩阵 *B*。

【例 2-85】 已知矩阵 *A*，求上下翻转以后的新矩阵。

```
A = [1 2 3; 3 4 2]
B = flipud(A)
```

MATLAB 运行结果如下：

```
A =
     1     2     3
     3     4     2
B =
     3     4     2
     1     2     3
```

（3）多维数组翻转函数。

调用格式：*B*=flipdim(*A*,dim)把矩阵或多维数组 *A* 沿指定维数翻转成矩阵 *B*。

【例 2-86】 已知矩阵 *A*，用 flipdim()函数举例进行翻转。

```
A = [1 2 3; 4 5 6]
B = flipdim(A, 2)
```

MATLAB 运行结果如下：

```
A=
     1     2     3
     4     5     6
B =
     3     2     1
     6     5     4
```

（4）矩阵的旋转函数。

调用格式如下。

❑ **B**=rot90(**A**)：矩阵 **B** 是矩阵 **A** 沿逆时针方向旋转 90°得到的。
❑ **B**=rot90(**A**,k)：矩阵 **B** 是矩阵 **A** 沿逆时针方向旋转 $k \times 90$°得到的（要想顺时针旋转，k 取-1）。

【例 2-87】　已知矩阵 **A**，验证 rot()函数的功能。

```
A = [1 2 3; 4 5 6]
B = rot90(A)
B = rot90(A,-1)
```

MATLAB 运行结果如下：

```
A =
    1    2    3
    4    5    6
B =
    3    6
    2    5
    1    4
B =
    4    1
    5    2
    6    3
```

2.4.3　矩阵的逆与伪逆

伪逆是对于不可逆矩阵来说的。对于可逆矩阵来说，伪逆和逆结果一样，对于不可逆矩阵，是采用最小二乘的方法求一个近似的逆。

（1）矩阵的逆。

对于一个方阵 **A**，如果存在一个与其同阶的方阵 **B**，使得 **AB**=**BA**=**I**（**I** 为单位矩阵）则称 **B** 为 **A** 的逆矩阵，当然，**A** 也是 **B** 的逆矩阵。求方阵 **A** 的逆矩阵可调用函数 inv(**A**)。

【例 2-88】　已知矩阵 **A**，求该矩阵的逆。

```
A=[1:3; 4:6; 7:9]
inv(A)
```

MATLAB 运行结果如下：

```
A =
    1    2    3
    4    5    6
    7    8    9
ans =
  1.0e+016 *
  -0.4504    0.9007   -0.4504
   0.9007   -1.8014    0.9007
  -0.4504    0.9007   -0.4504
```

（2）矩阵的伪逆。

如果矩阵 **A** 不是一个方阵，或者 **A** 是一个非满秩的方阵时，矩阵 **A** 没有逆矩阵，但可以找到一个与 **A** 的转置矩阵 **A**'同型的矩阵 **B**，使得 **ABA**=**A**，**BAB**=**B** 此时称矩阵 **B** 为矩阵 **A** 的伪逆，也称为广义逆矩阵。在 MATLAB 中，求一个矩阵伪逆的函数是 pinv(**A**)。当一个矩阵不是满秩的时候，如果要求逆，只能用伪逆函数。

【例 2-89】 已知矩阵 A，求该矩阵的伪逆。

```
A = [1 2 3; 1 2 3; 4 5 6]
B = inv(A)
C = pinv(A)
```

MATLAB 运行结果如下：

```
B =
    Inf    Inf    Inf
    Inf    Inf    Inf
    Inf    Inf    Inf
C =
   -0.4722   -0.4722    0.4444
   -0.0556   -0.0556    0.1111
    0.3611    0.3611   -0.2222
```

由此例可以看出矩阵求逆函数和求伪逆函数的区别。

2.4.4 方阵的行列式

行列式是学习线性代数第一个接触的概念，而且几乎贯穿线性代数的整个学习周期，其重要性可想而知。但是如果用传统的方法去求解矩阵的行列式，当维数较高时就显得非常吃力。下面向大家介绍一下用 MATLAB 求解矩阵行列式的方法。

由 n 阶方阵 A 的元素所构成的行列式（各元素的位置不变），称为方阵 A 的行列式，记作 $|A|$ 或 $\det A$。MATLAB 计算对应矩阵行列式的值的指令为：d=det(A)，该指令返回方阵 A 的行列式，并赋给 d。若 A 仅包含整数项，则该结果 d 也是一个整数。在线性代数中矩阵 A 的行列式定位为

$$\det A = |A| = \begin{vmatrix} a_{11} & a_{12} & ... & a_{1n} \\ a_{21} & a_{22} & ... & a_{2n} \\ \vdots & \vdots & \vdots & \vdots \\ a_{n1} & a_{n1} & ... & a_{nn} \end{vmatrix} = \sum_{k=1}^{n} a_{1k}(-1)^{1+k} \det S_{1k}$$

这里先生成一个矩阵，然后有计算行列式时调用。

【例 2-90】 求解矩阵的行列式。MATLAB 代码如下：

```
A = [1 2 3; 4 5 6; 7 8 9]
B = det(A)
```

MATLAB 运行结果如下：

```
A =
    1    2    3
    4    5    6
    7    8    9
B =
    6.6613e-16
```

2.4.5 矩阵的秩与迹

设 $A=(a_{ij})$ 为 n 阶矩阵，称 A 的主对角线上所有元素的和为 A 的迹，记作 trace(A)，而

rank()函数用来求矩阵 **A** 的秩，表示矩阵 **A** 中不为零的子式的最大阶数。

【例 2-91】 用 magic()函数生成矩阵 **m**，求它的秩和迹。MATLAB 代码如下：

```
m = magic(8)
t = trace(m)
k = rank(m)
```

MATLAB 运行结果如下：

```
m =
      64     2     3    61    60     6     7    57
       9    55    54    12    13    51    50    16
      17    47    46    20    21    43    42    24
      40    26    27    37    36    30    31    33
      32    34    35    29    28    38    39    25
      41    23    22    44    45    19    18    48
      49    15    14    52    53    11    10    56
       8    58    59     5     4    62    63     1
t =
     260
k =
     3
```

2.4.6　向量和矩阵的范数

1. 向量范数

在一维空间中，实轴上任意两点距离用两点差的绝对值表示。绝对值是一种度量形式的定义。范数是对函数、向量和矩阵定义的一种度量形式。任何对象的范数值都是一个非负实数。使用范数可以测量两个函数、向量或矩阵之间的距离。向量范数是度量向量长度的一种定义形式。最常用的范数就是 p-范数。若 $x=[x1,x2,...,xn]$，那么 $\|x\|_p=(|x1|^p+|x2|^p+...+|xn|^p)^{\{1/p\}}$，可以验证 p-范数确实满足范数的定义。其中三角不等式的证明不是平凡的，这个结论通常称为闵可夫斯基（Minkowski）不等式。

当 p 取 1，2，∞的时候分别是以下几种最简单的情形。

❑ 1-范数：$\|x\|1=|x1|+|x2|+...+|xn|$。
❑ 2-范数：$\|x\|2=(|x1|^2+|x2|^2+...+|xn|^2)^{1/2}$。
❑ ∞-范数：$\|x\|\infty=\max(|x1|,|x2|,...,|xn|)$。
其中 2-范数就是通常意义下的距离。

在 MATLAB 中向量的范数用 norm()函数进行计算，其调用格式如下。

❑ n = norm(**X**,inf)：求向量 **X** 的无穷-范数。
❑ n = norm(**X**,1)：求向量 **X** 的 1-范数。
❑ n = norm(**X**,-inf)：求向量 **X** 的绝对值的最小值。
❑ n = norm(**X**, p)：求向量 **X** 的 p-范数。
❑ n = norm(**X**,2)：求向量 **X** 的 2-范数。

【例 2-92】 求向量 **a** 的范数。MATLAB 代码如下：

```
a = [1 2 3 4];
n = norm(a, inf)
n1 = norm(a, 1)
```

```
n2 = norm(a, 2)
n3 = norm(a, 0.5)
```

MATLAB 运行结果如下：

```
n =
      4
n1 =
      10
n2 =
      5.4772
n3 =
      37.7766
```

2．矩阵范数

一个在 $m \times n$ 的矩阵上的矩阵范数(matrix norm)是一个从 $m \times n$ 线性空间到实数域上的函数，记为 $\|\cdot\|$，它对于任意的 $m \times n$ 矩阵 A 和 B 及所有实数 a。矩阵是 4 种常用范数，相比较向量，多了一个 F 范数。

矩阵范数满足以下 4 条性质：

❑ $\|A\|>=0$。

❑ $\|A\|=0$ iff $A=O$（零矩阵）（1 和 2 可统称为正定性）。

❑ $\|aA\|=|a|\ \|A\|$（齐次性）。

❑ $\|A+B\|<= \|A\| + \|B\|$（三角不等式）。

在有些教科书上定义的矩阵范数是对于二阶矩阵的，这种定义往往要求矩阵满足相容性，即

$\|AB\|<=\|A\|\ \|B\|$（相容性）。

对于矩阵范数的定义仅要求前 4 条性质，而满足第 5 个性质的矩阵范数称为服从乘法范数。在 MATLAB 中矩阵的范数也是使用 norm()函数进行计算，其调用格式如下：

❑ $n = \text{norm}(A)$：求矩阵 A 欧几里得范数，等于 A 的最大奇异值。

❑ $n = \text{norm}(A,1)$：求矩阵 A 的列范数，等于 A 的列向量的 1-范数的最大值。

❑ $n = \text{norm}(A,2)$：求 A 的欧几里得范数，和 norm(A)相同。

❑ $n = \text{norm}(A,\text{inf})$：求矩阵 A 的行范数，等于 A 的行向量的 1-范数的最大值，即 max(sum(abs(A')))。

❑ $n = \text{norm}(A, 'fro')$：求矩阵 A 的 Frobenius 范数，矩阵元 p 阶范数需要自己编程。

【例 2-93】 已知一个矩阵 A，求解 A 的范数。MATLAB 代码如下：

```
A=[1 2 3; 4 5 6]
n = norm(A)
n1 = norm(A,1)
n2 = norm(A, 'fro')
```

MATLAB 运行结果如下：

```
A =
    1    2    3
    4    5    6
n =
    9.5080
n1 =
    9
```

```
n2 =
    9.5394
```

2.4.7　矩阵的条件数

用矩阵及其逆矩阵的范数的乘积表示矩阵的条件数，由于矩阵范数的定义不同，因而其条件数也不同，但是由于矩阵范数的等价性，故在不同范数下的条件数也是等价的，一般取 2-范数。矩阵条件数的大小是衡量矩阵"坏"或"好"的标志。

cond(A)称做矩阵 A 的条件数，为矩阵 A 的范数与 A 的逆矩阵的范数乘积。

在 MATLAB 中，计算矩阵 A 的 3 种条件数的函数是：

❑ cond(A,1)：计算 A 的 1-范数下的条件数。

❑ cond(A)或 cond(A,2)：计算 A 的 2-范数数下的条件数。

❑ cond(A,inf)：计算 A 的 ∞-范数下的条件数。

【例 2-94】已知矩阵 A，求 cond(A)。

```
A = [1 23 35; 67 47 89]
cond(A)
```

MATLAB 运行结果如下：

```
A =
     1    23    35
    67    47    89
ans =
    5.8136
```

2.4.8　矩阵的特征值与特征向量

对于任意方阵 A，首先求出方程$|\lambda E-A|=0$ 的解，这些解就是 A 的特征值，再将其分别代入方程（$\lambda E-A$）$X=0$ 中，求得它们所对应的基础解系，则对于某一个 λ，以它所对应的基础解系形成的线性空间中的任意一个向量，均为 λ 所对应的特征向量。

根据线性代数理论，特征值与特征向量只存在于方阵。在 MATLAB 中利用 eig()函数可以快速求解矩阵的特征值与特征向量。

格式：[V,D] = eig(A)

说明：其中 D 为特征值构成的对角阵，每个特征值对应于 V 矩阵中的列向量（也正是其特征向量），如果只有一个返回变量，则得到该矩阵特征值构成的列向量。

按上述说明，在 MATLAB 中输入：[V,D] = eig(A)即可求出结果。

【例 2-95】已知矩阵 A，利用 eig()函数可以快速求解该矩阵的特征值与特征向量。

```
A = [1 2 4;
     4 0 7
     9 1 3];
[V,D] = eig(A)
```

MATLAB 运行结果如下：

```
结果为
V =
```

```
     0.4301            0.1243 - 0.2934i   0.1243 + 0.2934i
     0.6288            0.7870             0.7870
     0.6478           -0.4054 + 0.3388i  -0.4054 - 0.3388i
D =
     9.9473            0                  0
     0                -2.9736 + 1.5220i   0
     0                 0                 -2.9736 - 1.5220i
```

求解特征值与特征向量时矩阵必须是方阵！

2.5　本章小结

本章主要学习的是变量、数据和矩阵的基本知识，本章需要掌握变量的定义、矩阵的定义，以及对矩阵的基本操作，如翻转、提取、扩大等，这些在线性代数和数字信号处理中应用十分广泛。读者应做到熟悉 MATLAB 编程环境，并初步使用代码进行操作。

2.6　习　　题

1．简述 MATLAB 变量名的定义需要符合的条件。

2．生成一个复变量，并且提取其实部和虚部。

3．定义一个变量 a=[1 2 3 4 5]，清除该变量，并验证该变量是否成功。

4．论述 MATLAB 内存变量的管理。

5．简述 MATLAB 使用过程中内存不足问题的解决方法。

6．求 x=-1.25 的绝对值，并对其进行开方，然后进行四舍五入至小数点后 1 位。

7．利用 mod()函数将 26 转换为二进制数。

8．设向量 A=[1 2 3 5 6 8]，抽取其中的第 1、3、5 个元素作为新的向量 B，抽取向量 a=[2 4 6]所对应元素作为新的向量 C，然后求解向量 B 和向量 C 的和。

9．生成一个 3×4 的在(–5,5)区间均匀分布的随机矩阵 Y，且矩阵中的元素精确到 0.01。

10．生成一个 3×4 的符合均值为 5、方差为 9 的正态分布的随机矩阵 Y。

11．使用 save()函数连续保存多个变量到多个文件中，并使用 load()函数将保存的变量在 MATLAB 中显示。

12．设矩阵 A=[1 2 3；4 5 6；7 8 9]，抽取 A 中的第 1、2 行，第 1、2 列元素作为新的矩阵 B。抽取 A 中的第 1、4 个元素作为新矩阵 C 第 1 行，抽取第 2、3 个元素作为新矩阵 C 第 2 行，对矩阵 B 和 C 进行求和、求差、求乘积和点积。

13．设矩阵 A=[1 2 3 4；5 6 7 8]，将矩阵 A 重排为 4 行 2 列的矩阵 B。

14．已知矩阵 v=[1 2 3 4;5 6 7 8;9 10 11 12]，求其次对角线上所有元素，并提取 A 的第 1、–1 条对角线的以下部分，也提取 A 的第 1、–1 条对角线的以上部分，最后求矩阵左右翻转后的矩阵。

15．生成 8×8 的标准正态分布矩阵，并求它的逆、秩、迹和特征值、特征向量。

第 3 章　MATLAB 绘图

在 MATLAB 语言中，学会使用程序画图十分重要。图形的绘制不仅在整个通信工程领域具有非常重要的意义，在自然科学和管理科学几乎所有的领域都占有非常重要的意义，因此通过图形绘制可以很清晰地表示想要表达的观点，也可以很方便地说明相关实验的效果。MATLAB 包含很多用来显示各种图形的函数，提供了丰富的修饰方法，可以绘制出更加美观、精确满足用户需求的各种图形。因此，本章将对 MATLAB 程序中的二维绘图和三维绘图进行详细的介绍，以期能够为后续的学习奠定坚实的基础。本章不仅介绍图形的绘制，还介绍如何设置曲线样式、图形标注与坐标控制、图形的可视化编辑和图形窗口的分割，这是利用图像来解决实际问题的基础，在医疗和通信工程领域非常重要。

3.1　二维数据曲线图

MATLAB 不仅具有强大的数值计算能力，同时具备非常便利的绘图功能，尤其擅长将数据、函数等各种科学运算结构可视化，从而将枯燥乏味的数字变成赏心悦目的图片，而二维图形绘制是 MATLAB 语言处理图形的基础。本节将较为全面地介绍二维绘图函数的种类和格式，以及如何设置线条属性和标注图形的方法。

3.1.1　绘制单根二维曲线

1. Plot()函数

在 MATLAB 中，绘制图像时使用最频繁的函数是 plot()函数，一般称之为画图函数。Plot()函数的基本调用格式如下。

- ❑ plot(y)：对于只含有一个输入参数的 plot()函数，如果输入参数 y 为向量，则绘图时的横坐标从 1 开始到向量 y 的长度结束，纵坐标为向量 y 中的元素；如果输入参数 y 为矩阵，则绘图时，按列绘制每列元素的曲线，每条曲线的纵坐标为该列矩阵的元素值，横坐标从 1 开始，与矩阵元素的行坐标一一对应，绘制曲线的条数为输入矩阵 y 的列数，多条曲线在默认的情况下，一般通过不同的颜色进行区分。
- ❑ plot(x, y)：对于含有两个输入参数的 plot()函数，如果 x 是向量，y 也为向量，则向量 x，y 的长度必须相同，在绘图时，将以 x 为横坐标，以 y 为纵坐标进行画图；如果 x 为向量时，y 为矩阵，则矩阵 y 必须有一维的大小与 x 向量的长度相同，在进行绘图的时候，将以 x 为横坐标，绘制出不同颜色的曲线，曲线的条数与矩阵 y 的另一维的大小相同；如果 x 和 y 都是矩阵，则 x 与 y 的维数相同，在进行绘图时，分别以矩阵 **x** 和 **y** 对应的列元素为横、纵坐标，绘制曲线，曲线的条数与 **x** 或 **y** 矩阵的列数相同，并且不同的曲线以不同的颜色进行区分。

【例 3-1】 在 0≤*t*≤2pi 区间内，绘制曲线 *y*=3cos*t*+1。MATLAB 代码如下：

```
t=0:pi/100:2*pi;
y=3*cos(t)+1
figure
plot(y)
```

MATLAB 运行结果如图 3.1 所示。

在例 3-1 中，先设定好 *x* 的范围，*y* 是给定的函数值，由函数表达式 *y*=3*cos(*t*)+1 可以计算出绘图的数据 *y*，从而可以使用 plot(*y*)绘制出想要的图形。下面再举一个例子，不仅将 *x* 的值用函数表达式表示，也将 *y* 的值同样用表达式表达。

【例 3-2】 已知 *t* 的范围是 0～2π，*x*=2*t；*y*=*t**sin(*t*)*sin(*t*)，请画出关于 *x*、*y* 的曲线图。MATLAB 代码如下：

```
t=0:0.1:2*pi;
x=2 * t;
y=t.*sin(t).*sin(t);
plot(x, y);
```

MATLAB 运行结果如图 3.2 所示。

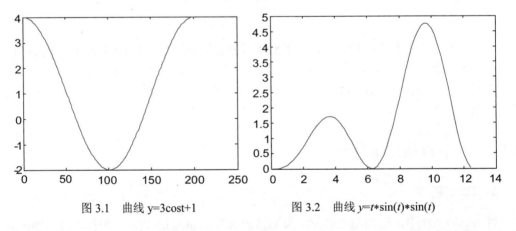

图 3.1 曲线 *y*=3cos*t*+1　　　　　图 3.2 曲线 *y*=*t**sin(*t*)*sin(*t*)

【例 3-3】 已知 *t* 的范围是 0～10，*y*=rand(4, 10)，请画出关于 *x*、*y* 的曲线图。MATLAB 代码如下：

```
t =1:1:10;
y = rand(4, 10);
y1 = rand(10, 4);
% y 为矩阵
figure
plot(y)
% 绘制 x 和 y
figure
plot(t, y);
figure
plot(t,y1)
```

MATLAB 运行结果如图 3.3 所示。

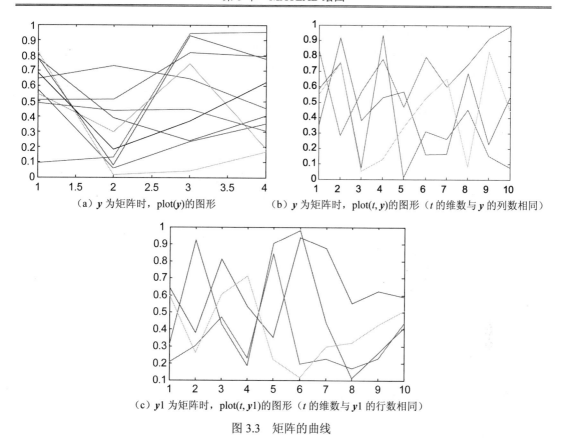

（a）*y* 为矩阵时，plot(*y*)的图形　　　（b）*y* 为矩阵时，plot(*t*, *y*)的图形（*t* 的维数与 *y* 的列数相同）

（c）*y*1 为矩阵时，plot(*t*, *y*1)的图形（*t* 的维数与 *y*1 的行数相同）

图 3.3　矩阵的曲线

【例 3-4】　已知 *x*=rand(4, 4)，*y*=randn(4,4)，请画出关于 *x*、*y* 的曲线图。MATLAB 代码如下：

```
x = rand(4, 4);
y = randn(4, 4);
figure
plot(x,y, 'LineWidth', 3)
```

MATLAB 运行结果如图 3.4 所示。

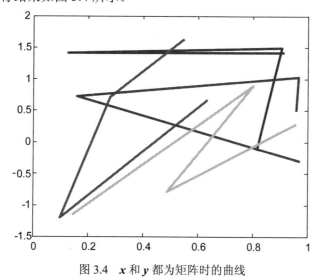

图 3.4　*x* 和 *y* 都为矩阵时的曲线

关于 MATLAB 单根二维曲线，需要注意以下 3 个方面：

（1）确定好一个坐标轴的范围，输入另一个坐标轴变量的表达式。

（2）要画出的图像和设置的基本变量本身是间接关系，都是关于已知范围变量的函数，只要掌握这两种方法即可。在进行绘图时，如果仅是简单绘制一幅图像，在 MATLAB 中可以省略打开图的程序，也就是 figure。如果 figure 在程序的最开始，这时如果是在命令窗口，就会弹出一个空白框。当然也可以省略它，因为系统检测 plot() 函数也会自动打开画图的界面。

（3）最简单的调用格式。plot() 函数最简单的调用格式是只包含一个输入参数，代码如下：

```
plot(x)
```

在这种情况下，当 x 是实向量时，以该向量元素的下标为横坐标，元素值为纵坐标画出一条连续曲线，这实际上是绘制折线图。

2．line() 函数

在 MATLAB 中，用 line() 函数画出直线型的图，其调用格式如下。

❏ line(x, y)：以向量 x 和 y 的元素为坐标点绘制直线。

❏ line(x, y, z)：以向量 x、y 和 z 的元素为坐标点绘制三维直线。

【例 3-5】 已知 x=[0:pi]; y=2×sin(4×x)，试用 line() 函数绘图。MATLAB 代码如下：

```
x=0:1/pi:pi;
y=2*sin(4*x);
% 绘制直线
figure
line(x, y)
```

MATLAB 运行结果如图 3.5 所示。

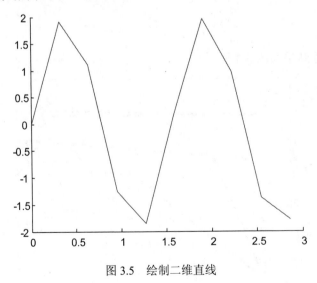

图 3.5　绘制二维直线

【例 3-6】 已知 x=[0:pi]; y=[0:pi]; z=2×sin(4.×x.×y)，试用 line() 函数绘图。MATLAB 代码如下：

```
x=[0:pi];
y=[0:pi];
z=2*sin(4.*x.*y);
% 绘制直线
figure
line(x, y, z)
```

MATLAB 运行结果如图 3.6 所示。

3．极坐标下的polar()函数

在极坐标下，MATLAB 利用 polar()函数绘制曲线，其调用方式如下。

❑ polar(theta, rho)：在极坐标系中，以角度 theta 和半径 rho 进行绘图。

❑ polar(theta, rho, s)：在极坐标系中，以线形 s 绘制角度为 theta 和半径为 rho 的曲线。

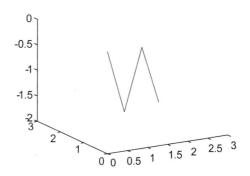

图 3.6　绘制三维直线

【例 3-7】　利用 polar()函数绘制轮胎图。MATLAB 代码如下：

```
%设定角度
theta=0:45;
%设定对应角度的半径
rho=ones(1,length(theta));
%绘图
figure
polar(theta,rho)
```

MATLAB 运行结果如图 3.7 所示。

【例 3-8】　利用 polar()函数在极坐标下进行绘图。MATLAB 代码如下：

```
% 角度
t = 0:.01:2*pi;
%设定对应角度的半径
r = sin(2*t).*cos(2*t);
% 绘图
figure
polar(t, r, '--r')
```

MATLAB 运行结果如图 3.8 所示。

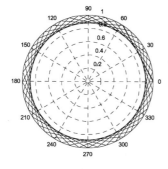

图 3.7　轮胎图

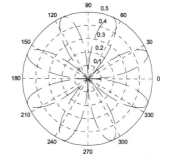

图 3.8　polar()函数运行窗口

【例 3-9】 利用 polar()函数绘制笛卡尔心形图。MATLAB 代码如下：

```matlab
%设定角度
t = -2*pi:.001:2*pi;
%设定对应角度的半径
r = (1-sin(t));
%绘图
figure
polar(t,r, 'r')
```

MATLAB 运行结果如图 3.9 所示。

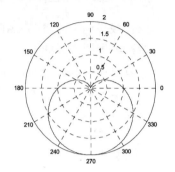

图 3.9　笛卡尔心形图

3.1.2　绘制多根二维曲线

在 MATLAB 中绘制多个二维曲线主要有以下 3 种方式。

（1）通过对多维数组进行图形绘制。

（2）通过特殊的 MATLAB 函数进行图像绘制。

（3）通过对多个绘图函数叠加得到多根二维曲线图。

首先来看第一种方法，这涉及多维数组的建立，在 MATLAB 中，多维数组的建立与矩阵的建立方法类似，而且 MATLAB 还为多维数组的建立提供了专门的函数，常用的多维数组建立的方式有下面 4 种。

（1）利用下标建立多维数组。

（2）利用 MATLAB 函数产生多维数组。

（3）利用 cat()函数建立多维数组。

（4）用户自己编写 M 文件产生多维数组，即用户自己编写代码产生多维数组。

本书在第 6 章对这 4 种方法进行了逐一介绍，这里主要是要求读者会使用这些方法产生多维数组，然后利用这些多维数组进行绘图即可。下面来介绍多根二维曲线的绘制方法。

1. plot()函数的输入参数是矩阵形式

将 3.1.1 节 plot()函数的参数为矩阵形式的情况进行总结，可以得到如下情况。

❑ 若 x 是向量，y 是矩阵，当 y 矩阵中的一维与向量 x 同维时，能绘出多条不同颜色的曲线，且当曲线条数与 y 矩阵的另一维相同时，x 可作为多条曲线的共同横坐标。

❑ 若 x、y 均为矩阵且维数相同时，以 x 和 y 对应的列元素分别作为横、纵坐标绘制曲线，此时，曲线条数与矩阵列数相同。

❑ 当 plot()函数中只有一个输入参数时，若该输入参数为实矩阵，按列绘制曲线，此时曲线条数与输入矩阵列数相同。

当输入参数为复数矩阵时，绘制曲线时需按列分别将元素实部、虚部为横、纵坐标绘制曲线。大部分的情况在 3.1.1 节都已经进行了举例说明，本节仅举一个例子进行说明。

【例 3-10】 以单位阵 A 和全 1 阵 B 为输入进行图形绘制。MATLAB 代码如下：

```matlab
% 生成单位阵
A = eye(4);
% 生成全 1 阵
B = ones(4);
%绘图
```

```
figure
plot(A,B)
```

MATLAB 运行结果如图 3.10 所示。

2．含多个输入参数的plot()函数

含多个输入参数的 plot() 函数的调用格式如下。

plot($x1,y1,x2,y2,...,xn,yn$)：当输入参数是向量形式时，$x1$ 与 $y1$，$x2$ 与 $y2$，...，xn 与 yn 组成 n 组向量对（每组向量对的长度可以不同），可以绘制出 n 条曲线；当输入参数是矩阵形式时，矩阵 $x1$ 与 $y1$，$x2$ 与 $y2$，...，xn 与 yn 对应列元素为横、纵坐标分别绘制曲线，此时曲线条数与矩阵列数相同。

【例 3-11】　尝试绘制正余弦双曲线图。MATLAB 代码如下：

```
x=-pi:0.01:pi;
% 产生数据
y=sin(2*x+pi/3);
y1=cos(3*x+pi/3);
% 绘图
plot(x,y,x,y1,'LineWidth',3)
```

MATLAB 运行结果如图 3.11 所示。

【例 3-12】　尝试绘制不同长度的正弦曲线图。
MATLAB 代码如下：

```
t1 = -pi:0.01:pi;
t2 = 0:0.01:pi/2;
% 产生数据
y1 = sin(2*t1+pi/3);
y2 = sin(3*t2+pi/3);
% 绘图
plot(t1, y1, t2, y2,'k-', 'LineWidth', 3)
```

MATLAB 运行结果如图 3.12 所示。

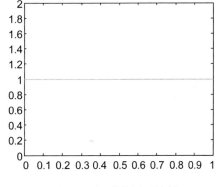

图 3.10　矩阵的图形绘制

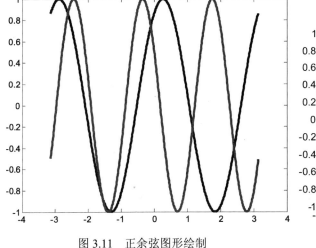

图 3.11　正余弦图形绘制

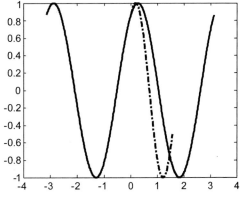

图 3.12　不同长度的正弦曲线图形绘制

上面介绍的是通过对多维数组进行图形绘制，下面介绍第二种方法，即通过特殊的

MATLAB 函数进行图像绘制，这些函数主要有 plotyy()函数、contour()函数、clabel()函数、contourc()函数等。

3．具有两个纵坐标标度的图形

在 MATLAB 中，如果需要绘制出具有不同纵坐标标度的两个图形，可以使用 plotyy()函数绘图函数，其调用格式如下。

- ❑ plotyy($x1,y1,x2,y2$)：其中 $x1, y1$ 对应一条曲线，$x2, y2$ 对应另一条曲线。此时，横坐标有相同的标度，而纵坐标标度不同，左纵坐标对应 $x1,y1$，右纵坐标对应 $x2,y2$。

- ❑ plotyy($x1,y1,x2,y2$, fun)：其中 $x1, y1$ 对应一条曲线，$x2, y2$ 对应另一条曲线。横坐标的标度相同，纵坐标有两个，左纵坐标利用函数 fun()函数将 $x1$ 和 $y1$ 数据对绘制成图形，右纵坐标利用函数 fun()函数将 $x2,y2$ 数据对绘制成图形。其中 fun()函数可以用 MATLAB 中的绘图函数来表示，例如 plot(), semilogx(), semilogy(), loglog(), stem()等函数，也可以使用自定义的函数来表示，其调用格式一般为 plotyy $(X1,Y1,X2,Y2,@loglog)$ 或 plotyy $(X1,Y1,X2,Y2,'loglog')$。

- ❑ plotyy($x1,y1,x2,y2$, fun1, fun2)：其中 $x1, y1$ 对应一条曲线，$x2, y2$ 对应另一条曲线。此时，横坐标有相同的标度，而纵坐标标度不同。左纵坐标下，是使用函数 fun1()函数将 $x1$ 和 $y1$ 数据绘成曲线，右纵坐标下，是使用函数 fun2()将 $x2, y2$ 数据绘成曲线。其中 fun1()函数和 fun2()函数可以用 MATLAB 中的绘图函数来表示，例如 plot(), semilogx(), semilogy(), loglog(), stem()等函数，也可以使用自定义的函数来表示。

【例 3-13】用不同标度在同一坐标内绘制曲线 $y1=0.2e{-}0.5x\cos(4\pi x)$ 和 $y2=2e{-}0.5x\cos(\pi x)$。MATLAB 代码如下：

```
x=0:pi/180:2*pi;
% 生成曲线
y1=0.2*exp(-0.5*x).*cos(4*pi*x);
y2=2*exp(-0.5*x).*cos(pi*x);
% 绘图
figure
plotyy(x,y1,x,y2);
figure
plot(x, y1, 'k-', x, y2, 'k-.', 'LineWidth', 3)
```

MATLAB 运行结果如图 3.13 所示。

【例 3-14】一个简单的调用 plotyy(x1,y1,x2,y2, fun1, fun2)函数的例子。MATLAB 代码如下：

```
% 生成横轴数据
x1=1:0.1:100;
x2=x1;
% 生成纵轴数据
y1=x1;
y2=x2.^3;
% 利用不同的函数绘图
figure
plotyy(x1,y1,x2,y2,@plot,@semilogy)
```

MATLAB 运行结果如图 3.14 所示。

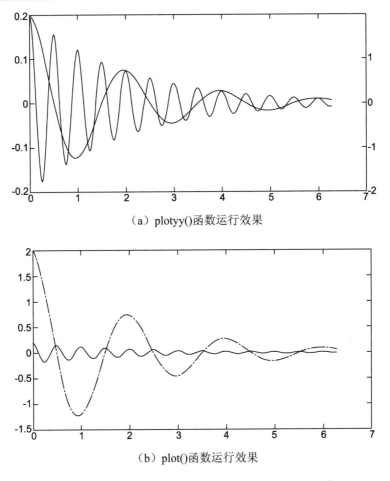

（a）plotyy()函数运行效果

（b）plot()函数运行效果

图 3.13　plotyy()和 plot()函数运行结果

4．Contour()函数

Contour()函数主要用来绘制曲面的等高线图，其调用方法如下。

- [ ] contour(z)：把矩阵 z 中的值作为一个二维函数的值，等高曲线在一个平面内，平面的高度 v 由 MATLAB 自动选取，绘制等高线。

- [ ] contour(x,y,z)：(x,y)是平面 $z=0$ 上点的坐标矩阵，z 为相应点的高度值矩阵，绘制等高线。

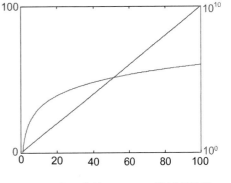

图 3.14　带函数的 plotyy()函数运行结果

- [ ] contour(z,n)：画出矩阵 z 的 n 条等高线。

- [ ] contour(x,y,z,n)：画出矩阵 z 的 n 条等高线。

- [ ] contour(z,v)：在指定的高度 v 上画出等高线，其中 v 为向量，画出 length(z)条线，每条线的高度为 $v(i)$。

【例 3-15】　用 contour()函数画 peaks()函数。

```
z = peaks(40);
figure
contour(z,'k')
```

MATLAB 运行结果如图 3.15 所示。

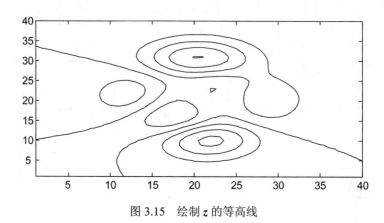

图 3.15　绘制 z 的等高线

【例 3-16】　用 contour() 函数画 sinxcosy 的等高线。MATLAB 代码如下：

```
x = 0:0.1:pi;
y = 0:0.1:pi;
% 生成坐标系
[xx,yy] = meshgrid(y,x);
% 生成曲面
z = sin(xx).*cos(yy);
% 绘制等高线
figure
contour(xx,yy,z,'k');
```

MATLAB 运行结果如图 3.16 所示。

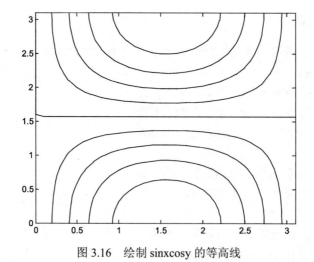

图 3.16　绘制 sinxcosy 的等高线

5. Clabel() 函数

Clabel() 函数主要的功能是在二维等高线图中添加高度标签。在下列形式中，若有 h 出现，则会对标签进行恰当的旋转，否则标签会竖直放置，且在恰当的位置显示个一个+号。
该函数的调用格式如下。

- ❑ clabel(*C*, *h*)：把标签旋转到恰当的角度，再插入到等高线中。只有等高线之间有足够的空间时才加入，当然这决定于等高线的尺度。
- ❑ clabel(*C*, *h*, *v*)：在指定的高度 *v* 上显示标签 *h*，当然要对标签做恰当的处理。
- ❑ clabel(*C*, *h*, 'manual')：手动设置标签。用户用鼠标左键或 Space 键在最接近指定的位置上放置标签，用键盘上的 Enter 键结束该操作，当然要对标签做恰当的处理。
- ❑ clabel(*C*)：在从命令 contour 生成的等高线结构 *c* 的位置上添加标签。此时标签的放置位置是随机的。

【例 3-17】　对例 3-16 中的等高线加上适当的标准。MATLAB 代码如下：

```
x = 0:0.1:pi;
y = 0:0.1:pi;
% 生成坐标系
[xx,yy] = meshgrid(y,x);
% 生成曲面
z = sin(xx).*cos(yy);
% 绘图，加标注
figure
[C, h] = contour(xx,yy,z);
clabel(C, h);
```

MATLAB 运行结果如图 3.17 所示。

6. Contourc()函数

Contourc()函数计算等高线矩阵 *c*，该矩阵可用于命令 contour、contour3 和 contourf 等，其调用格式如下。

- ❑ C = contourc(*z*)：从矩阵 *z* 中计算等高矩阵，其中 *z* 的维数至少为 2×2 阶，等高线为矩阵 *z* 中数值相等的单元。

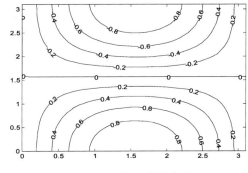

图 3.17　加标注的等高线

等高线的数目和相应的高度值是自动选择的。

- ❑ C = contourc(*z*, *n*)：在矩阵 *z* 中计算出 *n* 个高度的等高线。
- ❑ C = contour(*z*, *v*)：在矩阵 *z* 中计算给定高度向量 *v* 上的等高线，当然向量 *v* 的维数决定了等高线的数目。若只要计算一条高度为 *a* 的等高线，输入：contourc(*z*,[a,a])。
- ❑ C = contourc(*x*, *y*, *z*)　在矩阵 *z* 中，参量 *x*, *y* 确定的坐标轴范围内计算等高线。
- ❑ C = contourc(*x*, *y*, *z*, *n*)　从矩阵 *z* 中，参量 *x* 与 *y* 确定的坐标范围内画出 *n* 条等高线。
- ❑ C = contourc(*x*, *y*, *z*, *v*)　从矩阵 *z* 中，参量 *x* 与 *y* 确定的坐标范围内，画在 *v* 指定的高度上指定的等高线。

【例 3-18】　计算矩阵 *A* 等高线为 2 和 3 的坐标位置。MATLAB 代码如下：

```
A = [1 2 3 4;2 3 4 5;3 4 5 6];
contourc(A,[2 3])
```

MATLAB 运行结果如下：

```
ans =
     2    2    1    3    3    2    1
     2    1    2    3    1    2    3
```

这里 *A* 的[2 3]有两层意思：

❑ 寻找矩阵 *A* 中值为 2 和 3 的等值线（坐标）。

❑ 值为 2 和 3 自然就有两层等值线。

分析 MATLAB 的运行结果，由于 MATLAB 中矩阵的存储按列进行，因此得到的数据要竖着看，即第一列为（2,2），上面的 2 代表的数值为 2 的等值线，下面的 2 为等值线对应的坐标个数。接下来的两（对应 2）列自然就是数值为 2 的坐标了，即（2,1）和（1,2）。

同理，接下来的列（3,3），第一个代表数值为 3 的等值线，第二个代表的个数为 3 个。自然地，后面的 3 个为相应的坐标。

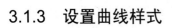注意："坐标"就是说的矩阵的行列，例(2,1)即第二行第三列。

最后介绍在 MATLAB 中通过对多个绘图函数叠加的方式得到多根二维曲线图，该种方式是 MATLAB 中最常用的多维曲线绘制方法。下面进行举例说明。

【例 3-19】 设矩阵 *A*=randn(5, 5)，在 MATLAB 中将 *A* 的每一行绘制出一条曲线。MATLAB 代码如下：

```
% 生成矩阵
A=randn(5, 5);
% 绘图
figure
plot(A(1,:),'-*');
hold on
plot(A(2,:),'-v');
hold on
plot(A(3,:),'-+');
hold on
plot(A(4,:),'-.');
hold on
plot(A(5,:),'-');
```

MATLAB 运行结果如图 3.18 所示。

注意，在画多条曲线时，需要加上 hold on 命令，相对的也应有 hold off。hold on 使当前轴及图形保持而不被刷新，准备接受新的绘图命令后进行绘制；hold off 使当前轴及图形不再具备被刷新的性质。所以我们在 plot(*A*(1,:), '-*');后加上了 hold on，这样多条曲线就可以被同时显示了。关于线型和颜色，会在后面进行详细讲解。

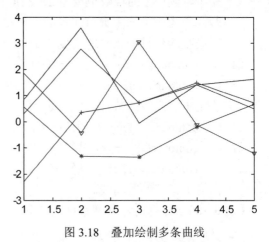

图 3.18 叠加绘制多条曲线

3.1.3 设置曲线样式

在使用 plot()函数的时候，MATLAB 提供了一些绘图选项，用于确定所绘曲线的线型、颜色和数据点标记符号，它们可以组合使用。例如，"b-."表示蓝色点划线，"y:d"表示黄色虚线并用菱形符标记数据点。当选项省略时，MATLAB 规定，线型一律用实线，颜色将根据曲线的先后顺序依次进行轮换。所以在 MATLAB 中要设置曲线样式，只需要在 plot() 函数中加绘图选项即可，其调用格式如下。

❑ plot($x1$, $y1$, LineSpec)：用于对图形的线型、数据点的样式、颜色进行控制，LineSpec 为控制线型、点型、颜色的字符串。在 MATLAB 中，线型、点型和颜色的控制符分别如表 3.1、表 3.2 和表 3.3 所示。在 MATLAB 中还可以将多个控制字符连为一个字符串以实现对图形样式的控制，并且线型、点型和颜色控制符的位置不影响最终的绘图结果。当然，也可以默认设置任意的一个或多个控制符。例如，"b-." 表示蓝色点画线，"r--p" 则表示红色虚线并用五角星标记数据点。如果使用 plot() 函数的数据参数为矩阵数据时，一般不设置图形的样式，这是因为 plot() 函数数据参数为矩阵时，表示 MATLAB 将要绘制多条曲线，在设置了图形样式的情况下，各条曲线的样式将变成统一的，因而变得难以区分。

❑ plot($x1$, $y1$, 'propertyName', 'propertyValue')：在进行绘图时对绘制的图形属性进一步设置。其中 propertyName 为需要设置的曲线的属性名称，而 propertyValue 为要设置属性的值。属性和属性值一般是成对出现的，且不同属性之间排列的先后顺序不影响最终绘制的图形样式。如表 3.1～表 3.4 列出了一些常用的需要设置的图形属性。

注意本节的内容非常重要，在进行学术论文的写作过程中，通常应该在实验结果和实验分析中用不同的颜色来表示不同的曲线，更甚一步，应该考虑论文出版后打印输出的问题，论文很有可能是灰度的，因此这时对实验结果的线型要求更重要，也就是说，必须能够在灰度的情况下，通过不同的线型区分出不同的实验结果曲线。

表 3.1　plot()函数线型的控制符

控　制　符	线　条　样　式
-	实线
:	点线
-.	点画线
--	虚线

表 3.2　plot()函数点型的控制符

控　制　符	数据点样式
.	点号
+	十字符
*	*号
x	叉号
o	空心圆
s 或者'square'	正方形
p 或者'pentagram'	五角星
d 或者'diamond'	菱形
h 或者'hexagram'	六角形
^	上三角形
v	下三角形
<	左三角
>	右三角

表 3.3　plot()函数颜色的控制符

控　制　符	数据点样式
r	红色
m	粉色
g	绿色
c	青色
b	蓝色
w	白色
y	黄色
k	黑色

表 3.4　plot()函数常用的属性

属 性 名 称	属性的描述
LineWidth	设置线的宽度
MarkerSize	设置标记点的大小
MarkerEdgeColor	设置标记点的边缘颜色
MarkerFaceColor	设置标记点的填充颜色

【例 3-20】　在同一坐标内，分别用不同线型和颜色绘制曲线 $y1=0.2\text{e-}0.5x\cos(4\pi x)$ 和 $y2=2\text{e}-0.5x\cos(\pi x)$。MATLAB 代码如下：

```
% 横坐标轴
x = linspace(0, 2*pi, 100);
% 生成数据点，纵坐标轴
y1 = 0.2 * exp(-0.5 * x).* cos(4 * pi * x);
y2 = 2 * exp(-0.5 * x) .* cos(pi * x);
% 绘图
figure
plot(x, y1, 'r-.', x, y2, 'k:','LineWidth',2);
```

MATLAB 运行结果如图 3.19 所示。

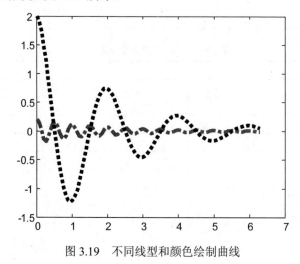

图 3.19　不同线型和颜色绘制曲线

观察图 3.19 可知，当图形为灰度图形时，两条曲线的区分还是有些困难，为此加入标记来突出两条曲线的不同。

【例 3-21】　对例 3-20 中的曲线 $y1$ 中的数据点使用圆圈标记，对曲线 $y2$ 使用十字符号标记。MATLAB 代码如下：

```
% 横坐标轴
x = linspace(0, 2*pi, 100);
% 生成数据点，纵坐标轴
y1 = 0.2 * exp(-0.5 * x).* cos(4 * pi * x);
y2 = 2 * exp(-0.5 * x) .* cos(pi * x);
% 绘图
figure
plot(x, y1, 'r-.o', x, y2, 'k:+');
```

MATLAB 运行结果如图 3.20 所示。

在有些情况下，需要在图形绘制中突出两条曲线交点的地方，以分析各实验过程的不同趋势，从而得到更客观的实验分析，下面举例说明。

【例 3-22】　加密例 3-20 种两曲线的数据点，并利用五角星标记例 3-20 中两曲线的交叉点。MATLAB 代码如下：

```
% 横坐标轴
x = linspace(0, 2*pi, 1000);
% 生成数据点，纵坐标轴
y1 = 0.2 * exp(-0.5 * x).* cos(4 * pi * x);
y2 = 2 * exp(-0.5 * x) .* cos(pi * x);
% 查找 y1 与 y2 相等点（近似相等）的下标
k = find( abs(y1-y2) < 1e-2 );
% 取 y1 与 y2 相等点的 x 坐标
x1 = x(k);
% 求 y1 与 y2 值相等点的 y 坐标
y3 = 0.2 * exp(-0.5 * x1) .* cos(4 * pi * x1);
% 绘图
figure
plot(x, y1, 'r-.', x, y2, 'k:', x1, y3, 'bp','LineWidth',2);
```

MATLAB 运行结果如图 3.21 所示。

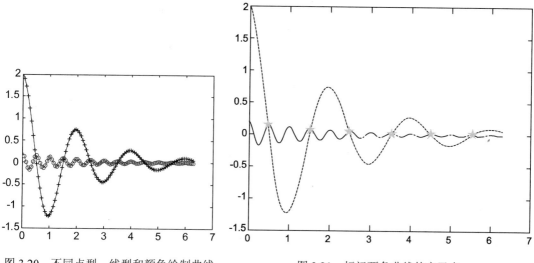

图 3.20　不同点型、线型和颜色绘制曲线　　　　图 3.21　标记两条曲线的交叉点

【例 3-23】 设置正弦曲线的线宽为 3，设置上三角形进行数据点的标记，并设置标记点边缘为黑色，设置标记点填充颜色为红色，设置标记点的尺寸为 10，则 MATLAB 代码如下：

```matlab
% 横坐标轴
x = linspace(0, 2*pi, 50);
% 生成数据点，纵坐标轴
y = 2 * sin(pi * x);
% 绘图
figure
% 设置线的宽带为 3
plot(x, y, 'k--^', 'LineWidth', 3, ...
    'MarkerEdgeColor', 'k', ...        %设置标记点的边缘颜色为黑色
    'MarkerFaceColor', 'r', ...        %设置标记点的填充颜色为红色
    'MarkerSize', 10)                  %设置标记点的尺寸为 10
```

MATLAB 运行结果如图 3.22 所示。

3.1.4　图形标注

在完成一个图形的绘制后，在后续的处理中，可以通过添加图形标注的方式让读者更好地理解图形的意义，从而进一步完善图形的含义，更好地说明图形中数据的含义。MATLAB 中图形标注包括图形标题、标轴、文本和图例等标注。

1．图形的标题标注

在 MATLAB 中，title() 函数用于给当前绘制的图形坐标轴的正上方添加标题。具体调用格式如下。

- ❑ title('string')：在图形窗口中为当前绘制的图形添加标题 string。
- ❑ title('string', 'propertyName', propertyValue, …)：在图形窗口中为当前绘制的图形添加标题，并对标题的属性进行设置。

【例 3-24】 绘制正弦曲线，设置图形的标题为 $y=\sin(x)$。MATLAB 代码如下：

```matlab
% 横坐标轴
x = linspace(0, 2*pi, 50);
% 生成数据点，纵坐标轴
y = 2 * sin(pi * x);
% 绘图
figure
% 设置线宽为 3
plot(x, y, 'k--^', 'LineWidth', 3)
% 设置标题
title('y=sin(x)的曲线')
```

MATLAB 运行结果如图 3.23 所示。

2．图形的坐标轴标注

在 MATLAB 中，xlabel() 函数和 ylabel() 函数分别用于对当前绘制的图形的 x 轴和 y 轴坐标轴进行标注，其调用格式。

- [ ] xlabel('string')：为当前绘制的图形的 x 轴添加标注 string。
- [ ] xlabel ('string', 'propertyName', propertyValue, …)：为当前绘制的图形的 x 轴添加标注 string，并对标注的属性进行设置。

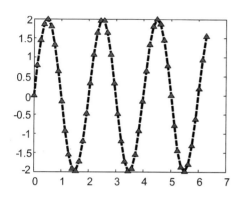

图 3.22　plot()函数常用属性设置运行结果

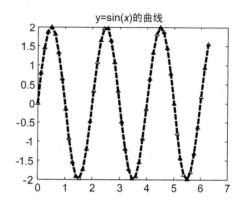

图 3.23　title()函数运行结果

- [ ] ylabel('string')：为当前绘制的图形的 y 轴添加标注 string。
- [ ] ylabel ('string', 'propertyName', propertyValue, …)：为当前绘制的图形的 y 轴添加标注 string，并对标注的属性进行设置。

【例 3-25】　绘制正弦曲线，设置图形的标题为 y=sin(x)，设置 x 轴的标注为 x，设置 y 轴的标注为 sin(x)。MATLAB 代码如下：

```
% 横坐标轴
x = linspace(0, 2*pi, 50);
% 生成数据点，纵坐标轴
y = 2 * sin(pi * x);
% 绘图
figure
% 设置线宽为 3
plot(x, y, 'k--^', 'LineWidth', 3)
% 设置标题
title('y=sin(x)的曲线')
% 设置 x 轴的标注
xlabel('x')
% 设置 y 轴的标注
ylabel('sin(x)')
```

MATLAB 运行结果如图 3.24 所示。

3. 图形的文本标注

在 MATLAB 中，text()函数和 gtext()函数都可以用于对当前绘制的图形进行文本标注，其中 text()函数需要设置文本标注的位置，而 gtext()函数可用于交互式的文本标注，即在函数运行后由用户在当前绘制的图形窗口中选择标注的位置。两个函数的调用格式如下。

- [ ] text(x, y, 'string')：为当前绘制的图形在坐标（x,y）处添加标注 string。
- [ ] gtext('string')：该函数可以让用户交互式地在当前绘制的图形上标注字符串 string，函数执行后，当前图形中会出现+字型交叉线让用户选择待标注的位置。

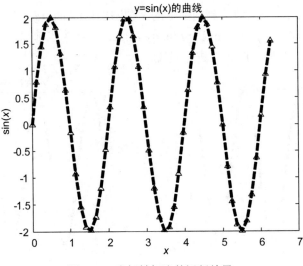

图 3.24　坐标轴标注的运行结果

【例 3-26】　绘制正弦和余弦曲线，设置图形的标题、x 轴和 y 轴的标注，设置曲线标注。MATLAB 代码如下：

```matlab
% 横轴
x=0:pi/50:2*pi;

% 曲线数据
y1=sin(x);
y2=cos(x);

% 绘图
figure
plot(x, y1, 'k-', x, y2, 'k-.')
% 文本标注
text(pi, 0.05, '\leftarrow sin(\alpha)')
text(pi/4-0.05, 0.05, 'cos(\alpha)\rightarrow')
% 标题标注
title('sin(\alpha) and cos(\alpha)')
% 坐标轴标注
xlabel('\alpha')
ylabel('sin(\alpha) and cos(\alpha)')
```

MATLAB 运行结果如图 3.25 所示。

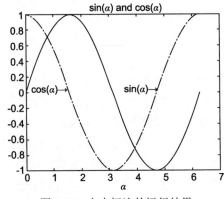

图 3.25　文本标注的运行结果

注意：在标准中的字符串要使用转义字符，另外本例子也可以使用 gtext()函数进行标注，gtext()函数和 text()函数的使用方法类似，只是可以利用鼠标交互地放置文本标注。

4. 图形的图例标注

在 MATLAB 中，legend()函数可以用于对当前绘制的图形进行图例标注，图例主要用来设置不同图形颜色、线型等所代表的数据的含义，在 MATLAB 中几乎所有的图形都可以生成图例。该函数极大地方便了数据曲线的说明，函数调用格式如下。

❑ legend('str1', 'str2', 'str3', …)：为当前绘制的图形中的各部分数据添加图列标注，字符串 str1、str2、str3…按照数据在绘图中显示的顺序依次标注图形中各部分数据的图例。

❑ legend ('str1', 'str2', pos)：在默认的情况下，图形的图例标注很有可能把正在绘制的图形中某一部分遮挡，为了解决这一问题，MATLAB 提供了这种调用格式，pos 参数用于设置添加的图例位置，其取值范围为−1～4 之间的整数。pos 取−1 时，表示图例标注在图形窗口的右边；pos 取 0 时，表示图例标注在图形窗口之内，并且尽量不与图形重叠；pos 取 1 时，表示图例标注在图形窗口的右上角；pos 取 2 时，表示图例标注在图形窗口的左上角；pos 取 3 时，表示图例标注在图形窗口的左下角；pos 取 4 时，表示图例标注在图形窗口的右下角。图例标注还可以通过鼠标进行直接移动，从而实现交互式地放置图例标注。

【例 3-27】　绘制抛物线和三次幂曲线，设置图形的标题、x 轴和 y 轴的标注，设置曲线文本标准、图例标注。MATLAB 代码如下：

```
% 横轴
x = -2:.1:2;
% 曲线数据
y1 = x.^2;
y2 = x.^3;
% 绘图
figure
plot(x,y1, 'r-', x, y2, 'b:')
% 标题标注
title('y=x^2 和 y=x^3 曲线')
% 坐标轴标注
xlabel('x')
ylabel('y')
% 文本标注
gtext('y = x^2', 'FontName', 'Times New Roman', 'FontSize', 16)
gtext('y = x^3', 'FontName', 'Times New Roman', 'FontSize', 16)
% 图例标注
legend('\ity=x^2', '\ity=x^3', 1)
```

MATLAB 运行结果如图 3.26 所示。

3.1.5 坐标控制

在进行图形绘制时，一般 MATLAB 会
根据所要绘制的数据自动生成坐标轴，但是
默认状态下的坐标轴范围和精度往往不能
达到用户的需求，因此，在设计程序时需要
根据具体的应用进行坐标轴的范围、精度、
显示方式等方面的设置，这样才能更好地阐
述相应的图形，更好地说明所应用到的问
题。MATLAB 提供了对坐标轴的控制函数，
用于根据用户需要编辑完善坐标轴。

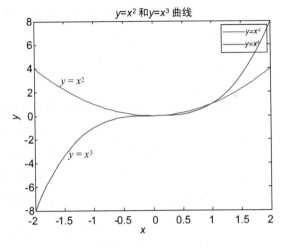

图 3.26　图形标注的运行结果

1. 坐标轴范围的设置

在 MATLAB 中，坐标轴调整的函数为 axis()函数，该函数可以有效调整坐标轴的范围
和精度以及显示方式，其调用格式如下。

- ❑ axis([*x*min *x*max *y*min *y*max])：设置坐标轴的范围，指定当前坐标轴 *x* 轴和 *y* 轴的
  范围，其中 *x*min 为 *x* 轴下界，而 *x*max 为 *x* 轴的上界，而 *y*min 和 *y*max 分别为 *y*
  轴的下界和上界。
- ❑ axis([*x*min *x*max *y*min *y*max *z*min *z*max])：设置 *x*、*y* 和 *z* 坐标轴的范围，其中 *x*min
  和 *x*max 为 *x* 轴下界和上界，*y*min 和 *y*max 分别为 *y* 轴的下界和上界，*z*min 和 *z*max
  分别为 *z* 轴的下界和上界。
- ❑ xlim([*x*min *x*max])：仅设置 *x* 轴的范围。
- ❑ ylim([*y*min *y*max])：仅设置 *y* 轴的范围。

除了上述的坐标轴范围的控制外，axis()函数的功能丰富，常用的调用格式还有如下
方式。

- ❑ axis equal：横、纵坐标轴采用等长刻度。
- ❑ axis square：产生正方形坐标系（默认为矩形）。
- ❑ axis auto：使用默认设置。
- ❑ axis off：取消坐标轴。
- ❑ axis on：显示坐标轴。
- ❑ axis tight：按紧凑方式显示坐标轴范围，即坐标轴范围为绘图数据的范围。

【例 3-28】　绘制抛物线，产生等长刻度的坐标轴。MATLAB 代码如下：

```
% 横轴
x = -2:.1:2;
% 曲线数据
y1 = x.^2;
% 绘图
figure
plot(x,y1, 'r-')
```

```
% 标题标注
title('y=x^2 曲线')
% 产生等长刻度坐标轴
axis equal
```

MATLAB 运行结果如图 3.27 所示。

一般在绘制曲线时，系统会根据所采用的数据自动生成适当的坐标轴刻度，但有时需要进行修改，比如在两个曲线对比时，应采用相同的比例因子，以便直观地比较大小。下面举例说明。

【例 3-29】　绘制两条随机误差曲线，同时绘制出利用 axis() 函数修改成相同比例后的误差曲线。MATLAB 代码如下：

```
% x 轴
t = 0:0.01:0.3;
% 生成误差曲线
e1 = 2-4*rand(length(t),1);
e2 = 2-2*randn(length(t),1);
% 绘图
figure
% 分裂窗口为 2*2 个子窗口
subplot(2,2,1)
plot(t,e1,'k')
title('误差 1')
subplot(2,2,3)
plot(t,e2,'k')
title('误差 2')
% 坐标轴调整
subplot(2,2,2)
plot(t,e1,'k')
title('坐标轴调整后的误差 1')
axis([0 .3 -4 4])
subplot(2,2,4)
plot(t,e2,'k')
title('坐标轴调整后的误差 2')
axis([0 .3 -4 4])
```

MATLAB 运行结果如图 3.28 所示。

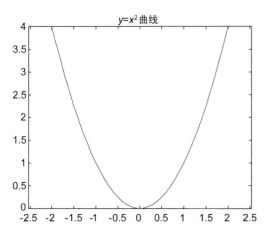

图 3.27　坐标轴的刻度相同

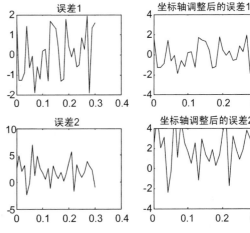

图 3.28　测量误差的比较

同时，对于一些复杂的函数，例如，$y=\cos(\tan(\pi x))$，也可以修改坐标轴刻度来更清楚地观察曲线的局部特性。

【例 3-30】 观察曲线 $y=\cos(\tan(\pi x))$ 在 $x=0.5$ 附近的图形曲线。MATLAB 代码如下：

```matlab
% x 轴
x = 0:1/3000:1;
% 生成误差曲线
y = cos(tan(pi*x));
% 绘图
figure
% 分裂窗口为 2*1 个子窗口
subplot(2,1,1)
plot(x,y)
title('\itcos(tan(\pix))')
% 坐标轴调整
subplot(2,1,2)
plot(x,y)
axis([0.4 0.6 -1 1]);
title('复杂函数的局部透视')
```

MATLAB 运行结果如图 3.29 所示。

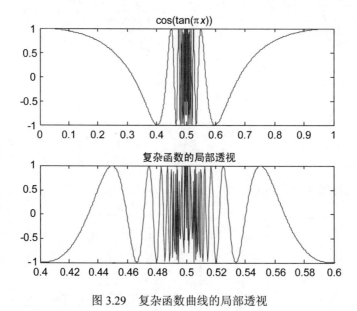

图 3.29　复杂函数曲线的局部透视

【例 3-31】 关闭坐标轴。MATLAB 代码如下：

```matlab
% 横轴
t = 0:pi/20:2*pi;
% 坐标系
[x,y] = meshgrid(t);
% 高度
z = sin(x).*cos(y);
```

```
% 绘图
figure
plot(t,z)
% 坐标轴控制
axis([0 2*pi -1 1])
% 取消边界
box off
% 取消坐标轴
axis off
title('无坐标轴和边框图形')
```

MATLAB 运行结果如图 3.30 所示。

无坐标轴和边框图形

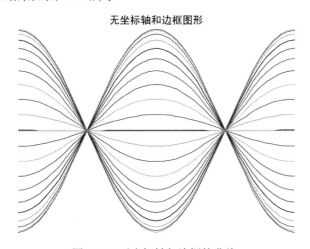

图 3.30　无坐标轴与边框的曲线

2. 坐标轴字体的设置

在 MATLAB 中，坐标轴字体可以通过对字体的属性进行设置，常用的字体属性如下。

❑ FontName：字体的类型属性，包括常用的字体类型。

❑ FontSize：字体的大小属性。

❑ FontUnits：字体的单位属性。

❑ FontWeight：字体样式属性，主要包括正常（normal）、粗体（bold）、倾斜（light）、黑体（demi）等样式。

❑ FontAngle：字体角度属性，主要包括斜体（italic）。

在 MATLAB 中，需要通过坐标轴句柄使用函数 set()完成坐标轴字体的设置，其中坐标轴对象句柄的获取主要通过 h=gca 语句返回当前坐标系的句柄，使用如下命令进行坐标轴的字体设置。

```
set(gca, propertyName, propertyValue)
```

【例 3-32】　设置坐标轴字体为新罗马，字号为 16 号加粗斜体。MATLAB 代码如下：

```
% 横轴
x = -2:.1:2;
% 曲线数据
```

```
y1 = x.^2;
% 绘图
figure
plot(x,y1, 'r-')
% 标题标注
title('y=x^2 曲线')
% 设置坐标轴字体
set(gca,'FontName', 'Time New Roma', 'FontSize', 16, 'FontWeight', 'Bold',
'FontAngle', 'italic')
```

MATLAB 运行结果如图 3.31 所示。

3．坐标轴边框的设置

在 MATLAB 中，坐标轴边框也可以进行设置，常用的属性有颜色属性、线条属性等。下面以 X 轴为例进行介绍。常用的坐标轴边框属性如下。

❑ XDir：控制 X 轴的方向，默认情况下是正常的，可以进行逆转（reverse）。

❑ XColor：设置 X 轴的颜色属性。

❑ LineStyleOrder：设置坐标轴边框的线条类型属性。

❑ LineWidth：设置坐标轴边框的线条宽度属性。

【例 3-33】 设置坐标轴 X 轴逆转，坐标轴边框的颜色为红色，线宽为 5 号。MATLAB 代码如下：

```
% 横轴
x = -2:.1:2;
% 曲线数据
y1 = x.^2;
% 绘图
figure
plot(x,y1, 'r-')
% 标题标注
title('y=x^2 曲线')
% 设置坐标轴边框
set(gca,'XDir', 'reverse', 'XColor', 'r', 'LineWidth', 5)
```

MATLAB 运行结果如图 3.32 所示。

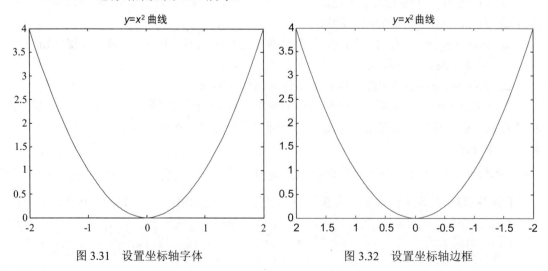

图 3.31　设置坐标轴字体　　　　　　　　图 3.32　设置坐标轴边框

4．坐标轴刻度的设置

在 MATLAB 中，坐标轴精度的设置是通过对坐标轴刻度属性进行设置的。对坐标轴刻度属性设置的调用格式如下。

- ❑ set(gca,'*X*Tick',[*X*Tickmin:*X*TickStep:*X*Tickmax])：设置 *X* 轴的数字刻度的显示范围和精度，与当前绘制的图形中的数据范围相对应。
- ❑ set(gca,'*X*TickLabel',{*X*TickLabelmin:*X*TickLabelStep:*X*TickLabelmax})：设置 *X* 坐标轴刻度线下的数值显示，默认状态下为当前绘制图形的数据范围和刻度。
- ❑ set(gca,'*X*TickLabel',{str1, str2, str3,…})：设置 *X* 坐标轴刻度线处显示的字符为 str1、str2、str3…。
- ❑ set(gca, '*Y*Tick',[*Y*Tickmin: *Y*TickStep:*Y*Tickmax])：设置 *Y* 轴的数字刻度的显示范围和精度，与当前绘制的图形中的数据范围相对应。
- ❑ set(gca,'*Y*TickLabel',{*Y*TickLabelmin: *Y*TickLabelStep: *Y*TickLabelmax})：设置 *Y* 坐标轴刻度线下的数值显示，默认状态下为当前绘制图形的数据范围和刻度。
- ❑ set(gca,'*Y*TickLabel',{str1, str2, str3, …})：设置 *Y* 坐标轴刻度线处显示的字符为 str1、str2、str3…。

【例 3-34】　设置坐标轴刻度。MATLAB 代码如下：

```
% 横轴
x = 0:.1:2;
% 曲线数据
y1 = x.^2;
% 绘图
figure
plot(x,y1, 'r-')
% 标题标注
title('y=x^2 曲线')
% 设置坐标刻度
set(gca, 'XTick', [0: .5: 2])
set(gca, 'YTick', [0: .5: 4])
set(gca, 'XTickLabel', {'x=0', 'x=0.5', 'x=1', 'x=1.5', 'x=2'})
```

MATLAB 运行结果如图 3.33 所示。

5．坐标轴位置的设置

在 MATLAB 中，类似图形窗口大小的设置，坐标轴的位置和大小同样也可以设置，其设置需要调用如下格式。

set(gca, 'Position', [left bottom width height])：设置坐标轴的窗口位于所绘制的图形窗口的位置为[left bottom]，而大小为[width height]。

【例 3-35】　设置坐标轴位置。MATLAB 代码如下：

```
% 横轴
x = 0:.1:2;
% 曲线数据
y1 = x.^2;
% 绘图
figure
plot(x,y1, 'r-')
```

```
% 标题标注
title('y=x^2 曲线')
% 设置坐标轴位置
set(gca, 'Position', [0.1 0.2 0.3 0.4])
```

MATLAB 运行结果如图 3.34 所示。

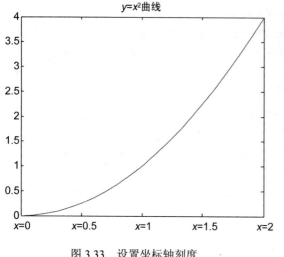

图 3.33　设置坐标轴刻度　　　　　　　　图 3.34　设置坐标轴位置

3.1.6　边界和网格控制

在 MATLAB 中，给坐标加网格线用 grid 命令来控制。grid on/off 命令控制是否画网格线，不带参数的 grid 命令可以很方便地在两种状态之间进行切换。

给坐标加边框用 box 命令来控制。box on/off 命令控制是否加边框线，不带参数的 box 命令可以很方便地在两种状态之间进行切换。

【例 3-36】在同一坐标中，可以绘制 3 个同心圆，增加网格线，关闭坐标边框。MATLAB 代码如下：

```
% 横轴
t = 0:0.01:2*pi;
x = exp(i * t);
% 曲线数据
y = [x; 2*x; 3*x]';
% 绘图
figure
plot(y)
% 加网格线
grid on;
% 关闭坐标边框
box off;
% 坐标轴采用等刻度
axis equal
```

MATLAB 运行结果如图 3.35 所示。

3.1.7　图形窗口的分割

在 MATLAB 中，subplot()函数用于进行图形窗口的分割，也就是说在同一个图形窗口中可以同时显示多个坐标轴的图形，如例 3-29 所示比较直观，便于对比。subplot()函数首先将图形窗口分成多个子窗口，然后依次在每个子窗口中进行绘图，其调用格式如下。

- ❑ subplot(m, n, p)：该函数将当前图形窗口分成 $m×n$ 个绘图区，即每行 n 个，共 m 行，区号按行优先编号，且选定第 p 个区为当前活动区。在每一个绘图区允许以不同的坐标系单独绘制图形。

【例 3-37】　利用 subpot()函数绘制多个子图。MATLAB 代码如下：

```
x=-3:1:9;
% 绘图
figure
subplot(2, 1, 1)
plot(x, 3*x)
subplot(2, 1, 2)
plot(x, cos(2*x))
```

MATLAB 运行结果如图 3.36 所示。

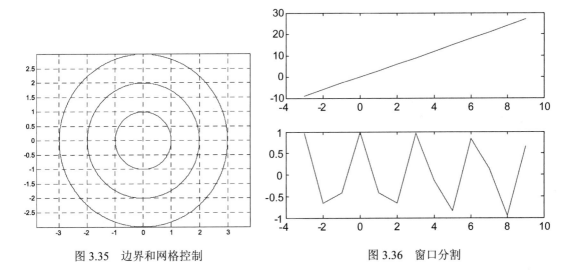

<table>
<tr><td>图 3.35　边界和网格控制</td><td>图 3.36　窗口分割</td></tr>
</table>

3.1.8　图形的可视化编辑

MATLAB 在 6.0 及以上的版本中，在图形窗口中提供了可视化的图形编辑工具，利用图形窗口菜单栏或工具栏中的有关命令，可以完成对窗口中各种图形对象的编辑处理。

在图形窗口上有菜单栏和工具栏。菜单栏包含 File、Edit、View、Insert、Tools、Desktop、Window 和 Help 共 8 个菜单项，如图 3.37 所示。在菜单栏中，部分菜单项与 MATLAB 主界页面的菜单项类似，这里主要介绍菜单项中图形窗口所特有的功能。如果能够熟练应用这些图形的可视化编辑方法，将会为以后的学习和科研工作提供非常有利的帮助。下面对所涉及的窗口和菜单进行一一介绍。

1. File菜单

File 菜单中包括很多图形处理的子菜单，如图 3.88 所示，包括新建菜单 New、打开菜单 Open、关闭菜单 Close、保存菜单 Save 和另存菜单 Save As 等。

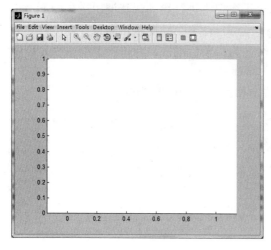
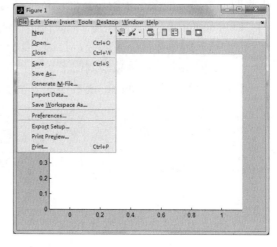

图 3.37　图像绘制的窗口　　　　　图 3.38　图像绘制窗口的 File 子菜单

在本书中，重点要介绍的是图形的保存和输出功能，主要包括如下几个菜单项。

- ❑ Save 菜单项：对绘制的图形进行保存，可以保存为常用的多种图片格式。
- ❑ Save As 菜单项：对绘制的图形另存，可以将其另保存为常用的多种图片格式，如图 3.39 所示。
- ❑ Generate M-File 菜单项：MATLAB 可以通过该菜单自动生成创建图形的 MATLAB 代码，并且所创建的代码中保存了当前创建的图形对象设置的属性，下次可以利用代码创建相同的图形。
- ❑ Export Setup 菜单项：对绘制的图形进行输出设置。选择 File→Export Setup 命令，将打开如图 3.40 所示的 Export Setup 窗口。在此窗口中，包含输出 Properties（属性）和 Export Style（样式）的设置。其中 Properties 设置中又包含 Size、Rendering、Fonts、Lines 属性的设置，Size 属性用于设置图形的大小，Rendering 属性用于设置颜色模式和分辨率，其中对有较高要的图像需要提高分辨率，Fonts 属性用于设置图形字体类型和字号，Lines 属性用于对图形中线条的设置。设置完毕后，可以单击 Export Setup 窗口中的 Export 按钮保存设置的图形属性，以备下次重复使用。
- ❑ Print Preview 菜单项：用于打印预览。
- ❑ Print 菜单项：用于直接打印图形。

2. Edit菜单

Edit 菜单主要用于对图形的编辑，常用的菜单项如下。

- ❑ Copy Figure 菜单项：可以复制当前的图形对象，并且直接粘贴到 Word 等文件中，然后进行保存，这样的图片清晰度较高，且易于编辑。因此，这个菜单非常重要，是进行论文撰写和报告撰写的必备技能之一，希望读者可以好好掌握。

图 3.39　图像绘制窗口选择 Save As 命令

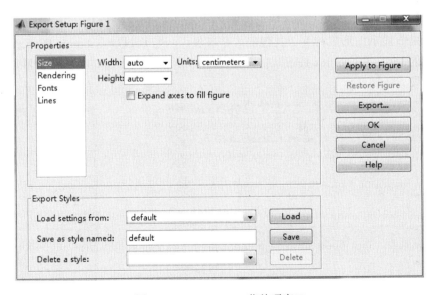

图 3.40　Export Setup 菜单项窗口

❑　Copy Options 菜单项：图形复制时参数的设置。选择 File→Copy Options 命令，将

打开如图 3.41 所示的图形复制属性设置页面。在此窗口中包括 Clipboard format（复制形式设置）、Figure background color（图片背景色设置）和 Size（大小设置）等功能选项区域。

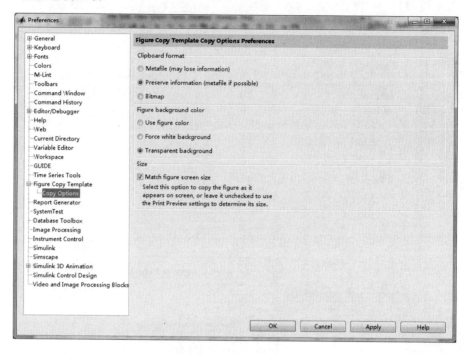

图 3.41　Copy Options 菜单项窗口

❑ Figure Properties 菜单项：打开图形窗口属性设置对话框，可以设置图形颜色、标题、显示类型等属性。选择 Edit→Figure Properties 命令，在原图下方将打开图形窗口设置对话框，如图 3.42 所示。在界面中显示的可以设置的属性有 Figure Name（图形名称），Colormap（图形控制），Figure Color（颜色）和 Show Figure Number（是否显示图形名称）。其他的一些属性，可以通过单击 Figure Properties 对话框中的 More Properties 按钮，打开如图 3.43 所示的图形窗口属性查看器，查看并修改设置各属性。

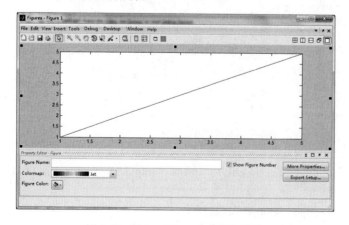

图 3.42　Figure Properties 菜单项窗口

图 3.43　Figure Properties 菜单项窗口

❑ Axes Properties 菜单项：打开图形窗口坐标轴对象的属性设置对话框，可以设置坐标范围、刻度、比例、标注等信息。选择 Edit→Axes Properties 命令，在原图下方将打开坐标轴设置对话框，如图 3.44 所示。在界面中包 x 轴、y 轴、z 轴设置页面，打开相应的选项，可对不同坐标轴进行设置。对每一坐标轴，界面中显示的可以设置的属性有坐标轴的标注、标轴的数据范围、坐标轴的尺寸度、字体等，其中对于刻度及其刻度下的显示，需要单击 Ticks 按钮，打开如图 3.45 所示的刻度设置对话框进行设置。刻度的设置可以选择 Auto（自动）、Manual（人工）、Step by（按指定步长）选项，同时可以手动直接在下方的表格中输入相应的刻度。

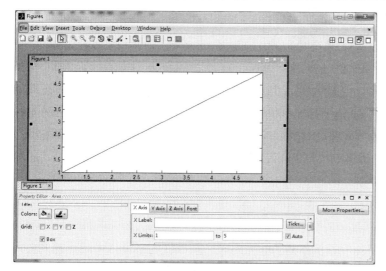

图 3.44　Axes Properties 菜单项窗口

图 3.45　Ticks 按钮窗口

❑ Current Object Properties 菜单项：打开当前对象的属性设置对话框，通过标题栏中的图标选择当前对象，再单击此菜单，将打开当前对象的属性设置对话框。此菜单的属性设置是很有用的，需要设置什么属性，直接用鼠标选中即可，所见即所得，与之前的通过属性查看器设置其他属性相比更为方便、实用。

❑ Colormap 菜单项：用于设置色图的模式，色图是指以不同的颜色对应不同的数值，其中的对应方式即为 Colormap 菜单项设置的内容。选择 Edit→Colormap 命令，将打开如图 3.46 所示的 Colormap Editor 窗口，在此窗口中，选择 Tools 菜单，可以选择不同的色图模式，有 autumn、blue 等，颜色映射中数据的范围通过 Color data min 和 Color data max 文本框进行设置。

3. View菜单

View 菜单用于决定不同的工具条形和对话框的显示，如图 3.47 所示，选择该菜单项，即显示相应的工具条，View 菜单中的图形窗口显示的工具条将前有"✓"标志。

下面对每个菜单项的功能进行介绍。

❑ Figure Toolbar 菜单项：控制图形窗口中工具栏的显示。

❑ Camera Toolbar 菜单项：控制图形中照片操作工具栏的显示。

❑ Plot Edit Toolbar 菜单项：控制画图编辑工具条的显示。

- ❑ Figure Palette 菜单项：控制图画板的显示。
- ❑ Plot Browser 菜单项：控制绘图浏览器的显示。
- ❑ Property Editor 菜单项：控制属性编辑器的显示。

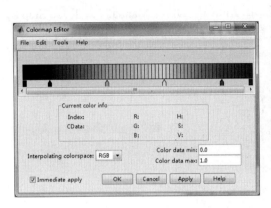

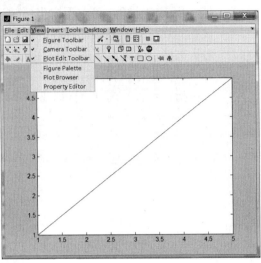

图 3.46　Colormap 菜单项窗口　　　　图 3.47　View 菜单项窗口

4．Insert菜单

通过 Insert 菜单可以向图片中添加不同的绘图对象，可以在图形窗口中添加的对象有 X Label（X 轴）、Y Label（Y 轴）、Z Label（Z 轴）、Title（图例）、Legend（图例）、Colorbar（颜色条）、Line（直线）、Arrow（箭头）、Text Arrow（带箭头的文本框）、Double Arrow（双向箭头）、TextBox（文本框）、Rectangle（矩形）、Ellipse（椭圆）、Axes（坐标轴）和 Light（光源），如图 3.48 所示。

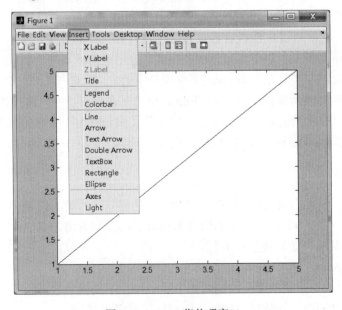

图 3.48　Insert 菜单项窗口

5．Tool菜单

Tool 菜单用于提供一些图形编辑的工具，便于更好地观察、编辑图形，如图 3.49 所示。

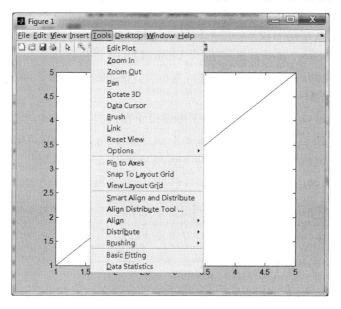

图 3.49　Tool 菜单项窗口

❑ Edit 菜单项：控制图形编辑状态，当选择该菜单，菜单前有"✓"标志，表示当前图形窗口处于被编辑状态。

❑ Zoom In 菜单项：控制图形放大。

❑ Zoom Out 菜单项：控制图形缩小。

❑ Pan 菜单项：控制手动移动图形。

❑ Rotate 3D 菜单项：控制三维旋转图形，以便从不同角度观察图形，如图 3.50 所示。

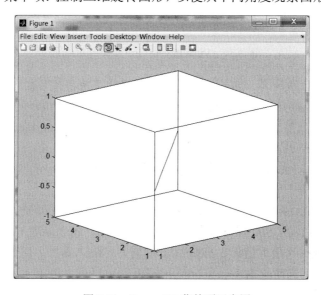

图 3.50　Rotate 3D 菜单项示意图

❑ Data Cursor 菜单项：从图形中显示数据点的坐标。

❑ Reset View 菜单项：重置编辑过的图形。

❑ Options 菜单项：用于上述菜单项的一些附加数据设置，包括缩放设置：Unconstrained zoom（无限制的缩放）、Horizonted Zoom（水平方向缩放）、Vertical Zoom（垂直方向缩放）；图形移动的控制：Unconstrained Pan（无限制的移动）、Horizonted Pan（水平方向移动）、Vertical Pan（垂直方向移动）；Display Cursor as Datatip（在图形窗口内显示数据点坐标）、Display Cursor in Window（在另外的窗口内显示数据点的坐标）。

❑ View Layout Grid 菜单项：控制图形窗口子窗口的排列布局，选择此菜单项将弹出如图 3.51 所示的 Align Distribute Tool 窗口，可设置子窗口的对齐方式。紧接着 View Layout Grid 菜单项下面的 Align 与 Distribute 菜单项功能与其类似，但是 Align Distribute Tool 窗口在设置子菜单窗口的排列布局方式时更为直观。

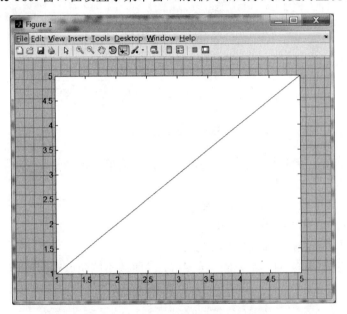

图 3.51　View Layout Grid 菜单项窗口

❑ Basic Fitting 菜单项：数据曲线拟合，选择此菜单将打开如图 3.52 所示的 Basic Fitting 窗口。在该窗口中，用户可以 Select data（选择待拟合的数据源）、Center and scale X data（控制数据归一化）、Check to display fits on figure（设置拟合的数据模型）、Show equations（设置拟合函数的显示）、Significant digits（设置数值的有效位数）、Plot residuals（控制拟合模型残差的绘制）和 Show norm of residuals（控制最大残差模的显示）等。

❑ Data Statistics 菜单项：对绘图数据进行简单地统计分析，选择此菜单将打开如图 3.53 所示的 Data Statistics 窗口。在此期间，用户可以获取的统计参数有 min（最小值）、max（最大值）、mean（平均值）、median（中位数）、std（方差）及 range（极差）。同时单击 Save workspace 按钮，可以把这些统计参数保存至 MATLAB 工作空间中。

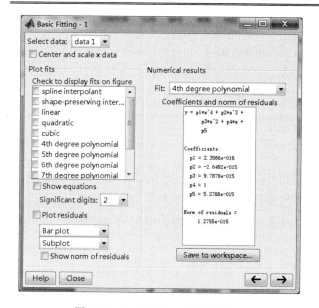

图 3.52　Basic Fitting 菜单项窗口

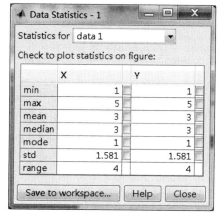

图 3.53　Data Statistics 菜单项窗口

6. 数据浏览窗口的图形绘制

在 MATLAB 工作空间的数据浏览窗口提供了对存储数据的快速绘图方式，如图 3.54 所示，选中数据，单击 workspace 的绘图工具栏，即可快速绘制不同类型的图形，便于数据的观察。

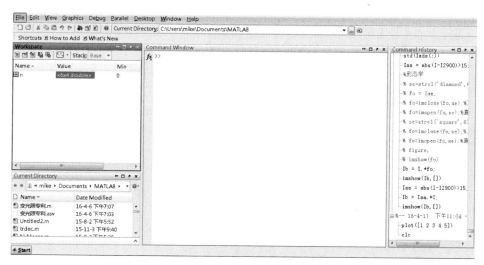

图 3.54　图像可视化绘制窗口

3.2　其他二维图形

除了上述的常用绘图方法外，在 MATLAB 中还有一些其他的绘图手段可以用来绘制日常办公和生活中产生的各种数据，以利用于对比和分析。例如：在绘制图形时，除了 plot() 函数外，还可以使用 semilogx()、semilogy()和 loglog()函数。另外，MATLAB 还提供一些特殊的二维图形的绘制方法，如饼图、条形图、直方图、冲击响应函数等特殊图形的绘制。下面进行一一介绍。

3.2.1　其他绘图函数

在 MATLAB 中为了更好地显示数据的对比性，或更好、更直观地描述数据的特点，除了常用的笛卡尔坐标系绘图函数 plot()函数和极坐标系绘图函数 polar()函数以外，还提供了半对数坐标图形绘制函数 semilogx()和 semilogy()以及对数坐标图形的绘制函数 loglog() 函数。下面对这些函数进行介绍。

1．半对数坐标图形绘制函数

semilogx()和 semilogy()函数用来绘制半对数坐标图形，其调用格式与 plot()函数类似，唯一不同的是在半对数坐标系中绘制图形，这样对于变化范围较大的曲线，容易显示出直观的图形。semilogx()和 semilogy()函数的区别如下。

❑ semilogx：绘制 x 轴为对数坐标，y 轴为线性坐标的二维图形。

❑ semilogy：绘制 y 轴为对数坐标，x 轴为线性坐标的二维图形。

【例 3-38】　绘制函数 $y=e^x$ 的半对数坐标图形。MATLAB 代码如下：

```
% x轴
x=0:0.5:5;
% y轴
y = exp(x);
% 绘图
figure
% 笛卡尔坐标系
subplot(3, 1, 1)
plot(x, y, 'r-.')
title('笛卡尔坐标系')
% 半对数坐标系
subplot(3, 1, 2)
semilogx(x, y, 'g:')
title('x轴为对数坐标系')
subplot(3, 1, 3)
semilogy(x, y, 'b-')
title('y轴为对数坐标系')
```

MATLAB 运行结果如图 3.55 所示。

2．对数坐标图形绘制函数

loglog()函数用来绘制对数坐标图形，其调用格式与 plot()函数类似，唯一不同的是在对数坐标系中绘制图形，这样对于变化范围较大的曲线，容易显示出直观的图形。

【例 3-39】　绘制函数 $y=e^x$ 的对数坐标图形。MATLAB 代码如下：

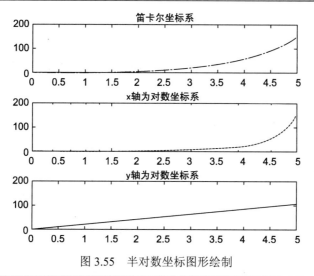

图 3.55　半对数坐标图形绘制

```
% x轴
x=0:0.5:5;
% y轴
y = exp(x);
% 绘图
figure
% 笛卡尔坐标系
subplot(2, 1, 1)
plot(x, y, 'k-.','LineWidth',4)
title('笛卡尔坐标系')
% 对数坐标系
subplot(2, 1, 2)
loglog(x, y, 'k:','LineWidth',4)
title('对数坐标系')
```

MATLAB 运行结果如图 3.56 所示。

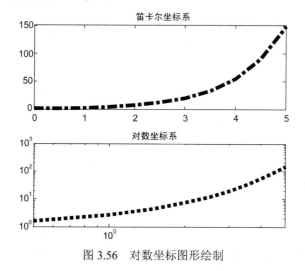

图 3.56　对数坐标图形绘制

3. 符号函数的绘制

fplot()函数可以根据函数表达式自动调整自变量的范围，然后在不用给函数显示赋值的情况，直接将函数绘制出来。fplot()函数常用来查看符号函数的变化规律，能够自动根据符号函数变化快慢，进行自适应采样，也就是说，对于变化快的地方，采样间隔小，而对于变化慢的地方，采样间隔大，从而在绘制图形的计算量大大降低时，仍可以精确反映图形的变化情况。函数的调用格式如下。

❑ fplot('fun', limites)：在指定的坐标范围 limits 内绘制函数 fun()的图形，其中 limites 的取值方式与坐标轴控制函数 axis()的坐标轴取值方式相同。而函数 fun()必须是一个包含 $y=fun(x)$ 的 M 函数文件，或包含变量 x 的 MATLAB 自带函数并能够用 eval() 函数计算的字符串。

❑ fplot('fun', limites, LineSpec)：在指定的坐标范围 limits 内绘制函数 fun()的图形，其中 limites 的取值方式与坐标轴控制函数 axis()的坐标轴取值方式相同。而 LineSpec 参数设置图形绘制时采样的线型、数据点的样式和颜色等属性。

❑ fplot('fun', limites, err)：在指定的坐标范围 limites 内绘制函数 fun()的图形，其所允许的相对误差不超过 err。

【例 3-40】 利用符号函数绘制函数 $y=e^x$ 的图形。MATLAB 代码如下：

```
% 绘图
figure
fplot('exp(x)',[0, 5] , 'k-.')
set(findall(gcf,'type','line'), 'linewidth',3)
title('符号函数绘制图形')
```

MATLAB 运行结果如图 3.57 所示。

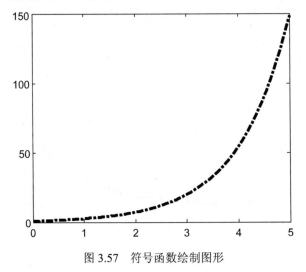

图 3.57　符号函数绘制图形

3.2.2　饼图

饼图可以方便且清晰地描述各项数据的大小和所占总数据和的比例，从而在生产成本控制等系列问题中经常使用。饼图是指一个将总数据显示成一个圆形，然后将这个圆剖分成多个扇区，每个扇区都代表一个数据项，描述各个数据项占数据总和的比例。在 MATLAB 中可以利于 pie()函数描绘平面饼图。调用格式如下。

❑ pie(*x*)：绘制数据 *x* 的饼图，*x* 可以是向量或者矩阵，*x* 中的每一个元素将代表饼图的一个扇区，同时饼图中显示各元素总和的比例。

❑ pie(*x*, explode)：绘制数据 *x* 的饼图，其中参数 explode 可以用来设置饼图中某个重要的扇区进行抽取式重点显示，这里需要注意的是，explode 向量的长度与 *x* 中的元素个数相等，并与 *x* 中的元素意义对应，explode 元素为非零值，对应的元素扇区将从饼图中分离显示，通常非零值都设置为 1。

❑ pie(*x*, labels)：绘制数据 *x* 的饼图，其中参数 labels 可以用来设置饼图中各个扇区的显示标注，注意参数 labels 应该为字符串或者数字利用向量 *X* 中的数据描绘饼图。

【例 3-41】　尝试画出 *X* = [1, 1, 2, 2, 3, 4, 5]的饼图。MATLAB 代码如下：

```
% 准备数据
X = [1, 1, 2, 2, 3, 4, 5];
% 绘图
pie(X)
```

MATLAB 运行结果如图 3.58 所示。

注意，*X* 中的数据被看做频数，饼图中比率的获得：*X* 中的元素 *x*[i]/sum(*X*)。当 *X* 中所有元素的和 sum(*X*)<1.0 时，图形不是整一个圆。例如令 *X* = [0.1,0.2,0.3]，再次运行例 3-41 中的 MATLAB 程序可以得到如图 3.59 所示的结果，可以看到所绘制的饼图的图形不再是一个整圆。

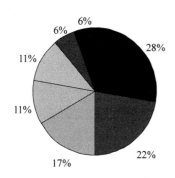

图 3.58　简单饼图的示意图

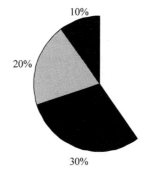

图 3.59　所有数据和小于 1 时饼图的绘制图形

【例 3-42】　有一位研究生，在一年中平均每月的费用为生活费 190 元，资料费 33 元，电话费 45 元，购买衣服 42 元，其他费用 45 元。请以饼图表示出他每月的消费比例，并在饼图中分离出使用最多的费用和使用最少的费用的切片。MATLAB 代码如下：

```
% 数据准备
x=[190 33 45 42 45];
% 分离显示设置
explode=[1 1 0 0 0];
% 绘图
figure()
colormap hsv
pie(x,explode,{'生活费','资料费','电话费','购买衣服','其他费用'})
title('饼图')
```

MATLAB 运行结果如图 3.60 所示。

3.2.3 条形图

条形图是用单位长度表示一定的数量，各数据变量按照数量的多少画成长短不同的条形，以便于实验分析。MATLAB 中绘制条形图的基本函数为 bar() 和 barh()，它们的调用格式如下。

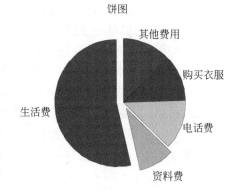

饼图

图 3.60　研究生的每月消费

- ❑ bar(Y)：当 Y 为矢量时，Y 中的每个元素绘出一个条形；当 Y 为矩阵时，函数 bar 先把 Y 矩阵分解为行向量，再分别对每行元素绘制条形，设 Y 为 $m \times n$ 的矩阵，那么绘制条形图时先将 Y 分成 m 组，再分别对每组中的 n 个元素绘出图形。

- ❑ bar(x,Y)：将 x 作为坐标轴，绘制数据 Y 的条形图。注：要求 x 向量必须单调递增。

- ❑ bar(...,width)：控制相邻条形的宽度和组内条形的分离，默认值为 0.8，当指定其值为 1 时，组内的条形挨在一起。

- ❑ bar(...,'style')：设置条形的类型，style 有两种类型，即 stacked 和 group。stacked 参数为在矩阵 Y 中每一行绘制一个条形，条形的高度由行元素和控制，每个条形都用多种颜色表示，不同颜色表示不同种类元素及每个元素所占总和的比例；group 绘制 n 条形图组（n 为矩阵 Y 的行数），每一个条形图中有 m 个垂直条形（m 为矩阵 Y 的列数），group 为 style 的默认值。

- ❑ bar(...,LineSpec)：LineSpec 控制绘制条形的颜色。

- ❑ h=bar(...)：返回所绘制图形句柄。

- ❑ barh(...)：绘制水平条形图。

- ❑ h=barh(...)：返回所绘制水平图形句柄。

【例 3-43】　随机产生 5×3 的数组，设定条形的宽度为 1.5，画出堆型二维垂直、水平条形图。MATLAB 代码如下：

```
%随机函数产生 5*3 的数组，对产生的数据取整
Y = round(rand(5,3)*10);
% 绘图
subplot(2,2,1)
bar(Y,'group')
title 'Group'
%堆型二维垂直条形图
subplot(2,2,2)
bar(Y,'stack')
title('Stack')
%堆型二维水平条形图
subplot(2,2,3)
barh(Y,'stack')
title('Stack')
%设定条形的宽度为 1.5
subplot(2,2,4)
```

```
bar(Y,1.5)
title('Width = 1.5')
```

MATLAB 运行结果如图 3.61 所示。

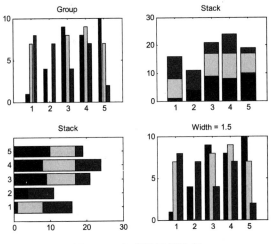

图 3.61　条形图运行结果

【例 3-44】　有一位研究生，在一年中平均每月的费用为生活费 190 元，资料费 33 元，电话费 45 元，购买衣服 42 元，其他费用 45 元。请以柱状图表示出他每月的消费比例。MATLAB 代码如下：

```
% 数据准备
y=[190 33 45 42 45];
x=1:5
% 绘图
figure
bar(x,y)
title('柱状图');
set(gca,'xTicklabel',{'生活费','资料费','电话费','购买衣服','其他费用'})
```

MATLAB 运行结果如图 3.62 所示。

3.2.4　直方图

直方图是根据数据的分布情况，对数据进行分组，以组距为底边、以频数为高度的长方形矩形图。绘制直方图经常用 hist()函数

❑ h=hist(y)：将向量 y 中的函数放到十个柱的直方图中，返回值 h 为包含每个柱的元素个数组成的向量。如果 y 是矩阵，则按照矩阵的列来画图。

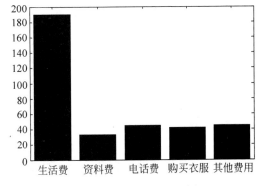

图 3.62　研究生的每月消费条形图

❑ h=hist(y, m)：m 为标量，指定柱的个数。

❑ h=hist(y, x)：x 是向量，将参数 y 中的元素放到 length(x)个由 x 中元素指定的位置

为中心的直方图中。

与直方图相比，条形图是处理分类变量的，如男、女，一年级、二年级、三年级，这类变量（如男和女）中间没有其他选项。但直方图是连续变量，这种变量是任何数都能取的，如收入，3000～4000 元中间还有可能是 3500 元，3000 元和 3500 元中间还有 3200 元。

【例 3-45】 绘制简单的直方图。MATLAB 代码如下：

```
hist(x)
```

MATLAB 运行结果如图 3.63 所示。

3.2.5 面积图

面积图将数据点显示为一组由线连接的点，并填充线下方的所有区域。MATLAB 中绘制面积图的函数为 area()函数，其调用格式如下。

- area(*y*)：当 *y* 为向量时，则以 *y* 的下标为横坐标，*y* 中各数据点连接成线，在默认情况下将 *x* 轴作为基准线，填充 *x* 轴与连接线间的区域部分。当 *y* 为矩阵时，则对矩阵中的各列进行操作，绘出多条曲线，此时每列数据都会以前列数据绘制的曲线为基线进行绘制，并填充相应的颜色。
- area(*x*, *y*)：制定绘制的面积图的横坐标。

【例 3-46】 绘制简单的面积图。MATLAB 代码如下：

```
x=[1,2,3,4];
area (x)
```

MATLAB 运行结果如图 3.64 所示。

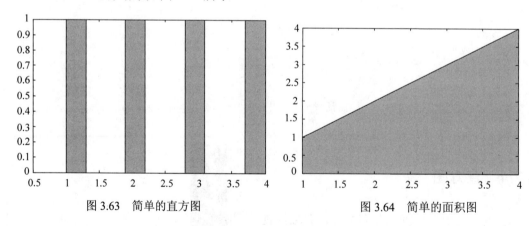

图 3.63　简单的直方图　　　　　图 3.64　简单的面积图

3.2.6 散点图

散点图是将数据序列显示为一组点的图形。它能够反映因变量随自变量变化而变化的趋势，常用于回归分析。在 MATLAB 中使用 scatter()函数绘制散点图，该函数调用格式如下。

- scatter(*x*,*y*)：绘制二维散点图，*x*、*y* 用于指定散点位置。
- scatter(*x*,*y*,*s*,*c*)：可以采用着色散点表示数据的位置，向量 *x*、*y* 用于指定散点位置，*s* 表示散点尺寸，*c* 表示散点颜色，注意两者可以单独使用。

【例 3-47】　绘制简单的散点图。MATLAB 代码如下：

```
t = 0:0.5:pi;
y = cos(t);
scatter (t, y ,'filled')
```

MATLAB 运行结果如图 3.65 所示。

3.2.7　排列图

排列图又称累托（Pareto）图，由一个横坐标、两个纵坐标、多个按高低顺序排列的条形和一条折线组成。其中，横坐标表示各因素，左纵坐标表示频数，右纵坐标表示频率，折线表示累积的频率。该图能较好地分析各因素的重要性，可用于寻找主要问题或主要原因。在 MATLAB 中 pareto()函数用于绘制排列图，其调用格式如下。

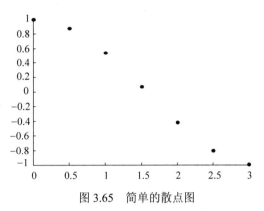

图 3.65　简单的散点图

□　pareto(*y*)：绘制数据 *y* 的排列图。*y* 值的大小用排列图条形的高度表示。
□　pareto(*y*,*x*)：绘制数据 *y* 的排列图。当 *x* 为数值时，用于指定数值型的横坐标。当 *x* 为字符串时，用于指定字符串型的横坐标。

【例 3-48】　绘制简单的排列图。MATLAB 代码如下：

```
Y=[100 98 97 90 90];
names={'第 1 名' '第 2 名' '第 3 名' '第 4 名' '第 5 名'};
pareto(Y,names)
```

MATLAB 运行结果如图 3.66 所示。

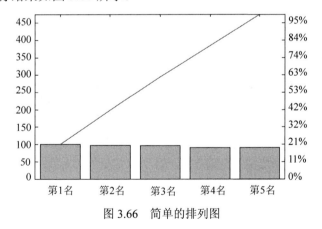

图 3.66　简单的排列图

3.2.8　罗盘图

MATLAB 中提供了 compass()函数绘制罗盘图，罗盘图绘制于一个圆盘中，从原点出发的箭头，箭头在圆盘中的角度用于表示数据的角度，箭头的长短用于表示数据的大小。其调用格式如下。

- compass(*u*,*v*)：输入参数 *u*、*v* 分别指定数据在罗盘图中的 *x* 分量和 *y* 分量。
- compass(*z*)：绘制仅一个输入参数的罗盘图，*z* 为复数矩阵，复数的实部代表罗盘图的 *x* 分量，虚部代表 *y* 分量。
- compass(..., LineSpec)：绘制罗盘图，设置罗盘图的线型。
- *h* = compass(...)函数：返回 line 对象的句柄给 *h*。

【例 3-49】 绘制简单的罗盘图。MATLAB 代码如下：

```
x = 1:100;
y = rand(1,100);
compass(x,y)
```

MATLAB 运行结果如图 3.67 所示。

3.2.9 羽毛图

羽毛图是以箭头的形式绘制矢量数据，在 MATLAB 中，绘制羽毛图的函数为 feather()函数，该函数可以用于进行光流变换的描述等，其调用格式如下。

- feather(*u*,*v*)：输入参数 *u*、*v* 分别指定数据在羽毛图中对应的 *x* 分量和 *y* 分量。
- feather(*z*)：输入参数 *z* 为复数矩阵，复数的实部代表羽毛图的 *x* 分量，虚部代表 *y* 分量。

【例 3-50】 绘制简单的羽毛图。MATLAB 代码如下：

```
x = 1:100;
y = rand(1,100);
feather(x,y)
```

MATLAB 运行结果如图 3.68 所示。

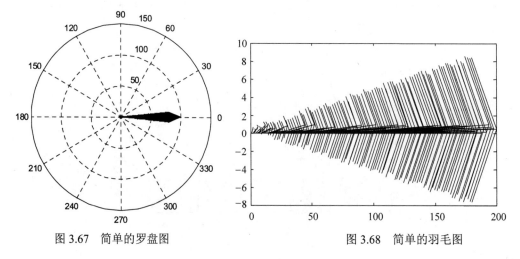

图 3.67　简单的罗盘图　　　　　　　　图 3.68　简单的羽毛图

3.2.10 矢量图

在 MATLAB 中，函数 quiver()用于在二维平面上绘制矢量图，矢量图通常和其他图形一起使用，用于显示数据的方向，如绘制电磁场或者力场等，其调用格式如下。

quiver(*x*, *y*, *u*, *v*)：输入参数 *x*、*y* 用于指定绘制矢量的位置，*u*、*v* 用于指定绘制的矢量在水平和竖直方向的大小。

【例 3-51】　绘制简单的矢量图。MATLAB 代码如下：

```
x = 1:4;
y = rand(1,4);
u = [1 0 -1 0];
v = [0 1 0 -1];
quiver(x, y, u, v)
```

MATLAB 运行结果如图 3.69 所示。

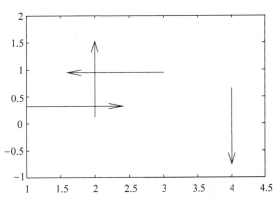

图 3.69　简单的矢量图

3.2.11　杆型图

杆型图主要用来表示离散数据的变化规律，以离散的圆点表示每个数据点，并用线段把数据点和坐标轴连接起来，形如杆型。而 plot() 函数默认把离散的数据点间用线段连接起来。MATLAB 提供 stem() 函数用于绘制杆型图，其调用格式如下。

❑ stem(y)：绘制离散数据 y 的杆型图，横坐标为默认，如果数据 y 为向量，即最后绘制的杆型图为数据 y 在 x 轴上等间距排列的杆型，横坐标为 1: length(y)；如果 y 为矩阵，则横坐标为矩阵的行，同一行中的元素绘制在相同的横坐标下，表现为两条杆线。

❑ stem(x, y)：指定横坐标 x，绘制数据 y 的杆型图。

❑ stem(..., 'fill', LineSpec)：'fill' 表示杆型图中表示数据的点设置为填充，LineSpec 设置杆型图杆型的线条，两者可以单独使用。

【例 3-52】　绘制简单的杆型图。MATLAB 代码如下：

```
x = 0:0.5:pi;
y = sin(x);
stem(y, 'fill', 'r-.')
```

MATLAB 运行结果如图 3.70 所示。

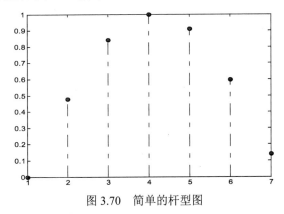

图 3.70　简单的杆型图

3.2.12 阶梯图

函数 stairs()用于绘制阶梯图,其调用格式如下。

❑ stairs(y):绘制数据 y 的阶梯图。如果 y 为向量,则绘制数据 y 中每个元素的阶梯变化图,横坐标 x 为 1 到 length(y),如果 y 为矩阵,则对数据 y 的每一行画一阶梯图,横坐标 x 为从 1 到 y 的列数.

❑ stairs(x, y):指定横坐标 x 绘制阶梯图。

❑ stairs(..., LineSpec):参数 LineSpec 设置阶梯图中线条的线型、标记符号和颜色等。

【例 3-53】 绘制简单的阶梯图。MATLAB 代码如下:

```
x = 0:0.5:pi;
y = sin(x);
stairs(y, 'k-.')
```

MATLAB 运行结果如图 3.71 所示。

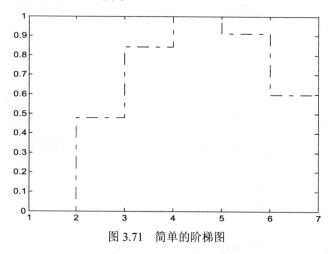

图 3.71 简单的阶梯图

3.3 三 维 图 形

在 3.2 节中主要介绍了二维图形的绘制,但在有些信息量比较丰富的情况下,往往要绘制更为复杂的三维图形,三维图形信息丰富,能更好地反映数据之间的相互规律。但一般情况下三维图形的绘制比较复杂,而 MATLAB 为我们提供了一些函数可以直接绘制漂亮的三维图形,同时还提供了完整的三维图形编辑的功能。与一般的统计绘图软件相比,在三维图形绘制和编辑方面,MATLAB 软件更有优势。本节将重点介绍 MATLAB 在三维图形绘制中的基础知识,包括三维图形绘制和编辑的相关知识。

3.3.1 三维曲线

1. 用plot3()函数画三维曲线

在 MATLAB 中提供了 plot3()函数用于绘制三维曲线,其函数的调用法与二维曲线绘制函数 plot()类似，其调用格式如下。

❑ plot3($x1, y1, z1$, LineSpec, ...)：在三维空间中绘制以 x、y、z 为坐标轴的曲线，曲线由 $x1$、$y1$、$z1$ 中的元素确定，$x1$、$y1$、$z1$ 为向量或矩阵，输入参数 LineSpec 用于指定绘制的三维曲线的线型、标记符、颜色等。

❑ plot3(...,'PropertyName',PropertyValue,...)：设置三维绘图函数绘制的三维曲线的各种属性的属性值。

【例 3-54】 绘制简单的三维曲线图。MATLAB 代码如下：

```
% 数据准备
t=0:pi/100:20*pi;
x=sin(t);
y=cos(t);
z=t.*sin(t).*cos(t);
% 绘图
figure
plot3(x,y,z)
grid
title('三维绘图');
xlabel('X')
ylabel('Y')
zlabel('Z')
```

MATLAB 运行结果如图 3.72 所示。

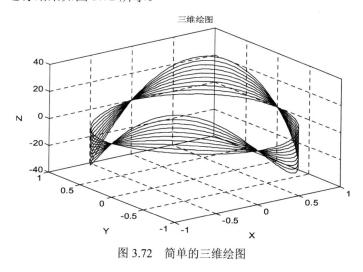

图 3.72　简单的三维绘图

2．三维网格图的绘制

在 MATLAB 中，进行三维图形绘制时，常常需要首先创建三维网格，也就是先创建平面图的坐标系。在 MATLAB 中，常用 meshgrid()函数生成网格数据，其调用格式如下。

❑ [X,Y]=meshgrid(x,y)：用于生成向量 x 和 y 的网格数据，即变换为矩阵数据 X 和 Y，矩阵 X 中的行向量为向量 x，矩阵 Y 的列向量为向量 y。

❑ [X,Y]=meshgrid(x)：生成向量 x 的网格数据，函数等同于[X,Y]=meshgrid(x,x)。

❑ [X,Y,Z]=meshgrid(x,y,z)：生成向量 x、y、z 的三维网格数据，生成的数据 X 和 Y 可分别表示三维绘图中的 x 和 y 坐标。

三维网格图形是指在三维空间内连接相邻的数据点，形成网格。在 MATLAB 中绘制三维网格图的函数主要有 mesh()函数、meshc()函数和 meshz()函数。其中，mesh()函数最常用，其调用格式如下。

- ❏ mesh(*x,y,z*)：绘制三维网格图，*x*、*y*、*z* 分别表示三维网格图形在 *x* 轴、*y* 轴和 *z* 轴的坐标，图形的颜色由矩阵 *z* 决定。
- ❏ mesh(***Z***)：绘制三维网格图，分别以矩阵 ***Z*** 的列下标、行下标作为三维网格图的 *x* 轴、*y* 轴的坐标，图形的颜色由矩阵 ***Z*** 决定。
- ❏ mesh(...,*C*)：输入参数 *C* 用于控制绘制的三维网格图的颜色。
- ❏ mesh(...,'PropertyName',PropertyValue,...)：设置三维网格图的指定属性的属性值。

函数 meshc()可绘制带有等值线的三维网格图，其调用格式与函数 mesh()基本相同，但函数 meshc()不支持对图形网格线或等高线指定属性的设置。

函数 meshz()可绘制带有图形底边的三维网格图，其调用格式与函数 mesh()基本相同，但函数 meshz()不支持对图形网格线指定属性的设置。

另外，函数 ezmesh()、ezmeshc()和 ezmeshz()可根据函数表达式直接绘制相应的三维网格图。

由于网格线是不透明的，绘制的三维网格图有时只能显示前面的图形部分，而后面的部分可能被网格线遮住了，没有显示出来。MATLAB 中提供了命令 hidden 用于观察图形后面隐藏的网格，hidden 命令的调用格式如下。

- ❏ hidden on：设置网格隐藏部分不可见，默认情况下为此状态。
- ❏ hidden off：设置网格的隐藏部分可见。
- ❏ hidden：该命令用于切换网格的隐藏部分是否可见。

【例 3-55】 绘制简单的三维网格图。MATLAB 代码如下：

```
% 数据准备
t=0:pi/10:pi;
x=sin(t);
y=cos(t);
[X,Y]=meshgrid(x,y);
z =X + Y;

% 绘图
figure
mesh (z,'FaceColor','w','EdgeColor','k')grid
title('三维网格图');
```

MATLAB 运行结果如图 3.73 所示。

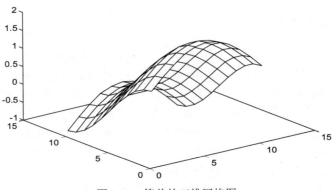

图 3.73　简单的三维网格图

3. 三维空间等高线图

在 MATLAB 中，采用 contour3()函数进行三维空间等高线图的绘制。该函数生成一个定义在矩形格栅上曲面的三维等高线图，其调用格式如下。

❑ contour3(**Z**)：绘制矩阵 **Z** 的三维等高线图，矩阵 **Z** 中的元素表示距离 xy 平面的高度（矩阵 **Z** 至少是 2×2 阶的）。等高线的条数和高度由 MATLAB 自动选取。当形式为[m, n]=size(z)时，指定了 x 轴范围为[1: n]，y 轴范围为[1: m]。

❑ contour3(**Z**, n)：绘制出矩阵 **Z** 的 n 条三维等高线图。

❑ contour3(**Z**, v)：指定等高线的高度，向量 v 的维数要求与等高线条数相同；contour3(Z,[h,h])表示只画一条高度为 h 的等高线。

❑ contour3(**X,Y,Z**)、contour3(**X,Y,Z,n**)、contour3(**X,Y,Z,v**)：X 和 Y 分别表示 x-轴和 y-轴的范围。当 **X** 为矩阵时，用 **X**(1,:)表示 x-轴的范围；当 **Y** 为矩阵时，用 **Y**(1,:)表示 y-轴的范围；当 **X** 和 **Y** 均为矩阵时，二者必须为同型矩阵。使用形式虽然会有不同，但所起作用相同，都与命令 surf 相同。当 **X** 或 **Y** 的间距不规则时，contour3 仍会按照规则间距计算等高线，再把数据转变给 **X** 或 **Y**。

❑ contour3(...,LineSpec)：LineSpec 用于指定等高线的线型和颜色。

❑ [**C**,**h**]=contour3(...)：绘制等高线图并返回参量 **C** 和 **h**。**C** 表示与命令 contourc 中相同的等高线矩阵，**h** 表示所有图形对象的句柄向量；除非没有指定 LineSpec 参数，contour3 会生成 patch 图形对象，且当前的 colormap 属性与 caxis 属性将控制颜色的显示。不管使用哪种形式，此命令均能生成 line 图形对象。

【例 3-56】　简单举例说明 contour3 用法。MATLAB 代码如下：

```
% 数据准备
[X,Y] = meshgrid([-2:.25:2]);
Z = X.*exp(-X.^2-Y.^2);
% 绘图
figure
contour3(X, Y, Z, 30, 'K')
```

MATLAB 运行结果如图 3.74 所示。

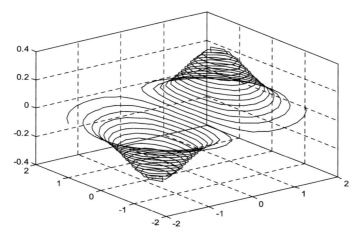

图 3.74　简单的三维等高线图

3.3.2　三维表面图的绘制

三维表面图也可以用来表示三维空间内数据的变化规律，与之前讲述的三维网络图的不同之处在于对网格的区域填充了不同的色彩。在 MATLAB 中绘制三维表面图的函数为 surf()函数，其调用格式如下。

- surf(Z)：绘制数据 Z 的三维表面图，分别以矩阵 Z 的列下标、行下标作为三维网格图的 x 轴、y 轴的坐标，图形的颜色由矩阵 Z 决定。
- surf(X, Y, Z)：绘制三维表面图，X、Y、Z 分别表示三维网格图形在 x 轴、y 轴和 z 轴的坐标，图形的颜色由矩阵 Z 决定。
- surf(X, Y, Z, C)：绘制三维表面图，输入参数 C 用于控制绘制的三维表面图的颜色。
- surf(..., 'PropertyName', PropertyValue)：绘制三维表面图，设置相应属性的属性值。

函数 surfc()用于绘制带等值线的三维表面图，其调用格式同函数 surf()基本相同，函数 surfl()可用于绘制带光照模式的三维表面图，与函数 surf()和 surfc()不同的调用格式如下。

- surfl(...,'light')：以光照对象 light 生成一个带颜色、带光照的曲面。
- surfl(...,'cdata')：输入参数 cdata 设置曲面颜色数据，使曲面成为可反光的曲面。
- surfl(...,s)：输入参数 s 为一个二维向量[azimuth,elevation]，或者三维向量[x,y,z]，用于指定光源方向，默认情况下光源方位从当前视角开始，逆时针 45°。

【例 3-57】　简单对 surf()函数进行举例。MATLAB 代码如下：

```
% 数据准备
xi=-10:0.5:10;
yi=-10:0.5:10;
[x,y]=meshgrid(xi,yi);
z=sin(sqrt(x.^2+y.^2))./sqrt(x.^2+y.^2);
% 绘图
surf(x,y,z)
```

MATLAB 运行结果如图 3.75 所示。

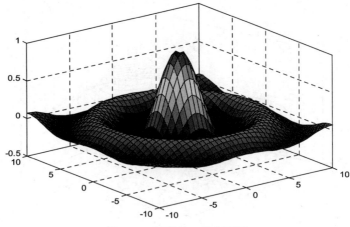

图 3.75　简单的三维表面图

3.3.3　三维切片图的绘制

在 MATLAB 中 slice()函数用于绘制三维切片图。三维切片图可形象地称为"四维图"，可以在三维空间内表达第四维的信息，用颜色来标识第四维数据的大小。slice()函数的调用格式如下。

- □ slice(v, sx, sy, sz)：输入参数 v 为三维矩阵（阶数为 $m \times n \times p$），x、y、z 轴默认状态下分别为 1：m、1：n、1：p，数据 v 用于指定第四维的大小，在切片图上显示为不同的颜色，输入参数 sx、sy、sz 分别用于指定切片图在 x、y、z 轴所切的位置。
- □ slice(x, y, z, v, sx, sy, sz)：输入参数 x、y、z 用于指定绘制的三维切片图的 x、y、z 轴。
- □ slice(..., 'method')：输入参数 method 用于指定切片图绘制时的内插值法，'method' 可以设置的参数有：'linear'（三次线性内插值法，默认）、'cubic'（三次立方内插值法）、'nearest'（最近点内插值法）。

【例 3-58】　观察函数在 $-2 \leqslant x \leqslant 2$、$-2 \leqslant y \leqslant 2$、$-2 \leqslant z \leqslant 2$ 上的体积情况。MATLAB 代码如下：

```
% 数据准备
xi=-10:0.5:10;
yi=-10:0.5:10;
[x,y]=meshgrid(xi,yi);
z=sin(sqrt(x.^2+y.^2))./sqrt(x.^2+y.^2);
[x,y,z] = meshgrid(-2:.2:2, -2:.25:2, -2:.16:2);
v = x.*exp(-x.^2-y.^2-z.^2);
xslice = [-1.2,.8,2]; yslice = 2; zslice = [-2,0];
% 绘图
slice(x,y,z,v,xslice,yslice,zslice)
```

MATLAB 运行结果如图 3.76 所示。

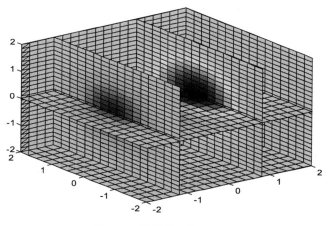

图 3.76　简单的三维切片图

3.3.4　常用三维图形

由于一些特殊的需要，有时可能需要绘制一些具有一定形状的三维图，例如，瀑布图、柱面图、球体等，下面简单演示这些图形的绘制。

1．瀑布图

在 MATLAB 中，waterfall()函数可以绘制在 x 轴或者 y 轴方向具有流水效果的瀑布图，其调用格式如下所示。

waterfall(x,y,z)：输入参数 x、y 与 z 分别用于指定瀑布图的 x 轴、y 轴和 z 轴，同时数据 z 标识瀑布图的颜色。

【例 3-59】 绘制简单的瀑布图。MATLAB 代码如下：

```
% 数据准备
xi=-10:0.5:10;
yi=-10:0.5:10;
[x,y]=meshgrid(xi,yi);
% 绘图
z=x.*x+y.*y
waterfall(x,y, z)
colormap gray
```

MATLAB 运行结果如图 3.77 所示。

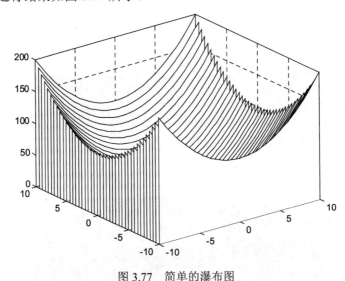

图 3.77　简单的瀑布图

2．柱面图

在 MATLAB 中，cylinder()函数可生成关于 z 轴旋转对称的柱面体，结合函数 surf()或 mesh()可生成柱面体的三维曲面图，其调用格式如下。

❑ [x,y,z]=cylinder(r)：返回半径为 r，高度为 1 的圆柱体的 x、y、z 轴的坐标值，圆柱一周的分点数为 20。

❑ [x,y,z]=cylinder(r, n)：返回半径为 r，高度为 1 的圆柱体的 x、y、z 轴的坐标值，圆柱一周的分点数为 n。

【例 3-60】 绘制简单的柱面图。MATLAB 代码如下：

```
cylinder
axis square
h = findobj('Type','surface');
set(h,'CData',rand(size(get(h,'CData'))))
```

```
title('简单柱面图')
```

MATLAB 运行结果如图 3.78 所示。

【例 3-61】　绘制半径变化的柱面图。MATLAB 代码如下：

```
t = 0:pi/10:2*pi;
figure(1)
[X,Y,Z] = cylinder(2+cos(t));
surf(X,Y,Z)
axis square
title('半径变化的柱面图')
```

MATLAB 运行结果如图 3.79 所示。

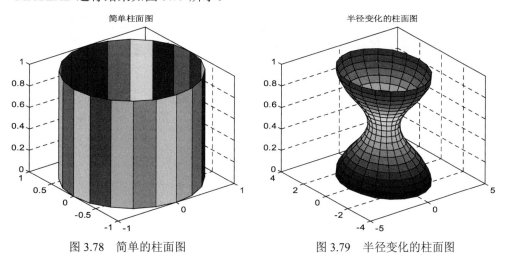

图 3.78　简单的柱面图　　　　　　图 3.79　半径变化的柱面图

3．球形图

在 MATLAB 中，sphere()函数用于在直角坐标系内绘制球形图，其调用格式如下。

❑ sphere(n)：绘制单位球形图，球体包含 $n \times n$ 个球面。

❑ [x,y,z]=sphere(n)：返回含 $n \times n$ 个球面的球体的坐标，结合函数 surf()或 mesh()绘制三维球体曲面图。

【例 3-62】　绘制简单的球形图。MATLAB 代码如下：

```
sphere(50)
axis equal
title('球')
```

MATLAB 运行结果如图 3.80 所示。

4．椭球形图

在 MATLAB 中，ellipsoid()函数可生成绘制椭球形图的坐标数据，结合函数 surf()或者 mesh()，即可绘制三维椭球体图，其函数的调用格式如下。

[x,y,z]=ellipsoid(xc, yc, zc, xr, yr, zr, n)：输入参数中 xc、yc、zc 为椭球体的球心坐标，xr、yr、zr 为椭球体 3 个半轴的长度，n 为椭球体的分点数，没有参数 n 的情况下，椭球体的分点数默认为 20。

【例 3-63】　绘制简单的椭球形图。MATLAB 代码如下：

```
ellipsoid(0,0,0,10,5,5,50)
title('椭球')
```

MATLAB 运行结果如图 3.81 所示。

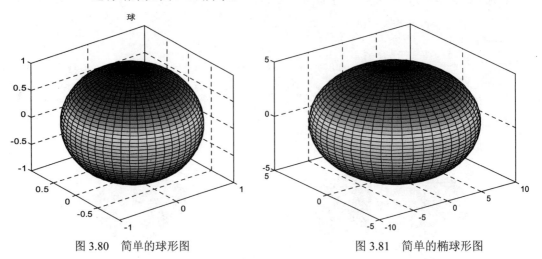

图 3.80　简单的球形图　　　　　　　　图 3.81　简单的椭球形图

5. peaks()函数

MATLAB 还有一个 peaks()函数，称为多峰函数，常用于三维曲面的演示。

【例 3-64】　绘制多峰函数三维曲面图形。MATLAB 代码如下：

```
[x,y,z]=peaks(30);
surf(x,y,z);
```

MATLAB 运行结果如图 3.82 所示。

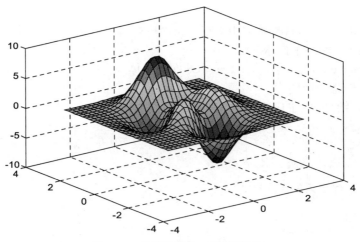

图 3.82　多峰函数的三维曲面图形

3.3.5　其他三维图形

在介绍二维图形时，曾提到条形图、杆图、饼图和填充图等特殊图形，它们还可以以三维形式出现，使用的函数分别是 bar3()、stem3()、pie3()和 fill3()，调用格式基本上与其二维形式相同，这里就不再赘述。bar3()函数绘制三维条形图，stem()函数绘制三维杆状图，pie3()函数绘制三维饼图，fill3()函数等效于三维函数 fill()，可在三维空间内绘制出填充过的多边形。下面简单举几个有趣的例子来绘画三维其他图形。

【例 3-65】 尝试利用 stem3()函数绘制三维火柴杆图。MATLAB 代码如下：

```
% 数据准备
x = rand(1,10);
y = rand(1,10);
z = x.*y;
k = x+y;
% 绘图
figure
subplot(2,1,1)
stem3(x, y, z)
subplot(2,1,2)
%填充
stem3(x, y, k, 'filled')
```

MATLAB 运行结果如图 3.83 所示。

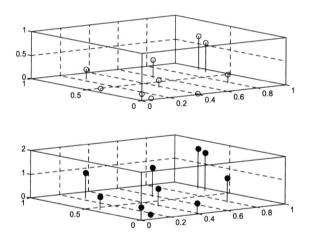

图 3.83　三维杆状图

【例 3-66】 绘制如下的三维图形。

❑　绘制魔方阵的三维条形图。
❑　以三维杆图形式绘制曲线 $y=2\sin(x)$。
❑　已知 $x=[2347,1827,2043,3025]$，绘制饼图。
❑　用随机的顶点坐标值画出 5 个黄色三角形。

MATLAB 代码如下：

```
subplot(2,2,1);
% 绘制魔方阵的三维条形图
bar3(magic(4))
subplot(2,2,2);
% 以三维杆图形式绘制曲线 y=2sin(x)
y=2*sin(0:pi/10:2*pi);
stem3(y);
subplot(2,2,3);
%绘制饼图
```

```
pie3([2347,1827,2043,3025]);
subplot(2,2,4);
%用随机的顶点坐标值画出 5 个黄色三角形
fill3(rand(3,5),rand(3,5),rand(3,5),'y')
```

MATLAB 运行结果如图 3.84 所示。

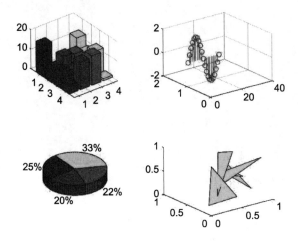

图 3.84　综合绘图示例

【例 3-67】　绘制多峰函数的瀑布图和等高线图。MATLAB 代码如下：

```
subplot(1,2,1);
[X,Y,Z]=peaks(30);
waterfall(X,Y,Z)
colormapgray
xlabel('X-axis')
ylabel('Y-axis')
zlabel('Z-axis')
subplot(1,2,2);
contour3(X,Y,Z,12,'k');
```

MATLAB 运行结果如图 3.85 所示。

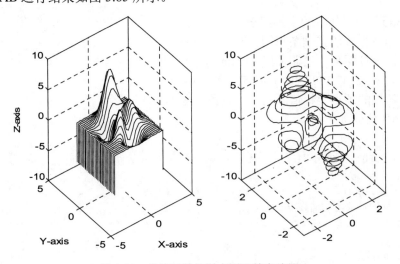

图 3.85　多峰函数的瀑布图和等高线图

3.4　本章小结

在第 3 章中主要学习的是画基本的二维、三维图形。此章学习后，大家应该对用 MATLAB 语言画图有一个基本的认识，并且能够自己画出各种单根二维曲线、多根二维曲线，会对曲线进行样式的设定，熟练掌握对坐标轴的控制。熟练使用各种常用画图函数。

3.5　习　　题

1．在 $0 \leqslant t \leqslant 2pi$ 区间内，绘制曲线 $y=3\sin t+1$。

2．在同一坐标系里绘制 $0 \leqslant t \leqslant 2pi$ 区间内的正弦函数、余弦函数、正切函数和余切函数。

3．利用 polar()函数绘制轮胎图和笛卡尔心形图。

4．用不同标度在同一坐标内绘制曲线 $y1=0.2e-0.5x\cos(4\pi x)$ 和 $y2=2e-0.5x\cos(\pi x)$。

5．绘制 peaks()函数的等高线。

6．在同一坐标内，分别用不同线型和颜色绘制曲线 $y1=0.2e-0.5x\cos(4\pi x)$ 和 $y2=2e-0.5x\cos(\pi x)$。

7．绘制正弦曲线，设置图形的标题为 y=sin(x)，设置 x 轴的标注为 x，设置 y 轴的标注为 sin(x)，并对曲线进行文本标注。

8．绘制抛物线和三次幂曲线，设置图形的标题、x 轴和 y 轴的标注、设置曲线文本标准、设置图例标注。

9．绘制两条随机误差曲线，同时绘制出利用 axis()函数修改成相同比例后的误差曲线。

10．绘制函数 $y=e^x$ 的半对数坐标图形，并绘制函数 $y=e^x$ 的对数坐标图形。

11．有一位研究生，在一年中平均每月的费用为生活费 590 元，资料费 130 元，电话费 45 元，购买衣服 200 元，其他费用 55 元。请以饼图表示出他每月的消费比例，并在饼图中分离出使用最多的费用和使用最少的费用的切片。

12．有一位研究生，在一年中平均每月的费用为生活费 590 元，资料费 130 元，电话费 45 元，购买衣服 200 元，其他费用 55 元。请以柱状图表示出他每月的消费比例。

13．绘制 peaks()函数的三维等高线图和三维表面图。

14．绘制简单的柱面图和球形图。

第4章 MATLAB 程序设计

本章介绍在 MATLAB 环境下进行程序设计的相关知识。本章是 MATLAB 程序设计学习的重要部分之一，主要对 M 文件、程序控制结构、函数文件、全局变量与局部变量、程序调试等问题进行介绍。

4.1 M 文件

在 MATLAB 工作环境下，可以直接输入各种命令来完成指定功能。但是直接在 MATLAB 环境下输入命令，边解释边运行，会给编程带来诸多不便，如程序保存、重复运行、输入等待、不能修改、无法调试和检查困难等。为解决以上困难，MATLAB 提供了一种更为方便的方法进行程序设计——采用 M 文件编程。MATLAB 中的 M 文件类似 C 语言中以.c 为后缀的文件，下面介绍 M 文件的分类。

4.1.1 M 文件的分类

MATLAB 的 M 文件有以下两类。

- 脚本文件：是指将平时直接在 MATLAB 命令行输入的命令连续连地输入到一个 M 文件中，然后通过批处理进行相关命令的运行。
- 函数文件：是指将代表某一函数功能的所有命令行都封装起来，然后设置函数名称和相关的函数参数，以提供给其他人从外部调用。

这两种 M 文件都能更方便地实现指定功能，但两者之间有一些本质差异。脚本文件可直接运行，函数文件需要调用执行；脚本文件无定义行和输入/输出变量，直接选取 MATLAB 语句执行，直接访问基本工作空间中的变量；函数文件必须要有定义行，有输入/输出变量，通过输入变量获得的输入数据，通过输出变量提交结果。下面首先介绍脚本文件。

1. 脚本文件

将原本放在 MATLAB 工作环境下直接输入的程序，放在一个以.m 为后缀的文件中，形成的这个文件就是脚本文件。建立脚本文件后，在 MATLAB 工作环境下直接输入脚本文件名（不含后缀），MATLAB 会打开这个脚本文件，并依次执行脚本文件中的每条语句，这与在 MATLAB 中直接输入各种命令的运行结果是一样的。

下面举一个简单的例子，让大家对脚本文件有一个基本了解。

【例 4-1】 编写求取向量 x 的平均值和标准差的脚本文件 stat1.m。MATLAB 代码如下：

```
%产生随机变量
x = rand(1,4) + 2
%求取向量的长度
nL = length(x);
%求取变量中所有元素的和
s1 = sum(x);
%求取变量中所有元素平方和
s2 = sum(x.^2);
% 求取均值
mean1 = s1/nL
%求取标准差
stdev = sqrt(s2/nL-mean1.^2)
```

MATLAB 运行结果如下：

```
x =
    2.9572    2.4854    2.8003    2.1419
mean1 =
    2.5962
stdev =
    0.3125
```

脚本文件无定义行和输入/输出变量，直接选取 MATLAB 语句执行，直接访问基本工作空间中的变量，执行后检查基本工作空间中的变量情况。

```
>>whos
  Name       Size         Bytes        Class
  m          1×1              8        double array
  mean1      1×4             32        double array
  n          1×1              8        double array
  s1         1×4             32        double array
  s2         1×4             32        double array
  stdev      1×4             32        double array
  x          4×4            128        double array
Grand total is 34 elements using 272 bytes
```

这说明，在脚本文件中产生的所有变量都保存在基本工作空间中。

2．函数文件

函数这个概念是从数学中慢慢过渡到程序设计中的，为了使设计的程序更健壮、更有效，也为了使后续的维护人员在进行程序维护时更易于上手，更容易找到程序功能所对应的位置，一般的编程语言都设计了函数的定义。与其他编程语言类似，MATLAB 也提供了函数进行灵活的程序设计。与 C、C++或者 Java 相同，MATLAB 中的函数定义也涉及了函数定义、形参设置、函数体和注释等函数的基本功能，唯一有所区别的地方在于 MATLAB 函数的形参并不需要指明参数的数据类型，也可以不指明形参的个数等。

在 MATLAB 中，所定义的函数文件第一行必须是定义行。一般的情况下函数文件由 5 部分组成，分别如下：

❑ 函数定义行。
❑ H1 行。
❑ 函数帮助文件。
❑ 函数体。

❑ 注释。

下面举例说明函数文件，对其有初步了解。

【例 4-2】 编写函数文件 stat.m 求向量 **x** 的均值和标准差。MATLAB 代码如下：

```
function [mean1 stdev]=stat(x)          %函数定义行
%求向量的平均值和标准差 H1 行
%函数帮助文本
%输入参数：x 要求均值和方差的向量
%输出参数：mean1   向量的均值
% stddev 向量的标准差
%求向量的长度
nL = length(x);
%求取变量中所有元素的和
s1 = sum(x);
%求取变量中所有元素平方和
s2 = sum(x.^2);
%求取均值
mean1 = s1/nL;
%求取标准差
stdev=sqrt(s2/nL- mean1.^2);             %函数体
```

首先，将该函数保存到 MATLAB 可以识别的路径下，注意在保存函数时，与 C 和 C++ 不同，在 MATLAB 中，函数应该尽量单独保存为一个文件，文件名应该与函数名字相同，即文件名为 stat.m。

其次，在进行实验时，应该在 M 文件或者命令行中将函数所需要的参数补全，然后再调用函数，这里利用以下代码建立一个 M 文件。

```
%产生随机变量
x = rand(1,4) + 2
%调用函数求均值和方差
[mean stdev] = stat(x);
x
mean
stdev
```

MATLAB 运行结果如下：

```
x =
    2.9572    2.4854    2.8003    2.1419
mean1 =
    2.5962
stdev =
    0.3125
```

函数文件除了输入和输出参数，其他变量都是局部变量。

```
>> whos
  Name      Size     Bytes    Class      Attributes
  mean      1×1         8     double
  stdev     1×1         8     double
  x         1×4        32     double
```

这说明，在函数文件中产生的所有变量，除了输出参数，其他的变量都不保存在基本工作空间中。

函数文件必须要有定义行，有输入/输出变量，通过输入变量获得输入数据，通过输出变量提交结果，需要精心设计完成指定的功能。

这里对函数文件的 5 部分暂不做具体介绍，在 4.3 节中会详细介绍。下面对脚本文件和函数文件做一些比较。

3．脚本文件和函数文件比较

脚本文件和函数文件虽然可以进行转换，但是也有非常明显的区别，如表 4.1 中列出了两者的区别。

表 4.1　脚本文件和函数文件比较

	脚 本 文 件	函 数 文 件
定义行	无定义行	必须有定义行
输入/输出变量	无	有
数据传送	直接访问基本工作空间中的所有变量	通过输入变量获得输入数据，通过输出变量提交结果
编程方法	直接选取 MATLAB 语句	精心设计完成指定功能
用途	重复操作	MATLAB 功能扩展

在 MATLAB 中将函数转换为脚本的方法是：首先将函数文件的定义行去掉，然后将函数所需要传递的参数在脚本文件中进行补全。需要注意的是，在将函数转换为脚本以后，函数文件中使用的局部变量就变成了基本工作空间中的变量，这时函数中的局部变量的存活期发生了变化。

4.1.2　M 文件的建立与打开

M 文件的建立与打开有以下两种方法。

❑ 直接在命令行空间中输入 edit fname，就会启动 MATLAB 的编辑器，并打开一个名字为 fname.m 的 M 文件。

❑ 在命令窗口的 File 菜单中选择 New 命令或 Newfile 图标，如图 4.1 所示。

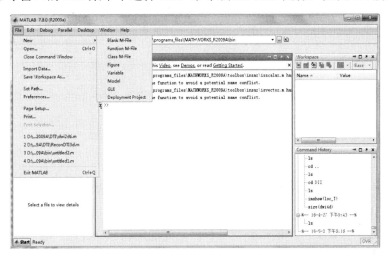

图 4.1　建立 M 文件

下面对以下几点做特别说明。

❑ 对建立的 M 文件进行保存，选择 File→Save 命令存盘，脚本文件名要做到见名知意，函数文件名要与函数名一致。

❑ 在编辑 M 文件时，可直接转到指定的行，可从 GO 菜单中选择 Go To 命令完成，如图 4.2 和图 4.3 所示。

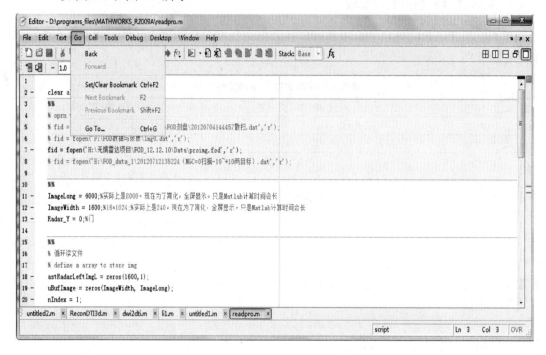

图 4.2　运行到指定行

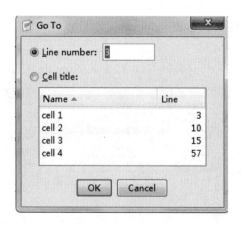

图 4.3　运行到第 3 行

❑ 可直接运行 M 文件中的部分文件程序，先选定该部分程序，然后在 Text 菜单中选择 Evaluate Selection 命令实现，如图 4.4 所示。

❑ 可直接运行 M 文件中的部分文件程序，先选定该部分程序，然后在右键快捷菜单中选择 Evaluate Selection 命令实现，如图 4.5 所示。

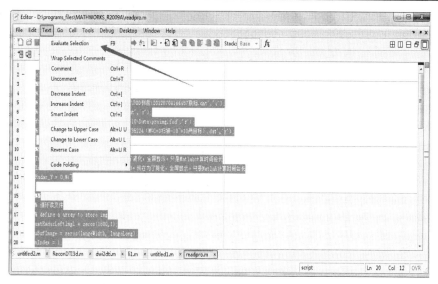

图 4.4　Text 菜单中选择 Evaluate Selection 命令

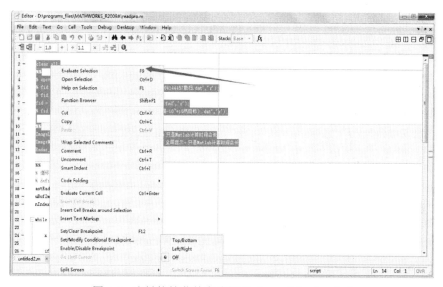

图 4.5　右键快捷菜单中选择 Evaluate Selection 命令

4.2　程序控制结构

与 C/C++相同，在 MATLAB 的程序控制结构中，存在三类程序结构：顺序结构、选择结构和循环结构。这三类基本的程序结构的使用，给 MATLAB 程序设计带来了极大的方便性和灵活性，它们可以完成所有的程序设计。

4.2.1　顺序结构

顺序结构是最简单的程序结构，程序按照排列顺序依次执行每条语句，直到程序最后，因此语句在文件中的位置会影响运行结果。顺序结构一般包括数据的输入/输出、数据的计算和处理等。下面主要介绍如下几方面。

- 数据的输入：在任何一种编程语言中，数据的输入都是一个非常必要的过程，尤其是在科学计算中，MATLAB 基本上是以数据流进行计算的。
- 数据的输出：在任何一种编程语言中，数据的输出都是非常重要的过程，一般情况下，在进行科学计算时，应该有数据的输出，但是也有一些情况是不需要数据输出的，仅进行绘图或者其他操作即可。
- 程序暂停：在程序运行时，程序的暂停操作非常有用，可以在当下的环境查看程序运行过程中的变量值，以此来判断程序运行的正确与否，也可以加深对程序的理解。

1. 数据的输入

在 MATLAB 中，用户从键盘输入数据，可以使用 input()函数。input()函数的调用格式如下。

user_entry = input('prompt')：其中数据的输入形式有多种，下面分别举例说明。

【例 4-3】 自带提示的参量输入。MATLAB 代码如下：

```
f=input('frequency is')
```

MATLAB 运行结果如下：

```
frequency is
```

这时可输入频率值 f，这里输入的为 50，运行结果如下：

```
frequency is50
f =
    50
```

【例 4-4】 可选择输入方法的输入。MATLAB 代码如下：

```
m=input('methods\n1---linear\n2---bilinear\n3---others\n')
```

MATLAB 运行结果如下：

```
methods
1---linear
2---bilinear
3---others
```

这时可选择输入方法，这里选择 1，运行结果如下：

```
methods
1---linear
2---bilinear
3---others
1
m =
    1
```

【例 4-5】 输入变量为字符串。MATLAB 代码如下：

```
m=input('method: ','s')
```

MATLAB 运行结果如下：

```
methods:
```

这时用户可直接输入方法的名称，输入为 bilinear，此时 m 为字符串变量 bilinear，运行结果如下：

```
method: liner
m =
liner
```

【例 4-6】　输入为表达式。MATLAB 代码如下：

```
a=5;
b=4;
c=input('please input a^2+b')
```

执行时输入 a^2+b 的值，MATLAB 运行结果如下：

```
please input a^2+b a^2+b
c =
   29
```

输入为表达式时，MATLAB 先计算出表达式的值，然后赋值给输入变量。

2. 数据的输出

MATLAB 提供的命令窗口输出函数主要有两种，即 disp()函数和 fprintf()函数。disp()函数既可以显示文本，也可以显示阵列，其调用格式如下。

❑ disp(X)：当 X 为阵列时，disp(X)显示出阵列内容；当 X 为字符串时，disp(X)显示出字符串。

❑ fprintf ()函数显示带有相关文本的一个或多个值，允许程序员控制显示数据的方式。fprintf()函数调用格式如下。

fprintf(format, data)：其中 format 用于代表一个描述打印数据方式的字符串，data 代表要打印的一个或多个标量或数组。format 包括两方面的内容，一方面是打印内容的文本提示；另一方面是打印的格式。

【例 4-7】　显示文本。MATLAB 代码如下：

```
disp('What color is it?')
```

MATLAB 运行结果如下：

```
What color is it?
```

【例 4-8】　显示矩阵 X。MATLAB 代码如下：

```
X=[1:3; 4:6; 7:9];
disp(X)
```

MATLAB 运行结果如下：

```
     1     2     3
     4     5     6
     7     8     9
```

【例 4-9】 使用 fprintf()函数显示 π，并且仅保留其小数点后两位，其余的四舍五入。MATLAB 代码如下：

```
fprintf('The value of pi is %6.2f \n', pi)
```

MATLAB 运行结果如下：

```
The value of pi is 3.14.        %后面带有一个换行符
```

转义序列代表在本函数中的第一个数据项将占有 6 个字符宽度，小数点后有 2 位小数。fprintf()函数有一个重大的局限性，只能显示复数的实部。当计算结果是复数时，这个局限性将会产生错误。在这种情况下，最好用 disp()函数显示数据。

【例 4-10】下列语句计算复数 x 的值，分别用 fprintf()函数和 disp()函数显示。MATLAB 代码如下：

```
%复数
x=2*(1-2*i)^3;
%连接成字符串
str=['disp: x = ' num2str(x)];
%显示字符串
disp(str);
fprintf('fprintf: x = %8.4f\n',x);
```

MATLAB 运行结果如下：

```
disp: x = -22+4i
fprintf: x = -22.0000
```

由实验结果可以看到 frpintf()函数忽略了复数的虚部。

fprintf()函数中，format 字符中常会使用一些特殊字符来灵活地实现一些显示功能，这些特殊字符的含义如表 4.2 所示。

表 4.2　fprintf()函数format字符中的特殊字符

format string	结　果
%d	把值作为整数来处理
%e	用科学记数法来显示数据
%f	用于格式化浮点数，并显示这个数
%g	用科学记数格式或浮点数格式，哪个表示的数位短就显示哪个
\n	转到新的一行

3．程序暂停

暂停程序的执行可以使用 pause()函数，在程序的调试中特别有用。在 MATLAB 中，pause()函数的调用格式如下。

- ❑ pause：省略延迟时间，可暂停程序的执行，按任意键可继续执行。
- ❑ pause(*n*)：在 MATLAB 程序运行的过程中，执行该语句时可暂停 *n* 秒。
- ❑ pause on：允许后续的 pause 命令有效。
- ❑ pause off：可使后续的 pause 命令无效。

若要强行中止程序的运行，可使用 Ctrl+C 命令。

【例 4-11】 测试 pause(*n*)的延迟效果。MATLAB 代码如下：

```
% 计时开始
tic;
% 暂停 5s
pause(5);
% 计时结束
t=toc
```

MATLAB 运行结果如下：

```
t =
    5.0088
```

如果在 pause(5)前加上 pause off，MATLAB 代码如下：

```
% 计时开始
tic;
pause off
% 暂停 5s
pause(5);
% 计时结束
t=toc
```

MATLAB 运行结果如下：

```
t =
    0.0088
```

经过比较可以看出，pause(5)是对程序延时 5 秒。

4.2.2　选择结构

选择结构是通过判断给定的条件是否成立，分别执行不同的语句。MATLAB 用于实现选择结构的语句主要有下面两种。

❑ 条件语句：主要是由 if 和 else 构成的条件判断语句。

❑ 情况切换语句：主要是由 switch…case 构成的情况判断语句。

1．条件语句

在 MATLAB 中条件语句有 3 种格式。

❑ 单分支 if 语句：只有一个 if 的语句。

❑ 双分支 if 语句：由 if 和 else 共同构成的语句。

❑ 多分支 if 语句：多 if 和 else 构成的语句。

【例 4-12】编写程序进行如下操作，当 a 为偶数时，$b=a/2$；否则不做任何处理。MATLAB 代码如下：

```
a = 4;
% 判断 a 是否为偶数
if mod(a, 2) == 0
    disp('a is a even')
    b = a/2;
end
b
```

MATLAB 运行结果如下：

```
a is a even
b =
     2
```

例 4-12 是由 if 和 end 组成的最简单的语句，可根据逻辑表达式的值选择是否执行。需要注意的是，当逻辑表达式不是标量时，只有当矩阵的所有值都为非零，条件才满足。因此如果 **X** 为矩阵时，则

```
if  X
    statement
end
```

等效于

```
if  all(X(:))
    statement
end
```

【例 4-13】 利用 if 语句计算分段函数值。MATLAB 代码如下：

```
x = input('请输入 x 的值:');
if x==10
   %语句 1
   y = cos(x+1)+sqrt(x*x+1);
else
   %语句 2
   y = x*sqrt(x+sqrt(x));
end
disp(['y=', num2str(y)]);
```

执行程序，输入 *x*=5，MATLAB 运行结果如下：

```
请输入 x 的值:5
y=13.45
```

执行程序，输入 *x*=10，MATLAB 运行结果如下：

```
请输入 x 的值:10
y=10.0543
```

这是双分支 if 语句，当 *x*=5，不满足条件，转而执行语句 2；当 *x*=10，满足条件，执行语句 1。利用 else 和 elseif 可进一步给出条件，从而构成复杂的多分支条件语句。

【例 4-14】 编写一个程序，求以 *x*、*y* 为自变量函数 *f*(*x*, *y*)的值。函数 *f*(*x*, *y*)的定义如下。

$$f(x,y)\begin{cases} x+y & x\ge 0, y\ge 0 \\ x+y^2 & x\ge 0, y<0 \\ x^2+y & x<0, y\ge 0 \\ x^2+y^2 & x<0, y<0 \end{cases} \tag{4-1}$$

MATLAB 代码如下：

```
% 输入 x 和 y
x = input('Enter the x coefficient: ');
y = input('Enter the y coefficient: ');
```

```
% 条件 1
if x>=0 & y>=0
  % 语句 1
  fun = x + y;
% 条件 2
elseif  x>=0 & y<0
  % 语句 2
  fun = x + y^2;
% 条件 3
elseif x<0 & y>=0
  % 语句 3
  fun = x^2 + y;
% 条件 4
else
  % 语句 4
  fun = x^2 + y^2;
end
% 输出结构
fun
```

执行程序时，输入 1、1，则运行结果如下：

```
fun =
    2
```

执行程序时，输入 1、-1，则运行结果如下：

```
fun =
    2
```

执行程序时，输入-1、1，则运行结果如下：

```
fun =
    2
```

执行程序时，输入-1、-1，则运行结果如下：

```
fun =
    2
```

该函数的执行逻辑为，当 $x=1$，$y=1$ 时，满足条件 1，执行语句 1；当 $x=1$，$y=-1$ 时，满足条件 2，执行语句 2；当 $x=-1$，$y=1$ 时，满足条件 3，执行语句 3；当 $x=-1$，$y=-1$ 时，不满足条件 1，条件 2 和条件 3，执行语句。

该例是由 elseif 进一步给出的多个条件的复杂语句。else 表示当前的 if（或者 elseif）表达式为 0 或 false 时，执行与之相关的语句；elseif 表示当前的 if 或 elseif 为 0 或 false 时，计算本语句的表达式，当表达式为非零或 true 时，执行与之相关的语句。注意在同一个 if 块中，可含有多个 elseif 语句。

2. 情况切换语句

switch 语句可根据表达式的不同取值执行不同的语句，这相当于多条 if 语句的嵌套使用。

【例 4-15】 根据 var1 变量的取值{-1,0,1}，分别执行相应的语句。MATLAB 代码如下：

```
% 输入 var1
```

```
var1 = input('Enter the var: ');
% 情况切换语句
switch var1
  case -1
    disp('var1 is negtive one.')
  case 0
    disp('var1 is zero.')
  case 1
    disp('var1 is positive one.')
  otherwise
    disp('var1 is other value')
end
```

执行程序时，输入-1，则运行结果如下：

```
Enter the var: -1
var1 is negtive one.
```

执行程序时，输入 0，则运行结果如下：

```
Enter the var: 0
var1 is zero.
```

执行程序时，输入 1，则运行结果如下：

```
Enter the var: 1
var1 is positive one.
```

在这个程序中，当 var1 为-1、0、1 时会执行相应的操作，其他所有值都执行 otherwise 中的语句。可以看出，switch 语句与 if 语句的区别是，在 if 语句中可以设定>、<、<=、>= 这样的关系，但 switch 中只能采用相等的关系。

在 switch 的 case 语句中还可以采用多个数值，下面举例说明。

【例 4-16】 根据 var2 变量的取值，分别执行相应的语句，其中 case 对应着多个数值。
MATLAB 代码如下：

```
% 输入 var1
var1 = input('Enter the var: ');
% 情况切换语句
switch var2
  case {-2,-1}
    disp('var2 is negtive one or two.')
  case 0
    disp('var2 is zero.')
  case {1,2,3}
    disp('var2 is positive one,two or three.')
  otherwise
    disp('var1 is other value')
end
```

执行程序时，输入-1，则运行结果如下：

```
Enter the var: -1
var2 is negtive one or two.
```

执行程序时，输入 0，则运行结果如下：

```
Enter the var: 0
var2 is zero.
```

执行程序时，输入 1，则运行结果如下：

```
Enter the var: 1
var2 is positive one,two or three.
```

执行程序时，输入-2，则运行结果如下：

```
Enter the var: -2
var2 is negtive one or two.
```

执行程序时，输入 2，则运行结果如下：

```
Enter the var: 2
var2 is positive one,two or three.
```

switch 语句的表达式还可能是字符串，这时采用的是字符串比较，见下例。

【例 4-17】　判断所选择的插值方法是什么类型的插值方法，MATLAB 代码如下：

```
% 输入 method
method = input('Enter the method name: ','s')
% 情况切换语句
switch lower(method)
  case {'linear','bilinear'}
      disp('Method is linear.')
  case 'cubic'
      disp('Method is cubic.')
  case 'nearest'
      disp('Method is nearest.')
  otherwise
      disp('Unknown method')
end
```

其中 method 应是输入的字符串，lower()函数可将 method 中的大写字母变成小写字母。

执行程序时，输入 linear，则运行结果如下：

```
Enter the method name: linear
method =
linear
Method is linear.
```

执行程序时，输入 cubic，则运行结果如下：

```
Enter the method name: cubic
method =
cubic
Method is cubic.
```

执行程序时，输入 nearest，则运行结果如下：

```
Enter the method name: nearest
method =
nearest
Method is nearest.
```

【例 4-18】　使用 menu()函数，输入颜色的字符串变量 scolor，可取 red、green、blue、yellow 和 black。MATLAB 代码如下：

```
% 建立一个菜单
s=menu('color selection', 'red', 'green', 'blue', 'yellow', 'black')
```

```
% 情况选择
switch s
  case 1
    scolor = 'red';
  case 2
    scolor = 'green';
  case 3
    scolor = 'blue';
  case 4
    scolor = 'yellow';
  case 5
    scolor = 'black';
  otherwise
    disp('Error!')
end
scolor
```

MATLAB 运行结果如图 4.6 所示。

图 4.6 颜色选择菜单

假设在菜单中选择第 2 个按钮（green），则可在命令行窗口得到如下的结果。

```
s =2
scolor =green
```

在这里简单介绍一下 menu()函数，该函数可显示输入菜单，用户只需单击菜单中的按钮，就可以完成输入操作。

4.2.3 循环结构

循环结构有以下两种基本形式。

❑ for 循环：for 语句可完成指定次重复的循环，并且在循环开始之前，就知道代码重复的次数。

❑ while 循环：while 语句可完成不定次重复的循环，它与 for 语句不同，每次循环前要先判断条件是否满足，再决定循环是否进行。

1．for循环

for 语句可完成指定次重复的循环，是广泛应用的语句。

【例 4-19】　求 $n!$（提示：可循环 n 次，每次求出 $k! =(k-1)! \times k$。）。MATLAB 代码如下：

```
% 初始化
r=1
% 求阶乘
for k=1:20
  r=r*k;
end
disp(r)
```

执行后结果为（20!）

```
 2.4329e+018
```

【例 4-20】　利用数组（即阵列）任意指定循环变量的值。MATLAB 代码如下：

```
%给循环变量赋值
varx=[7 3 10 5];
%给 vary 预先分配内存
vary=zeros(size(varx));
%设置循环
k=0;
for x=varx
  k=k+1;
  vary(k)=x.^2;
end
disp([varx; vary])
```

MATLAB 运行结果如下：

```
7    3    10    5
49    9    100    25
```

程序的第 2 行是给 vary 预先分配存储空间。事实上，MATLAB 可根据要求自动分配存储空间（即去掉这一行，执行结果仍相同）。一旦检测到数据变量超出下标范围的赋值语句，MATLAB 会自动给变量增加存储单元，修改变量尺寸。每次赋值都要花一定的时间进行变量的重分配，从而影响执行速度，变量规模越大该影响越明显，因此编程时最好养成预先分配存储空间的良好习惯。

for 语句还可以嵌套使用，从而构成多重循环。

【例 4-21】　利用 rand()函数产生 10 个随机数，然后利用嵌套 for 循环按照从大到小的顺序排序。MATLAB 代码如下：

```
% 生成随机数
x=fix(100*rand(1,10));
disp(x)
% 计算随机数的长度
n=length(x);
% 进行排序
for i=1:n-1
  for j=n:-1:i+1
```

```
    if x(j)>x(j-1)
      y=x(j);
      x(j)=x(j-1);
      x(j-1)=y;
    end
  end
end
disp(x)
```

MATLAB 运行结果如下：

64	37	81	53	35	93	87	55	62	58
93	87	81	64	62	58	55	53	37	35

for 循环中可利用 break 语句终止 for 循环，如例 4-21 中加上交换标志（flag），当一次内循环中没有找到任何需要交换的单元时，说明排序结束，从而可结束外循环。MATLAB 代码可以修改为如下形式。

```
% 生成随机数
x=fix(100*rand(1,10));
disp(x)
% 计算随机数的长度
n=length(x);
% 进行排序
for i=1:n-1
  for j=n:-1:i+1
    if x(j)>x(j-1)
      y=x(j);
      x(j)=x(j-1);
      x(j-1)=y;
    end
  end
  if flag
    break
  end
end
disp(x)
disp(['循环次数为', num2str(i)])
```

MATLAB 运行结果如下：

31	92	43	18	90	97	43	11	25	40
97	92	90	43	43	40	31	25	18	11

循环次数为 9

说明完成这 10 个数的排列进行了 9 次内循环。

2. while循环

while 语句可进行不定次数的循环，它不同于 for 循环，每次循环前要判定条件是否满足，如果条件为真或者非零值，则循环继续，否则结束循环。当条件是表达式时，其值必定会受到循环语句的影响。

【例 4-22】　求一个值 n，使 $n!$ 最大但小于 1050。MATLAB 代码如下：

```
%初始化
r=1;
k=1;
%做循环
while r<1050
    r=r*k;
    k=k+1;
end
r=r/(k-1);
k=k-1-1;
% 输出结果
disp(['The' ,num2str(k),'! is ',num2str(r)])
```

MABTLAB 运行结果如下：

```
The 6! is 720
```

说明 41! 小于 1050，且可取最大值。

【例 4-23】　采用变量的值控制循环次数。MATLAB 代码如下：

```
%给循环变量赋值
var=[1 2 3 4 0 5 6 0];
%初始化
a=[];
k=1;
%条件循环
while var(k)
    a=[a var(k).^3];  k=k+1;
end
% 输出结果
disp(a)
```

MATLAB 运行结果如下：

```
1     8     27    64
```

说明循环只进行了 4 次，一旦取得的变量值为 0，就终止 whlie 循环。

【例 4-24】　在 while 语句中可使用 break 语句终止循环。MATLAB 代码如下：

```
%给循环变量赋值
var=[1 2 3 4 5 6 -1 7 8 0];
%初始化
a=[];
k=1;
%条件循环
while var(k)
    if var(k)==-1
        break;
    end
    a=[a var(k).^2];
```

```
     k=k+1;
end
% 输出结果
disp(a)
```

MATLAB 运行结果如下：

```
1    4    9    16    25    36
```

说明当取 var(k)=-1 时，执行了 break 语句，终止了 while 循环。

3. break语句和continue语句

有两个可以控制 while 和 for 循环结构的语句：break 语句和 continue 语句。它们一般与 if 语句配合使用。break 语句用于终止循环的执行，当在循环体内执行到该语句时，程序将跳出循环，继续执行循环语句的下一语句。continue 语句控制跳过循环体中的某些语句，当在循环体内执行到该语句时，程序将跳过循环体中所有剩下的语句，继续下一次循环。下面分别举例说明。

【例 4-25】 使用 break 语句终止循环。MATLAB 代码如下：

```
%设置循环次数
for i = 1:5;

  %使用 break 终止循环
  if i == 3;
    break;
  end
  printf('i = %d \n', i);
end
disp('End of loop!');
```

MATLAB 运行结果如下：

```
i= 1
i= 2
End of loop!
```

🔍注意：break 语句在 i 为 3 时执行，然后执行 disp('End of loop!')语句而不执行 fprintf('i =%d \n', ii);语句。continue 语句只终止本次循环，然后返回循环的顶部。在 for 循环中的控制变量将会更新到下一个值，循环将会继续进行。

【例 4-26】 使用 continue 语句终止循环。MATLAB 代码如下：

```
%设置循环次数
for i = 1:5;
    %使用 continue 终止本次循环
    if i == 3;
       continue;
    end
    fprintf('i = %d \n', i);
    end
disp('End of loop!');
```

MATLAB 运行结果如下：

```
i = 1
i= 2
i = 4
i = 5
End of loop!
```

注意：continue 语句在 *i* 为 3 时执行，然后返回循环的顶部而不执行 fprintf 语句。

4.3　函　数　文　件

在 C/C++中，利用子函数可以大大降低程序的代码量。在 MATLAB 中，为达到类似的效果，引入了函数文件。函数文件是指将代表某一函数功能的所有命令行都封装起来，然后设置函数名称和相关的函数参数，以提供给其他人从外部调用。下面介绍函数文件的基本结构。

4.3.1　函数文件的基本结构

在 4.1 节曾提到过，函数文件由 5 部分组成：

- ❑　函数定义行。
- ❑　H1 行。
- ❑　函数帮助文本。
- ❑　函数体。
- ❑　注释。

下面以函数 mean.m 为例说明函数文件的各个组成部分。

【例 4-27】　函数文件 mean.m 的内容。

```
function y=mean(x)                              函数定义行
%MEAN Average or mean value.                    H1 行
%For vectors,MEAN(X) is the mean value of X.
%For matrices,MEAN(X) is a row vector.
%containing the mean value of each colum.       函数帮助文件
[m,n]=size(x);
if  m==1;
   m=n;
end
y=sum(x)/m;                                      函数体
```

函数调用结果如下：

```
>>x=[1 2 3 ; 4 5 6];
>> y=mean(x)
y =
   2.5000   3.5000   4.5000
```

1．函数定义行

格式如下：

```
function  y=mean（x）
```

其中，function 为函数定义的关键字，mean 为函数名，y 为输出变量，x 为输入变量。当函数具有多个输出变量时，要用方括号括起；当函数具有多个输入变量时，直接用圆括号括起。例如，function $[x, y, z]$=sphere(theta, phi, rho)。函数不含输出变量时，可直接略去输出部分或使用空方括号表示，例如，function printresults(x) 或 function []=printresults(x)。

所有在函数中使用和产生的变量都是局部变量（除非利用 global 语句定义），并且这些变量值只能通过输入和输出变量传递。因此，在调用函数时应通过输入变量将参数传递给函数；函数调用返回时也通过输出变量将结果传递给函数调用者；在函数中产生的其他变量在返回时被全部清除。

2．H1行

在函数文件中，一般来说第 2 行是注释行，称为 H1 行，它实际是帮助文本中的第一行。H1 行不仅可以由 help function_name 命令显示，而且 lookfor 命令只在 H1 行内进行搜索，因此该行内容提供了函数的重要信息。

3．函数帮助文件

这部分内容从 H1 行开始，到第一个非%开头的行结束，能比较详细地说明函数。当在 MATLAB 中输入 help function_name 时，可显示出 H1 行和函数帮助文本。

4．函数体

函数体是完成指定功能的语句实体，可采用任何 MATLAB 命令，可包含 MATLAB 提供的函数和用户自己设计的 M 函数。

5．注释

注释行是以%开头的行，可出现在函数文件的任意位置，也可加在语句行后面，用以解释说明。

在函数文件中，除函数定义行和函数体，其他部分均可省略。加上 H1 行和函数帮助文本，可提高函数的可用性；加上适当的注释可提高函数的可读性。

4.3.2　函数的调用

MATLAB 通过实参与形参一一对应的方式实现函数的调用，极大地方便了程序设计。MATLAB 程序与函数之间的交互用是按值传递机制。当一个函数调用发生，MATLAB 将会复制实参生成一个副本，然后把它们传递给函数。这次复制非常重要，因为意味着虽然函数修改了输入参数，但并没有影响到调用者的原值。该特性防止了因函数修改变量而导致的意想不到的严重错误。

函数调用的一般格式如下：

```
[输出实参表] = 函数名(输入实参表)
```

要注意的是，函数调用时各实参出现的顺序、个数，应与函数定义时形参的顺序、个数一致，否则会出错。函数调用时，先将实参传递给相应的形参，从而实现参数传递，然后再执行函数的功能。

【例 4-28】　对于函数 $z = (x-1)^2 + (y+1)^2$ 编写相应的函数文件。MATLAB 中编写 M 函数文件如下：

```
function z=fun(x,y)
% 曲线函数 fun
% 获得数据的长度
m=length(x);
n=length(y);
% 坐标系准备
x1=x'*ones(1,n);
y1=(y'*ones(1,m))';
% 函数值计算
z=1*(x1-1).^2+1*(y1+1).^2;
```

然后通过调用函数 fun() 计算出 z，并利用 mesh() 函数绘制出网格线。编写的脚本文件如下：

```
% 坐标系准备
x=[0:.02:2];
y=[-2:.02:0];
% 调用函数计算函数值
z=fun(x,y);
% 绘图
figure
mesh(z)
```

MATLAB 运行结果如图 4.7 所示。

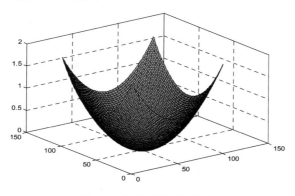

图 4.7　绘制函数的网格线

在调用函数时，变量只有通过输入变量传递给函数，才能在函数中使用，它们来自于被调用函数所在的基本工作空间，同样，函数返回的结果传递给被调用函数所在的工作空间。

4.3.3　函数参数的可调性

在 MATLAB 函数中，引用的输入/输出变量的数目可少于编写的变量数目，即当引用一个具有 n 个输入变量和 m 个输出变量的函数时，输入变量数可少于 n 个，输出变量数可少于 m 个，但这时在函数设计中，必须进行适当的处理。

在函数中，有两个永久变量 nargin 和 nargout ，它们可自动给出输入变量数和输出变量数，因此利用这两个变量，可根据不同的输入/输出变量数进行不同的处理，这在 MATLAB 工具箱的许多函数中都有应用。

【例 4-29】 编写一个测试函数，要求当输入为一个变量时，计算出这一变量的平方；当输入为两个变量时，求出这两个变量的乘积。MATLAB 代码如下：

```
%函数文件
function c=testargl(a,b)
%求变量的乘积
%调用格式为:
% c = testargl(a,b)
if (nargin==1)
  c=a.^2;
elseif nargin==2
  c=a*b;
end
```

在命令行中输入如下的命令。

```
>>a=4;
>>c=testargl(a,a)
```

MATLAB 运行结果如下：

```
c =
   16
```

在命令行中输入如下的命令。

```
>> a=4;
>> b=9;
>> c=testargl(a,b)
```

MATLAB 运行结果如下：

```
c =
   36
```

【例 4-30】 通过创建函数把直角坐标值(x, y)转化相应的极坐标值，向大家说明选择性参数的应用。polar_value()函数支持两个输入参数 x 和 y，但是，如果支持只有一个参数的情况，那么函数就假设 y 值为 0，并使用它进行运算，函数在一般情况下输出量为模与相角(单位为度)，但输出参数只有一个时，则只返回模。在 MATLAB 中构造该函数，MATLAB 代码如下：

```
function [mag, angle] = polar_value(x, y)
% polar_value 的功能是将(x, y) 转换到 (r, theta)
%它说明可选参数的使用
% 定义变量:
% angle --角度
% msg --错误信息
% mag --幅值
% x --输入 x 变量值
% y --输入 y 变量值
%检查输入参数的合法数目
msg = nargchk(1,2,nargin);
```

```
error(msg);
%如果无输入变量 y，设为 0
if nargin < 2
    y = 0;
end
%输入变量为 x=0, y=0
%出现警告
if  x == 0 & y == 0
    msg = 'Both x and y are zero: angle is meaningless!';
    warning(msg);
end
%计算幅值
mag = sqrt(x .^2 + y .^2);
%存在 2 个输出变量
%计算角度
if nargout == 2
    angle = atan2(y,x) * 180/pi;
end
```

通过在命令窗口反复调用 polar_value()函数进行检测。首先，用过多或过少的参数来调用这个函数。

```
>> [mag angle]=polar_value
??? Error using ==> polar_value
Not enough input arguments.
>> [mag angle]=polar_value(1,-1,1)
??? Error using ==> polar_value
Too many input arguments.
```

在两种情况下均产生了相应的错误信息。我们将用一个参数或两个参数调用 polar_value()函数。

```
>> [mag angle]=polar_value(1)
mag =
1
angle =
0
>> [mag angle]=polar_value(1,-1)
mag =
1.4142
angle =
-45
```

在这两种情况下均产生了正确的结果。我们调用 polar_value()函数使之输出有一个或两个参数。

```
>> mag = polar_value(1,-1)
mag =
1.4142
>> [mag angle]=polar_value(1,-1)
mag =
1.4142
angle =
-45
```

polar_value()函数提供了正确的结果。最后当 $x=0$，$y=0$ 时，调用 polar_value()函数。

```
>> [mag angle] = polar_value(0,0)
Warning: Both x and y are zero: angle is meaningless!
```

```
> In polar_value at 9
  In polar_value at 14
  In polar_value at 14
  In polar_value at 14
  In polar_value at 14
  In polar_value at 14
  In variance at 5
mag =
0
angle =
0
```

在这种情况下，函数显示了警告信息，但执行继续。

注意，一个 MATLAB 函数被声明有多个输出函数，并且超出了实际所需要的，这其实是一种错误。事实上，没有必要调用函数 nargout() 来决定是否有一个输出参数存在。在一个函数中检查 nargout() 函数的原因是为了防止无用的工作。

4.3.4　全局变量与局部变量

在函数的工作空间中，变量有 3 类：

❑　由调用函数传递的输入和输出数据的变量。
❑　在函数内临时产生的变量（局部变量）。
❑　由调用函数空间、基本工作空间或其他函数工作空间提供的全局变量。

前面提到过，输入数据只能通过输入变量传递。事实上，有些参数还可以通过将变量声明为全局变量来传递，且此时的参数可以来自于函数调用语句所在函数之外的其他函数。

【例 4-31】 对于函数 $z = \alpha(x-1)^2 + \beta(y+1)^2$ 编写相应的函数文件，其中 α 和 β 采用全局变量进行参数传递。M 函数文件中的代码如下：

```
%函数文件
function z=fun1(x,y)
% 定义全局变量
global alpha beta
% 求输入变量长度
m=length(x);
n=length(y);
% 生成变量值
x1=x'*ones(1,n);
y1=(y'*ones(1,m))';
% 计算函数值
z=alpha*(x1-1).^2+beta*(y1+1).^2;
```

然后通过调用函数 fun1() 计算出 z，并利用 mesh() 函数绘制出网格线。编写的 MATLAB 脚本文件如下：

```
% 定义全局变量
global alpha beta
% 定义坐标范围
x=[0:.02:2];
y=[-2:.02:0];
% 绘制网格曲线
figure(1)
subplot(2,2,1)
```

```
alpha=1;
beta=1;
z=fun1(x,y);
mesh(z)
title(['\alpha=',num2str(alpha),'and \beta=',num2str(beta)])
subplot(2,2,2)
alpha=2;
beta=1;
z=fun1(x,y);
mesh(z)
title(['\alpha=',num2str(alpha),'and \beta=',num2str(beta)])
subplot(2,2,3)
alpha=1;
beta=2;
z=fun1(x,y);
mesh(z)
title(['\alpha=',num2str(alpha),'and \beta=',num2str(beta)])
subplot(2,2,4)
alpha=.8;
beta=.5;
z=fun1(x,y);
mesh(z)
title(['\alpha=',num2str(alpha),'and \beta=',num2str(beta)])
```

这里 α 和 β 通过全局变量传递，因此在函数调用语句 $z=$fun1(x, y)中，每次 x、y 都不变，但得到的结果 z 却不同，这是因为 α 和 β 已经发生了变化。

MATLAB 脚本文件执行结果如图 4.8 所示。

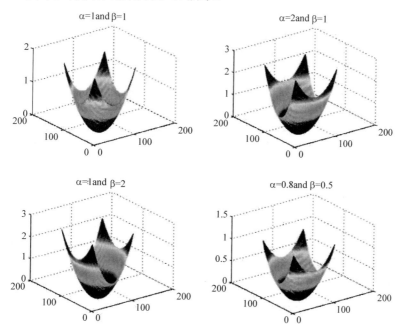

图 4.8 全局变量举例

每一个全局变量在函数第一次使用之前必须声明，如果在本地工作区中已经被创建，那么再次声明全局变量将会产生错误。为了避免这种错误，在函数中的初始注释行之后和第一个可执行性语句之前声明全局变量。

全局变量尤其适用于在许多函数中分享大容量数据，这样全部的数据在每次被函数调用时就不必再复制了，用全局变量在函数之间交换数据的不利一面为函数只能为特定的数据工作。通过输入数据参数交换数据的函数能被不同的参数调用，而用全局变量进行数据交换的函数必须进行修改，以允许它和不同的数据进行工作。

4.4 程序举例

程序设计之道，在于多加练习，因此，本章专门设计了一节内容进行 MATLAB 程序设计举例，希望通过这种方式可以有效地提高读者的程序设计能力。

【例 4-32】 编写 M 函数实现：求一个数是否为素数，再编写一脚本文件，要求通过键盘输入一个整数，然后判断其是否为素数。MATLAB 代码如下：

```
function [t] = sushu(n)
% 判断 yield 数是否素数
% 对根号 n 向下取整
k=floor(sqrt(n));
for i=2:k
    % 判断余数
    if mod(n,i)==0
        t=0;
        %当被 i 整除时，不是素数，终止循环
        break;
    else
        t=1;
    end
end
```

MATLAB 的脚本文件如下：

```
a = input('输入数据');
if (sushu(a)==1)
    disp('a 是素数');
else
    disp('a 不是素数');
end
```

MATLAB 运行结果如下：

```
>>输入数据 4
  a 不是素数
>>输入数据 7
  a 是素数
```

【例 4-33】 编写程序完成从表示字符的向量中删去空格，并求出字符个数。MATLAB 代码如下：

```
clc;
clear;
% 输入字符串
a=input('请输入一个字符串','s')
s=a;
% 原始字符数
n0=length(s);
```

```
% 删除空格
s(find(isspace(s)))=[];
% 删除空格后的字符数
n1=length(s);
% 空格字符数
n=n0-n1;
% 输出结果
disp(['你输入的字符串为：',a,'；字符数为：',num2str(n0),'；其中空格数为：
',num2str(n)])
disp(['删除空格后的字符串为：',s,'；字符数为',num2str(n1)])
```

MATLAB 运行结果如下：

```
请输入一个字符串 I am a student
a =
I am a student
你输入的字符串为：I am a student；字符数为：14；其中空格数为：3
删除空格后的字符串为：Iamastudent；字符数为 11
```

【例 4-34】 编写 M 函数统计十进制数值中 0 的个数，然后编写脚本文件，实现统计所有自然数 1～2006 中 0 的总个数。MATLAB 代码如下：

```
clc;
clear;
% 初始化
numb=0;
% 做循环
for i=1:2006
    % 将数字转化为字符
    temp = num2str(i);
    % 查找该字符中 0 的个数，计入 numb 中
    numb = numb + length(strfind(temp,'0'));
end
% 输出计数的个数
disp(['The numbers is :',num2str(numb)]);
```

MATLAB 运行结果如下：

```
The numbers is :504
```

【例 4-35】 编写求解方程 $ax^2+bx+c=0$ 的根的函数，这里应根据 b^2-4ac 的不同取值分别处理，并输入几组典型值加以检验。MATLAB 代码如下：

```
clc;
clear;
%输入参数值
a=input('请输入 a 的值：');
b=input('请输入 b 的值：');
c=input('请输入 c 的值：');
disp(['方程：',num2str(a),'*x^2+',num2str(b),'*x+',num2str(c),'=0'])
% 条件 1
if a==0
    % 语句 1
    x = -b/c;
    disp(['根为：x=',num2str(x)])
% 条件 2
elseif b^2-4*a*c>0
```

```
    % 语句2
    x1 = (-b+sqrt(b^2-4*a*c))/(2*a);
    x2 = (-b-sqrt(b^2-4*a*c))/(2*a);
    disp(['根为：x1=',num2str(x1),';x2=',num2str(x2)])
% 条件3
elseif b^2-4*a*c==0
    % 语句3
    x=-b/(2*a);
    disp(['根为：x1=x2=',num2str(x)])
% 条件4
else
    %语句4
    disp('无解')
end
```

输入 a 为 4，b 为 8，c 为 4 时，MATLAB 运行结果如下：

```
请输入 a 的值：4
请输入 b 的值：8
请输入 c 的值：4
方程：4*x^2+8*x+4=0
根为：x1=x2=-1
```

输入 a 为 0，b 为 7，c 为 7 时，MATLAB 运行结果如下：

```
请输入 a 的值：0
请输入 b 的值：7
请输入 c 的值：7
方程：0*x^2+7*x+7=0
x =-1
根为：x=-1
```

输入 a 为 3，b 为 0，c 为 3 时，MATLAB 运行结果如下：

```
请输入 a 的值：3
请输入 b 的值：0
请输入 c 的值：3
方程：3*x^2+0*x+3=0
无解
```

【例 4-36】 编写程序计算（$x \in [-3,3]$，步长 0.01），曲线如公式（4-2）所示。

$$y = \begin{cases} (-x^2 - 4x - 3)/2 & (-3 \le x < -1) \\ -x^2 + 1 & (-1 \le x < 1) \\ (-x^2 + 4x - 3)/2 & (1 \le x \le 3) \end{cases} \tag{4-2}$$

画出该曲线在[-3,3]上的曲线。MATLAB 代码如下：

```
clc
clear all
% 数据准备
x1 = -3:0.01:-1;
x2 = -1:0.01:1;
x3 = 1:0.01:3;
y1 = (-x1.^2-4*x1-3)/2;
y2 = -x2.^2+1;
y3 = (-x3.^2+4*x3-3)/2;
```

```
% 曲线绘制
plot(x1, y1);
hold on;
plot(x2, y2);
hold on;
plot(x3, y3);
xlabel('x')
ylabel('y')
```

MATLAB 运行结果如图 4.9 所示。

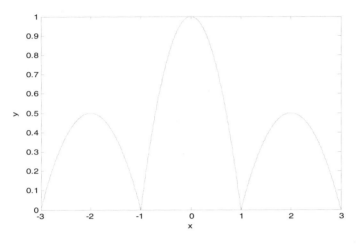

图 4.9　分段曲线绘制

【例 4-37】　利用 menu() 函数输入选择参数 ch。当 ch=1 时，产生[-10,10]之间均匀分布的随机数；当 ch=2 时，产生[-5,5]之间均匀分布的随机数；当 ch=3 时，产生[-1,1]之间均匀分布的随机数；当 ch=4 时，产生均值为 0、方差为 1 的正态分布随机数。要求使用 switch 语句。MATLAB 代码如下：

```
%建立一个菜单
f = menu('ch','1','2','3','4');
a = [];
%情况选择
switch f
case 1
    a = 10-rand(2)*20
case 2
    a = 5-rand(2)*10
case 3
    a = 1-rand(2)*2
case 4
    a = randn(2);
otherwise
    disp('error!')
end
```

图 4.10　菜单程序设计举例

MATLAB 运行结果如图 4.10 所示。

单击图 4.10 中不同的按钮，则 MATLAB 运行结果如下。

单击按钮 1 的运行结果如下：

```
a =
```

```
    -6.2945    7.4603
    -8.1158   -8.2675
```

单击按钮 2 的运行结果如下：

```
a =
    -1.3236    2.2150
     4.0246   -0.4688
```

单击按钮 3 的运行结果如下：

```
a =
    -0.9150    0.6848
    -0.9298   -0.9412
```

单击按钮 4 的运行结果如下：

```
a =
     0.7254    0.7147
    -0.0631   -0.2050
```

【例 4-38】 编写程序设计良好的用户界面，完成输入全班学生某学期 6 门课程（任意指定）的成绩，并按学分 2、3、2、4、2.5、1 分别进行加权平均，计算出每个学生的加权平均。（即 $\bar{x} = \dfrac{1}{w}\sum_{i=1}^{n} w_i x_i$ ， x_i 为课程成绩， w_i 为相应的学分， $w = \sum_{i=1}^{n} w_i$ ）。MATLAB 代码如下：

```matlab
%给数组赋值
wi = [2 3 2 4 2.5 1];
s = input('\n 请输入 6 门课程的成绩，以空格分隔：\n', 's');
% s 字符串转换成数值
s = str2num(s);
% numel()用于计算数组中满足指定条件的元素个数
if numel(s) < 6
    error('课程不足 6 门');
end
% 计算加权平均分
xi = s(1:6);
average_score = sum(wi.*xi) / sum(wi);
fprintf('\n 加权平均分：%2f\n', average_score);
```

MATLAB 运行结果如下：

```
请输入 6 门课程的成绩，以空格分隔：
89 90 96 85 76 98
加权平均分：87.448276
```

【例 4-39】 企业发放的奖金按个人完成的利润（I）提成，分段提成比例 K_1 如公式（4-3）所示。

$$K_1 = \begin{cases} 10\% (I \le 10\,\text{万元}) \\ 5\% (10 < I \le 20\,\text{万元}) \\ 2\% \ (20 < I \le 40\,\text{万元}) \\ 1\% \ (I > 40\,\text{万元}) \end{cases} \tag{4-3}$$

假如王某完成 25 万元利润时，个人可得 y=10×10%+10×5%+5×2%（万元）。据此编写程序，求企业职工的奖金。MATLAB 代码如下：

```matlab
clc
```

```
clear all
% 输入奖金
I = input('输入奖金');
% 计算提成
% 条件 1
if I>=0&I<=10
    % 语句 1
    Ki = I*0.1;
% 条件 2
elseif I>10&I<=20
    % 语句 2
    Ki = (I-10)*0.05+1;
% 条件 3
elseif I>20&I<=40
    % 语句 3
    Ki = (I-20)*0.02+0.5+1;
% 条件 4
else
    % 语句 4
    Ki = (I-40)*0.01+0.4+0.5+1;
end
% 显示计算结果
disp(Ki);
```

MATLAB 运行结果如下：

```
输入奖金25
    1.6000
```

【例 4-40】　有一分数序列 $\dfrac{2}{1},\dfrac{3}{2},\dfrac{5}{3},\dfrac{8}{5},\dfrac{13}{8},\dfrac{21}{13},\cdots$ 求前 15 项的和。MATLAB 代码如下：

```
clc
clear all
% 初始化
a = 2;
b = 1;
sum = 0;
% 做循环
for i=1:15
    sum = sum+a/b;
    t = a;
    a = a+b;
    b = t;
end
% 输出计算结果
disp(sum)
```

MATLAB 运行结果如下：

```
24.5701
```

【例 4-41】　有 n 个人围成一圈，按序列编号。从第一个人开始报数，数到 m 时该人退出，并且下一个人从 1 开始重新报数，求出圈人的顺序（n>m，如 n=20，m=7）。MATLAB 代码如下：

```
n=input('总人数： ');
```

```
m=input('数到第几个人开始出列: ');
% 用1: n 表示 n 个人
num = 1:n;
f = zeros(1,n);
% a 表示出去的人数
a = 1;
% j 用来表示数 m 次
j = 1;
% 对应 num 中的下标，即某个人
ind = 0;
% 做循环
while a<=n
    while j<=m
        ind=ind+1;
        if ind>length(num)
            ind=1;
        end
        j=j+1;
    end
    % 把要剔除的人存在 f 中
    f(a )= num(ind);
    % 剔除这个人
    num(ind) = []
    % 剔除人下标减 1
    ind = ind-1;
    j = 1;
    a = a+1;
end
% 输出结果
f
```

MATLAB 运行结果如下:

```
f =
     7    14     1     9    17     5    15     4    16     8    20    13    11
    10    12    19     6    18     2     3
```

4.5 程 序 调 试

程序调试可帮助用户找出 MATLAB 编程中出现的错误，使用调试器可在执行中随时显示出工作空间的内容，查看函数调用的栈关系，并且可单步执行 M 函数代码。

4.5.1 程序调试概述

MATLAB 程序调试主要用来纠正下面两类错误。
- ❑ 格式错误：如函数名的格式错误、缺括号等。
- ❑ 运行错误：通常为算法错误和程序运行错误。

MATLAB 可在运行时找出多数的格式错误，并显示出错误信息和出错位置，但运行错误一般不易找出位置，常利用调试器工具来诊断。

当程序运行中发生错误时，虽然不会停止程序的执行，也不会显示出错误位置，但执行结果不正确。由于程序执行结束或者出错而返回到基本工作空间时才知道发生运行错误，但此时各函数局部工作空间已关闭，不能找出错因。为找出运行错误原因，可采用如下技术。

- ❑ 在错误可能发生的 M 文件中，删掉某些语句句末的分号，显示出中间计算结果，容易发现问题所在。
- ❑ 在文件中的适当位置添加 keyboard 语句，执行到该语句时，执行会暂停，此时用户可控制检查和修改局部工作空间的内容，从中找到出错点。利用 return 命令可恢复程序的执行。
- ❑ 在函数文件定义行前加%，使之变成脚本文件，这样在运行出错时就可直接查看 M 文件中产生的变量。
- ❑ 使用调试器检查运行错误，可设置和清除运行断点，还可以单步执行 M 文件。

4.5.2　调试工具

在 MATLAB 中，打开或新建 M 文件，在编辑窗口会出现如图 4.11 所示的调试工具栏。

图 4.11　调试工具栏

利用这些调试工具可方便地进行 MATLAB 程序调试。各图标说明如表 4.3 所示。

表 4.3　调试工具

工 具 图 标	说　　明	等 效 命 令
	设置/清除断点	dbstop/dbclear
	清除所有断点	dbclear all
	单步执行，如果当前行被函数调用，则进入该函数	dbstep in
	单步执行（不进入函数）	dbstep
	继续执行，直到完成或下一个断点	dbcont
	退出 Debug	dbquit

下面举例说明调试器查错过程。

【例 4-42】　编写的 variance.m 的函数文件，用于估计输入向量的无偏方差。MATLAB代码如下：

```
function y=variance(x)
% 求均值 mu
mu = sum(x)/length(x);
% 调用函数求均方和
```

```
tot = sqsum(x,mu);
y = tot/(length(x)-1);
```

程序又调用了另外一个函数 sqsum()，用于计算输入向量的均方和，其定义如下：

```
function tot=sqsum(x,mu)
% 初始化
tot = 0;
% 做循环
for i=1:length(mu)
    tot=tot+((x(i)-mu).^2);
end
```

在 MATLAB 命令行窗口输入向量 v，调用函数 variance() 计算均方差。

```
v=[1 2 3 4 5];
myvar1=variance(v)
```

MATLAB 运行结果如下：

```
myvar1=
        1
```

正确结果是 2.5。该结果不正确，我们利用调试器检查运行错误。

1. 设置断点

大多数调试任务都是从设置断点开始，打开 M 文件后，光标移至设置断点行，然后单击工具栏上的断点图标，或者在 Debug 菜单中选择 Set Breakpoint 命令。此时在行左边有一个大红点，就是所设断点，这样就完成了指定行断点设置。在已设断点的行上再次单击断点图标，该断点即被清除。

一般情况下，在调试在前并不知道错误点，因而会按顺序分段查找，如图 4.12 所示。

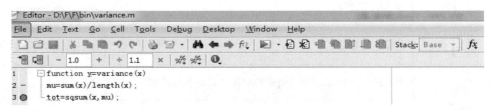

图 4.12　设置断点窗口

2. 检查变量

设计断点后，可执行 M 程序，使之在断点处暂停，此时在断点行有一个绿色箭头，表示继续执行命令，如图 4.13 所示。

图 4.13　检查变量窗口

此时可在工作空间中检查变量内容，选中变量名 mu，右击，在弹出的快捷菜单中选择 Evaluate Selection 命令，会看到如下结果：

```
K>>mu
mu=
    3
```

同样可以检查 tot 的值：

```
K>>tot
Tot=
    4
```

该结果说明 mu 计算正确，tot 错误，因此问题可能出在 sqsum()函数中。

4.5.3　调试命令

除了采用调试器调试程序外，MATLAB 还提供了一些命令用于程序调试。命令的功能和调试器菜单命令类似，主要有 dbstop、dbclear、dbcont、dbstep、dbquit 等几个命令，分别做简单介绍。

1. dbstop命令

该命令的功能：在 M 文件中设置断点。调用格式如下。
- ❑ dbstop at lineno in function：在指定文件的指定行前设置断点，function 为 M 文件名，lineno 为行号。
- ❑ dbstop in function：在指定 M 文件的第一个可执行语句之前设置断点。
- ❑ dbstop if keyword：在指定条件满足时中断程序的执行。

🔔说明：dbstop 可在 M 文件的指定位置设置断点，或者在执行中发生错误或警告错误时断开程序的执行，指定的 dbstop 一旦满足，会显示出 MATLAB 提示符，并允许用户执行任何 MATLAB 命令。

dbstop at lineno in function 在指定文件的指定行前设置断点，function 为 M 文件名，lineno 为行号。dbstop in function 在指定 M 文件的第一个可执行语句之前设置断点。dbstop if keyword 在指定条件满足时中断程序的执行。

dbstop if keyword 中 keyword 可取 error、naninf、infnan 和 warning，它们的含义分别如下。
- ❑ dbstop if error：当 M 文件中发生运行错误时终止程序执行，此时不能采用 dbcont 指令恢复运行。
- ❑ dbstop if naninf：当 MATLAB 检测到非数值（NaN）或无穷大（inf）时，中断程序执行。
- ❑ dbstop if infnan：等同于 naninf。
- ❑ dbstop if warning：当 M 文件中发生运行警告信息时，中断程序执行。

不论采用哪种 dbstop 命令格式，一旦发生中断，就会显示出中断行或错误原因。可使用 dbcont 或 dbstep 命令恢复文件的执行。对于 dbstop 前两种命令格式，M 文件一经修改，断点会自动清除。

2．dbclear命令

该命令的功能：清除断点。调用格式如下。
- ❑ dbclear ：清除由 dbstop 命令设置的断点。
- ❑ dbclear all：清除所有 M 文件中的所有断点，由 keyword 设置的断点除外。
- ❑ dbclear at lineno in function：清除指定 M 文件指定行的断点。
- ❑ dbclear in function：清除指定 M 文件第一个可执行语句前设置的断点。
- ❑ dbclear all in function：清除指定 M 文件中的所有断点。
- ❑ dbclear if keyword：清除由 dbstop if keyword 设置的断点。

3．dbcont命令

该命令的功能：恢复执行。调用格式如下。
dbcont：该命令可从 M 文件的断点处恢复执行，直到下一个断点或出错或正常结束为止。

4．dbstep命令

该命令的功能：从断点处执行一行或多行语句。调用格式如下。
- ❑ dbstep：从 M 文件的断点处执行一行语句，它会跳过该行调用的 M 文件所设置的断点。
- ❑ dbstep nlines：可执行 nlines 行语句。
- ❑ dbstep i：可进入下一个可执行语句行，如果当前行为调用一个 M 文件，则 dbstep in 将进入该 M 文件，并停在第一个可执行语句上，这一点与 dbstep 命令不同，dbstep 命令直接执行完该 M 文件，并返回到原 M 文件；如果当前行为一般语句，dbstep in 命令等同于 dbstep 命令。

5．dbquit命令

该命令的功能：退出调试模式。调用格式如下。
dbquit：该命令可立即终止调试器，返回到基本空间的提示符下，这里 M 文件尚未执行完毕，因此也得不到返回结果。

4.6　本章小结

本章中主要学习的是 MATLAB 的程序设计，主要对 M 文件、程序控制结构、函数文件、全局变量与局部变量、程序调试等问题进行介绍。该章内容是所有的基于 MATLAB 程序设计的基石，对于大型的 MATLAB 程序设计非常重要，希望读者可以认真反复地学习和临摹。

4.7　习　题

1．求 5×5 的标准正态分布随机矩阵的所有元素及各行平均值、各列平均值。

2．编写判断输入一个数是否为素数的函数。

3．编制脚本文件实现判断键盘输入的内容是否正确，如果输入的内容正确，显示输入正确，程序结束；否则提示重新输入。

4．编写一个函数实现如下功能：判断输入的字符，如果为大写字母，则输出其对应的小写字母；如果为数字字符则输出其对应的数值，若为其他字符则原样输出。

5．某超市进行大酬宾活动，对所销售的商品实行打折销售，打折的标准如下（商品价格用 price 表示)。

price<200	没有折扣
200≤price<500	3%折扣
500≤price<1000	5%折扣
1000≤price<2500	8%折扣
2500≤price<5000	10%折扣
5000≤price	14%折扣

编写 MATLAB 程序实现输入所售商品的价格即可计算出其实际销售价格。

6．一个数恰好等于它的因子之和，这个数就称为完数。例如，6 的因子为 1，2，3，而 6=1+2+3，因此 6 就是一个完数。编程找出 2000 以内的所有完数。

7．一个三位整数各位数字的立方和等于该数本身，则称该数为水仙花数，输出全部水仙花数。

8．输入若干个数字直到输入 0 时结束输入，对输入的数字求取平均值。

9．产生[1,100]之间的随机整数，然后由用户猜测所产生的随机数，将猜测的数字输入程序中，程序将根据用户的猜测给出不同提示，如猜测的数大于产生的数，则显示 high，如小于则显示 low，如等于则显示 you won，同时退出游戏。用户最多可猜 5 次。

第 5 章 MATLAB 数据分析及应用

数据分析就是根据大量数据提取某些有用的信息，在工程研究、实际应用中非常常用，能够很好地解决工程实际应用中所存在的问题，并给出数学意义上的解决方案。本章将详细并系统地介绍 MATLAB 在线性代数、数据处理、数值微积分、常微分方程求解等方面的数据分析方法以及应用，同时给出大量的实例。通过本章的学习，读者可熟练掌握 MATLAB 关于数学计算方面的内容。

5.1 数据统计处理

在 MATLAB 中提供的统计工具箱包含了大部分的数据统计分析功能，下面主要介绍数据统计处理的方法，包括最大与最小值运算、求和与求积运算、平均值与中值运算、累加与累乘运算、标准方差、相关系数和排序等。

5.1.1 最大值和最小值

MATLAB 中提供了 max() 和 min() 两个函数，分别用来求数据序列即向量或矩阵的最大值和最小值，下面依次介绍两种函数的调用格式和操作过程。

1. 数据序列的最大值

用 max() 函数计算序列的最大值，其调用格式如下。

❑ C = max(A)：如果 A 是向量，则 C 代表向量 A 中的最大值；如果 A 为矩阵，则 C 是一个行向量，向量的第 i 个元素是矩阵 A 的第 i 列所对应的最大值；特别地，如果 A 中的元素有复数，则按模值取最大值。

❑ C = max(A, B)：返回的是序列 A、B 中位置相同处的元素最大值，C 可能是一个标量，也可能是一个向量。注意，在运用此函数时，须保证序列 A、B 维数的大小是相同的。

❑ C = max(A, [], dim)：求序列 A 中沿着指定维 dim 的最大值，例如，C = max(A, [], 1) 表示的是求序列 A 沿第一维方向的最大值。

❑ [C, I] = max(…)：不仅得到最大值 C，而且还得到最大值的位置 I。如果有多个相同的最大值，那么返回第一个最大值的位置。

【例 5-1】 求向量序列的最大值。MATLAB 代码如下：

```
% A、B 两个向量
A = [2 3 7 16 0 1 8 12 -3 4];
```

```
B = [1 0 8 3 31 -1 16 2 9 10];
% 求向量 A 中的最大值
a = max(A)
% 求 A、B 中位置相同处的元素最大值
b = max(A,B)
```

MATLAB 运行结果如下：

```
a =
    16
b =
     2     3     8    16    31     1    16    12     9    10
```

【例 5-2】　求矩阵的最大值。MATLAB 代码如下：

```
% D 是矩阵
D = [1 4 13 9; 2 39 11 6; -1 2 8 17; 21 5 11 0]
% 求 D 中的最大值
A = max(D,[],1)
% 求 D 中沿着第二维的最大值
B = max(D,[],2)
% 求矩阵的最大值
[C, I] = max(D)
```

MATLAB 运行结果如下：

```
D =
     1     4    13     9
     2    39    11     6
    -1     2     8    17
    21     5    11     0
A =
    21    39    13    17
B =
    13
    39
    17
    21
C =
    21    39    13    17
I =
     4     2     1     3
```

2. 数据序列的最小值

用 min()函数计算序列的最大值，其调用格式如下。

- $C = \min(A)$：如果 A 是向量，则 C 代表向量 A 中的最小值；如果 A 为矩阵，则 C 是一个行向量，向量的第 i 个元素是矩阵 A 的第 i 列所对应的最小值；特别地，如果 A 中的元素有复数，则按模值取最小值。
- $C = \min(A, B)$：返回的是序列 A、B 中位置相同处的元素最小值，C 可能是一个标量，也可能是一个向量。注意，在运用此函数时，须保证序列 A、B 维数的大小是相同的。
- $C = \min(A, [], \text{dim})$：求序列 A 中沿着指定维 dim 的最小值，例如，$C=\max(A,[],1)$

表示求序列 A 沿第一维的最小值。

❑ $[C, I] = \min (\ldots)$：不仅得到序列的最小值 C，而且还得到最小值的位置 I。如果有多个相同的最小值，那么返回第一个最小值的位置。

下面举例介绍每种调用格式的运用。

【例 5-3】 求向量的最小值。MATLAB 代码如下：

```
% A、B 两个向量
A = [2 3 7 16 0 1 8 12 -3 4];
B = [1 0 8 3 31 -1 16 2 9 10];

%求向量 A 中的最小值
a = min(A)
%求 A、B 中位置相同处的元素最小值
b = min(A, B)
```

MATLAB 运行结果如下：

```
a =
    -3
b =
    1    0    7    3    0   -1    8    2   -3    4
```

【例 5-4】 求矩阵的最小值。MATLAB 代码如下：

```
% D 是矩阵
D = [1 4 13 9; 2 39 11 6; -1 2 8 17; 21 5 11 0]
% 求 D 中最小值
A = min(D)
% 求 D 中沿着第二维的最小值
B = min(D,[],2)
%求矩阵的最小值
[C, I] = min(D)
```

MATLAB 运行结果如下：

```
D =
     1     4    13     9
     2    39    11     6
    -1     2     8    17
    21     5    11     0
A =
    -1     2     8     0
B =
     1
     2
    -1
     0
C =
    -1     2     8     0
I =
     3     3     3     4
```

5.1.2 求和与求积

在 MATLAB 中提供了 sum()函数和 prod()函数对数据序列进行求和、求积运算，下面依次介绍两种函数的调用格式和操作过程。

1．求和

序列求和及求差在数学中非常常见，大部分的数学运算最终都需要化成序列求和、求积的形式进行机器计算。在 MATLAB 中，序列的求和非常简单，MATLAB 提供了 sum() 函数用于求数据序列的和，其调用格式如下。

- $B = \text{sum}(A)$：如果序列 A 是向量，则 B 为各元素的和；如果序列 A 是矩阵，B 为一个行向量，其中第 i 个元素是矩阵 A 中第 i 列元素求和。

- $B = \text{sum}(A, \text{dim})$：序列 A 按指定维计算元素之和，如果 A 为矩阵，且 dim=2，则表示对矩阵 A 的每一行进行求和，从而返回一个列向量，其中第 i 个元素是矩阵 A 中第 i 行的各元素之和。

- $B = \text{sum}(A, \text{'double'})$或 $B = \text{sum}(A, \text{dim}, \text{'double'})$：返回双精度类型的和值，$A$ 既可以是整数，也可以是单精度类型。

- $B = \text{sum}(A, \text{'native'})$或 $B = \text{sum}(A, \text{dim}, \text{'native'})$：返回自然类型的和值，它们都是单精度数和双精度数运算时的默认情况。

下面举例说明函数的使用。

【例 5-5】　对向量 A 求和。MATLAB 代码如下：

```
% A 为向量
A = [1 9 32 -7 0 4 -3 14 8 -6]
% 求和
B = sum(A)
```

MATLAB 运行结果如下：

```
A =
   1    9   32   -7    0    4   -3   14    8   -6
B =
   52
```

【例 5-6】　对矩阵 A 求和。MATLAB 代码如下：

```
% A 为矩阵
A = [1 2 3; 4 5 6; 7 8 9]
% 求和
B = sum(A)
% 对第 2 维求和
C = sum(A, 2)
```

MATLAB 运行结果如下：

```
A =
   1    2    3
   4    5    6
   7    8    9
B =
  12   15   18
C =
   6
  15
  24
```

【例5-7】 对矩阵 A 求和，并设置不同的精度。MATLAB 代码如下：

```
% A 为矩阵
A = [1 2 3; 4 5 6; 7 8 9]
% 设置不同的精度
C = sum(A,2,'native')
```

MATLAB 运行结果如下：

```
A =
    1    2    3
    4    5    6
    7    8    9
C =
    6
   15
   24
```

2. 求积

序列求积在数学中也很常见，大部分的数学运算最终都需要化成序列求和、求积的形式进行机器计算。在 MATLAB 中，序列的求积也非常简单，MATLAB 提供了 prod() 函数用于求数据序列的积，其调用格式如下。

❑ $B = \text{prod}(A)$：如果序列 A 是向量，则 B 为各元素的乘积；如果序列 A 是矩阵，则 B 为一个行向量，其中第 i 个元素是矩阵 A 中第 i 列各元素之积。

❑ $B = \text{prod}(A, dim)$：序列 A 按指定维计算元素之积，如果 A 为矩阵，且 $dim=2$，则表示对矩阵 A 的每一行进行求积，从而返回一个列向量，其中第 i 个元素是矩阵 A 中第 i 行的各元素之积。

下面举例说明函数的使用。

【例5-8】 求矩阵 A 的积。MATLAB 代码如下：

```
%输入矩阵 A
A = [1 2 3 4 5 6 7 8 9]
%求数据序列的积
B = prod(A)
```

MATLAB 运行结果如下：

```
A =
    1    2    3    4    5    6    7    8    9
B =
   362880
```

【例5-9】 求矩阵 A 的积。MATLAB 代码如下：

```
%输入矩阵 A
A = [1 2 3; 4 5 6;7 8 9]
%求数据序列的积
B = prod(A)
C = prod(A,2)
```

MATLAB 运行结果如下：

```
A =
     1     2     3
     4     5     6
     7     8     9
B =
    28    80   162
C =
     6
   120
   504
```

5.1.3 平均值和中值

在 MATLAB 中提供了 mean()函数和 median()函数对数据序列求平均值、求中值运算，下面依次介绍两种函数的调用格式和操作过程。

1. 平均值

在图像处理和数字信号处理中，序列的均值求解很常见，可以用来衡量序列的稳定性，也可以用来抑制序列中的噪声。在 MATLAB 中，序列的均值很容易计算，MATLAB 提供 mean()函数用于求数据序列的平均值，其调用格式如下。

- M = mean(A)：如果序列 A 为向量，则 M 为序列 A 中各元素的算术平均值；如果序列 A 为矩阵，则 M 为一个行向量，其中向量 M 中的第 i 个元素是矩阵 A 中第 i 列各元素的算术平均值。
- M = mean(A, dim)：序列 A 按指定维计算元素的算术平均值，如果 A 为矩阵，且 dim=2，则表示对矩阵 A 的每一行进行求平均，从而返回一个列向量，其中第 i 个元素是矩阵 A 中第 i 行的各元素平均。

下面举例说明 mean()函数的使用。

【例 5-10】 求向量 A 的算术平均值。MATLAB 代码如下：

```
%输入向量 A
A = [1 2 3 4 5 6]
%求向量 A 的算术平均值
m = mean(A)
```

MATLAB 运行结果如下：

```
A =
     1     2     3     4     5     6
m =
    3.5000
```

【例 5-11】 求矩阵 A 的算术平均值。MATLAB 代码如下：

```
%输入矩阵 A
A = [1 2 3; 4 5 6; 7 8 9]
%求矩阵 A 沿第一维的算术平均值
M1 = mean(A)
%求矩阵 A 沿第二维的算术平均值
M2 = mean(A,2)
%求矩阵 A 的算术平均值
M3 = mean(mean(A))
```

MATLAB 运行结果如下：

```
A =
    1    2    3
    4    5    6
    7    8    9
M1 =
    4    5    6
M2 =
    2
    5
    8
M3 =
    5
```

2. 中值

在图像处理和数字信号处理中，序列的中值求解很常见，可以用来抑制序列中存在的脉冲噪声。在 MATLAB 中，序列的中值很容易计算，MATLAB 提供了 median() 函数用于求数据序列的中值，其调用格式如下。

❑ B = median(A)：如果序列 A 是向量，则 B 为序列 A 中各元素的中值；如果序列 A 是矩阵，则 B 为一个行向量，其中向量 B 中的第 i 个元素是矩阵 A 中第 i 列各元素的中值。

❑ B = median(A, dim)：A 按指定维计算元素的中值，如果 A 为矩阵，且 dim=2，则表示对矩阵 A 的每一行求中值，从而返回一个列向量，其中第 i 个元素是矩阵 A 中第 i 行的各元素中值。

下面举例说明 median() 函数的使用。

【例 5-12】 求向量 A 的中值。MATLAB 代码如下：

```
% 输入向量 A
A = [1 2 3 2 4]
%求向量 A 的中值
k = median(A)
```

MATLAB 运行结果如下：

```
A =
    1    2    3    2    4
k =
    2
```

【例 5-13】　求矩阵 *A* 的中值。MATLAB 代码如下：

```
% 输入向量A
A = [1 2 3; 4 2 4; 6 7 8]
% 求矩阵A沿第一维的中值
k1 = median(A)
% 求矩阵A沿第二维的中值
k2 = median(A, 2)
% 求矩阵A的中值
k3 = median(median(A))
```

MATLAB 运行结果如下：

```
A =
    1    2    3
    4    2    4
    6    7    8
k1 =
    4    2    4
k2 =
    2
    4
    7
k3 =
    4
```

5.1.4　累加和与累乘积

在概率统计学中，序列的累积和与累积乘都非常有意义，因此，在 MATLAB 中，MATLAB 提供了 cumsum() 函数和 cumprod() 函数对数据序列进行累加和与累乘积的运算，下面依次介绍两种函数的调用格式和操作过程。

1. 累加和

概率论中经常需要计算序列的累积概率密度分布函数，在图像处理中也经常计算图像的直方图的累积概率密度分布函数，因此需要掌握 MATLAB 中该函数的使用方法。在 MATLAB 中，用 cumsum() 函数求数据序列的累加和，其调用格式如下。

- ❑ *B* = cumsum(*A*)：如果序列 *A* 是向量，则 *B* 为向量 *A* 中各元素的累加和；如果序列 *A* 是矩阵，则 ***B*** 为一个行向量，其中向量 ***B*** 的第 *i* 个元素是矩阵 *A* 中第 *i* 列各元素的累加和。
- ❑ *B* = cumsum(*A*, dim)：序列 *A* 按指定维计算元素的累加和，如果 *A* 为矩阵，且 dim=2，则表示对矩阵 *A* 的每一行进行求累加和，从而返回一个列向量，其中第 *i* 个元素是矩阵 *A* 中第 *i* 行各元素的累加和。

【例 5-14】　求向量 *A* 的累加和。MATLAB 代码如下：

```
% 输入向量A
A = [1:3:16]
%求向量A的累加和
C = cumsum(A)
```

MATLAB 运行结果如下：

```
A =
    1    4    7    10    13    16
C =
    1    5    12    22    35    51
```

【例 5-15】 求矩阵 A 的累加和。MATLAB 代码如下：

```
% 输入矩阵 A
A = [1 2 3;4 5 6;7 8 9]
% 求矩阵 A 沿第一维的累加和
C = cumsum(A)
% 求矩阵 A 沿第二维的累加和
C1 = cumsum(A, 2)
```

MATLAB 运行结果如下：

```
A =
    1    2    3
    4    5    6
    7    8    9
C =
    1    2    3
    5    7    9
    12   15   18
C1 =
    1    3    6
    4    9    15
    7    15   24
```

2. 累乘积

数字信号处理中经常需要设计乘法器，因此需要掌握 MATLAB 中该函数的使用方法。在 MATLAB 中，用 cumprod()函数求数据序列的累乘积，其调用格式如下。

- ❑ B = cumprod(A)：如果序列 A 是向量，则 B 为向量 A 中各元素的累乘积；如果序列 A 是矩阵，则 B 为一个行向量，其中向量 B 的第 i 个元素是矩阵 A 中第 i 列各元素的乘积。
- ❑ B = cumprod(A, dim)：序列 A 按指定维计算元素的乘积，如果 A 为矩阵，且 dim=2，则表示对矩阵 A 的每一行进行求乘积，从而返回一个列向量，其中第 i 个元素是矩阵 A 中第 i 行各元素的乘积。

下面举例说明 cumprod()函数的使用。

【例 5-16】 求向量 A 的累乘积。MATLAB 代码如下：

```
% 输入向量 A
A = [1:3:16]
% 求向量 A 的累乘积
D = cumprod(A)
```

MATLAB 运行结果如下：

```
A =
    1    4    7    10    13    16
D =
    1    4    28   280   3640   58240
```

【例 5-17】 求矩阵 A 的累乘积。MATLAB 代码如下：

```
% 输入矩阵 A
A = [1 2 3;4 5 6;7 8 9]
% 求矩阵 A 沿第一维的累加和
D = cumprod(A)
% 求矩阵 A 沿第二维的累加和
D1 = cumprod(A,2)
```

MATLAB 运行结果如下：

```
A =
     1     2     3
     4     5     6
     7     8     9
D =
     1     2     3
     4    10    18
    28    80   162
D1 =
     1     2     6
     4    20   120
     7    56   504
```

5.1.5　标准方差与相关系数

在数字信号处理和数字图像处理中，标准差和相关系数是非常重要的质量评价标准，本节内容将简单介绍这两种标准的求解算法，以帮助大家理解。MATLAB 提供了 std()函数和 corrcoef()函数对数据序列进行方差、相关系数的求解，下面依次介绍两种函数的调用格式和操作过程。

1．标准方差

标准方差反映的是数据相对均值的散布程度，对于数据序列 X 而言，$X = [x_1, x_2, x_3, ..., x_n]$，其标准方差的计算方式如下。

$$s = \left(\frac{1}{n-1} \sum_{i=1}^{n} (x_i - \overline{x})^2 \right)^{\frac{1}{2}} \tag{5-1}$$

修正之后为：

$$s = \left(\frac{1}{n} \sum_{i=1}^{n} (x_i - \overline{x})^2 \right)^{\frac{1}{2}} \tag{5-2}$$

其中 $\overline{x} = \frac{1}{n} \sum_{i=1}^{n} x_i$ 是序列的均值。

在 MATLAB 中用 std()函数求数据序列的标准方差，其调用格式如下。

❑ $S = \text{std}(X)$：如果序列 X 是向量，则 S 为向量 X 的标准方差；如果序列 X 是矩阵，则 S 为一个行向量，其中向量 S 第 i 个元素是矩阵 X 中第 i 列元素的标准方差。注意：用公式（5-1）计算标准方差。

❑ $S = \text{std}(X, \text{flag})$：flag 的值为 0 或 1，如果 flag 为 0，则用公式（5-1）求标准方差；如果 flag = 1，则用公式（5-2）求标准方差。

❑ $S = \text{std}(X, \text{flag}, \text{dim})$：序列 X 按指定维计算元素的标准方差，dim 的值为 1 或 2。如果序列 X 为矩阵，则当 dim 为 1 时，求矩阵 X 各列元素的标准方差；当 dim 为 2 时，求矩阵 X 各行元素的标准方差。flag 的用法同上。

下面举例说明 std()函数的使用。

【例 5-18】 求向量 X 的标准方差。MATLAB 代码如下：

```
% 输入向量 X
X = [2 8 14 0 -7 9 1 21]
% 按公式（5-1）求向量 X 的标准方差
S = std(X)
% 按公式（5-2）求向量 X 的标准方差
S1 = std(X, 1)
```

MATLAB 运行结果如下：

```
X =
    2    8    14    0    -7    9    1    21
S =
  8.8479
S1 =
  8.2765
```

【例 5-19】 求矩阵 X 的标准方差。MATLAB 代码如下：

```
% 输入矩阵 X
X = [5 2 7; 9 1 6; -3 4 16]
% 按公式（5-1）求矩阵 X 各列元素的标准方差
S1 = std(X)
% 按公式（5-2）求矩阵 X 各列元素的标准方差
S2 = std(X, 1)
% 按公式（5-1）求矩阵 X 各列元素的标准方差
S3 = std(X, 0, 1)
% 按公式（5-2）求矩阵 X 各行元素的标准方差
S4 = std(X, 1, 2)
```

MATLAB 运行结果如下：

```
X =
    5    2    7
    9    1    6
   -3    4    16
S1 =
  6.1101    1.5275    5.5076
S2 =
  4.9889    1.2472    4.4969
S3 =
  6.1101    1.5275    5.5076
S4 =
  2.0548
  3.2998
  7.8457
```

2. 相关系数

与标准方差不同，相关系数是衡量两个随机变量之间线性相关程度的指标。对于数据序列 $X=[x_1, x_2, x_3, \dots, x_n]$、数据序列 $Y=[y_1, y_2, y_3, \dots, y_n]$，序列 X、Y 的相关系数的计算公式如下。

$$r = \frac{\sigma_{xy}}{\sigma_x \sigma_y} \tag{5-3}$$

其中：

$$\sigma_{xy} = \sigma^2_{xy} = \frac{\sum (x - \overline{x})(y - \overline{y})}{n} \tag{5-4}$$

$$\sigma_x = \sqrt{\frac{\sum (x - \overline{x})^2}{n}} \tag{5-5}$$

$$\sigma_y = \sqrt{\frac{\sum (y - \overline{y})^2}{n}} \tag{5-6}$$

在 MATLAB 中用 corrcoef()函数求数据序列的相关系数，其调用格式如下。

❑ **R** = corrcoef(**X**)：返回从矩阵 **X** 形成的一个相关系数矩阵，此相关系数 **R** 矩阵的大小和 **X** 一样。运算过程中是把矩阵 **X** 中的每列作为一个变量，然后计算它们的相关系数。

❑ **R** = corrcoef(**X**,**Y**)：**X**、**Y** 均为向量，大小相同，返回的是和它们大小相同的相关系数向量。

❑ [**R**, **P**] = corrcoef(…)：返回一个矩阵 **P**，用于测试序列之间的相关性，作为置信度使用。

❑ [**R**, **P**, RLO, RUP] = corrcoef(…)：**R**、**P** 值含义同上，RLO 和 RUP 矩阵大小和 **R** 相同，分别代表置信区间在 95%相关系数的上限和下限。

❑ […] = corrcoef(…, 'param1', val1, 'param2', val2, …)：param1、param2 与 val1、val2 代表指定的额外参数名和相应的值。

下面举例说明 corrcoef()函数的使用。

【例 5-20】　求向量 **Y**1 和 **Y**2 的相关系数。MATLAB 代码如下：

```
%Y1 和 Y2 为两个向量
Y1 = [1 5 8 12 6 2]
Y2 = [2 6 3 7 9 11]
% 求 Y1 和 Y2 的相关系数
R = corrcoef(Y1, Y2)
```

MATLAB 运行结果如下：

```
Y1 =
     1     5     8    12     6     2
Y2 =
     2     6     3     7     9    11
R =
    1.0000    0.0096
    0.0096    1.0000
```

【例 5-21】　求矩阵 **X** 的相关系数。MATLAB 代码如下：

```
%创建一个随机的矩阵
X = rand(10,5)
% 求 X 的相关系数
[R, P] = corrcoef(X)
```

MATLAB 运行结果如下：

```
X =
    0.2769    0.7655    0.6551    0.5060    0.8143
    0.0462    0.7952    0.1626    0.6991    0.2435
    0.0971    0.1869    0.1190    0.8909    0.9293
    0.8235    0.4898    0.4984    0.9593    0.3500
    0.6948    0.4456    0.9597    0.5472    0.1966
    0.3171    0.6463    0.3404    0.1386    0.2511
    0.9502    0.7094    0.5853    0.1493    0.6160
    0.0344    0.7547    0.2238    0.2575    0.4733
    0.4387    0.2760    0.7513    0.8407    0.3517
    0.3816    0.6797    0.2551    0.2543    0.8308
R =
    1.0000   -0.1106    0.6477   -0.0429   -0.1872
   -0.1106    1.0000   -0.1968   -0.6520   -0.0741
    0.6477   -0.1968    1.0000    0.0722   -0.3287
   -0.0429   -0.6520    0.0722    1.0000   -0.0545
   -0.1872   -0.0741   -0.3287   -0.0545    1.0000
P =
    1.0000    0.7609    0.0429    0.9064    0.6046
    0.7609    1.0000    0.5858    0.0411    0.8387
    0.0429    0.5858    1.0000    0.8428    0.3537
    0.9064    0.0411    0.8428    1.0000    0.8811
    0.6046    0.8387    0.3537    0.8811    1.0000
```

5.1.6 排序

在 MATLAB 中提供了 sort() 和 sortrows() 两种函数用于对数据做排序的操作处理，它们不仅可以对数值数据序列进行排序，而且也可以对字符串数据进行排序，由于本章内容是就 MATLAB 的数据分析展开的，所以在这里主要介绍数值数据的排序，对字符串数据排序问题只做简单的讲述。

1. sort() 函数

sort() 函数对数组元素进行升序或降序排列，数组元素的类型可以是整型、浮点型等数值类型，也可以是字符、字符串类型。但是要注意几点：当 sort() 函数对字符或字符串数据进行排序时是依据 ASCII 表进行的；当 sort() 函数对复数数值类型排序时，首先比较各个元素的模值，如果模值相同，再考虑 $(-\pi, \pi)$ 上的相位；当排序遇到 NaN 数据时，不论是升序排列还是降序排列，都将其排在最后。sort() 函数的调用格式如下。

❑ $B = \text{sort}(A)$：沿着数组的不同维度对元素进行排序。如果 A 是向量，则对向量元素进行排序；如果 A 是矩阵，则对矩阵的每列元素进行排序；如果 A 是多维数组，则函数沿着第一个长度非 1 的维进行排序，并返回一个向量数组。如果 A 是字符串数组，则函数按字符的 ASCII 码值进行排序。

❑ $B = \text{sort}(A, \text{dim})$：$A$ 是多维数组，函数沿着第 dim 维进行排序。

❑ $B = \text{sort}(..., \text{mode})$：mode 为排序方式，当 mode 为 ascend 时升序，为 descend 时降序，sort 函数默认排序方式是升序。

❑ $[B, IX] = \text{sort}(...)$：函数不仅返回排序后的数据序列 B，同时返回 B 中元素在原来数组中相应的索引值。

下面首先举例说明 sort()函数对数值数据的排序。

【例 5-22】　利用 sort()函数对向量 A 排序。MATLAB 代码如下：

```
% 创建向量 A
A = [ 1 4 6 8 3 15 0 -2 43 21 9]
% 对向量分别做升序和降序排列
a = sort(A)
b = sort(A, 'descend')
```

MATLAB 运行结果如下：

```
A =
     1     4     6     8     3    15     0    -2    43    21     9
a =
    -2     0     1     3     4     6     8     9    15    21    43
b =
    43    21    15     9     8     6     4     3     1     0    -2
```

【例 5-23】　利用 sort()函数对矩阵 A 进行排序。MATLAB 代码如下：

```
% 输入矩阵 A
A = [2 5 7;1 16 -3;8 0 9]
% 对矩阵 A 进行升序排列
c = sort(A)
% 对矩阵 A 进行降序排列
d = sort(A, 'descend')
% 对矩阵 A 沿第二维进行升序排序
e = sort(A,2)
% 对矩阵 A 进行升序排列后返回在原来数组的索引值
[B1, IX] = sort(A)
```

MATLAB 运行结果如下：

```
A =
     2     5     7
     1    16    -3
     8     0     9
c =
     1     0    -3
     2     5     7
     8    16     9
d =
     8    16     9
     2     5     7
     1     0    -3
e =
     2     5     7
    -3     1    16
     0     8     9
B1 =
     1     0    -3
     2     5     7
     8    16     9
IX =
     2     3     2
     1     1     1
     3     2     3
```

再举两个简单的例题说明 sort()函数对复数和字符数组的排序。

【例 5-24】 利用 sort()函数对字符串数组进行排序。MATLAB 代码如下：

```
%输入一个字符串数组。
A = ['I        ';'am       ';'studyinng ';'in       ';'HeBei    ';'University']
```

MATLAB 运行结果如下：

```
A =
I
am
studyinng
in
HeBei
University
```

然后对字符数组进行升序和降序排列。

```
B = sort(A)
C = sort(A,'descend')
```

MATLAB 运行结果如下：

```
B =
    H
    Ie
    Um
    anBde
    inieiinig
    stuvyrsnty
C =
    stuvyrsnty
    inieiinig
    anBde
    Um
    Ie
    H
```

【例 5-25】 复数数据序列的排序。MATLAB 代码如下：

```
%输入一个复数的数据序列
A = [2+i, 3+2i,7,-6i]
```

MATLAB 运行结果如下：

```
A =
   2.0000 + 1.0000i   3.0000 + 2.0000i   7.0000             0 - 6.0000i
```

然后对序列进行升序排列。

```
B =sort(A)
```

MATLAB 运行结果如下：

```
B =
   2.0000 + 1.0000i   3.0000 + 2.0000i        0 - 6.0000i   7.0000
```

2．sortrows()函数

sort()函数的功能是将矩阵 A 的所有列或行都进行排列，排列过后，若是将每一行进行排列，则每一列很有可能也改变。如果只是想按照某一列的数值排列，而原来的行向量保持不变，则要用到 sortrows()函数，其调用格式如下。

❑ *B* = sortrows(*A*)：将 *A* 的每一行作为整体沿列向量进行升序排序，注意 *A* 必须是矩阵或者列向量。

❑ *B* = sortrows(*A*, column)：按着指定的列对 *A* 进行升序排序，但是如果排序的过程中 *A* 的某两行相同，那么不改变其次序。

❑ [*B*, index] = sortrows(*A*)：不仅返回排序后的数据序列，而且返回排序的索引值，index 为列向量。

下面举例说明 sortrows()函数的使用。

【例 5-26】　利用 sortrows 对矩阵 *A* 进行排序。MATLAB 代码如下：

```
A = [2 5 7; 1 16 -3; 8 0 9]
```

MATLAB 运行结果如下：

```
A =
    2    5    7
    1   16   -3
    8    0    9
```

分别按第一列、第二列进行升序排序。

```
b = sortrows(A,1)
c = sortrows(A, 2)
```

MATLAB 运行结果如下：

```
b =
    1   16   -3
    2    5    7
    8    0    9
c =
    8    0    9
    2    5    7
    1   16   -3
```

5.2　数　据　插　值

插值，就是在已知的若干个函数值点之间插入一些未知的函数值，以便于更准确地分析函数的变化规律。本书将主要介绍基础的数据插值方法，即一维数据插值和二维数据插值。为了方便后面内容的分析处理，先介绍几种基础的数据插值算法原理。

5.2.1　一维数据插值

1．线性插值

已知一组 *n*+1 个数据节点$(x_i,y_i)(i=0,1,2,…,n)$，其中 x_i 互不相同，现要确定构造一个函数 $P_n(x)$ 使 $P_n(x_i)=y_i(i=0,1,2,…,n)$，其中 $P_n(x)$ 为插值函数，(x_i,y_i) 为插值节点，

$[a,b](a=\min\limits_{0\leqslant i\leqslant n}x_i,b=\max\limits_{0\leqslant i\leqslant n}x_i)$ 为插值区间，$P_n(x_i)=y_i\,(i=0,1,2,...,n)$ 称为插值条件，则可以明确满足 $n+1$ 个插值节点的次数不超过 n 次的多项式存在且唯一。

当 $n=1$ 时为线性插值，$P_1(x)$ 表示过两点 (x_0,y_0)、(x_1,y_1) 的直线方程，即

$$P_1(x)=\frac{x-x_1}{x_1-x_0}y_0+\frac{x-x_0}{x_1-x_0}y_1 \tag{5-7}$$

记 $l_0(x)=\dfrac{x-x_1}{x_0-x_1}$　$l_1(x)=\dfrac{x-x_0}{x_1-x_0}$，则它们满足：

$$l_i(x_j)=\begin{cases}0 & i\neq j\\ 1 & i=j\end{cases}\quad(i,j=0,1) \tag{5-8}$$

称 $l_i(x)$ 为基函数，那么 $P_1(x)$ 是两个基函数的线性组合，也称为 Lagrange 线性插值函数。

当 $n=2$ 时为抛物插值，$P_2(x)$ 表示过 3 点 (x_0,y_0)、(x_1,y_1)、(x_2,y_2) 的抛物线方程，基函数表示为：

$$l_0(x)=\frac{(x-x_1)(x-x_2)}{(x_0-x_1)(x_0-x_2)} \tag{5-9}$$

$$l_1(x)=\frac{(x-x_0)(x-x_2)}{(x_1-x_0)(x_1-x_2)} \tag{5-10}$$

$$l_2(x)=\frac{(x-x_1)(x-x_0)}{(x_2-x_1)(x_2-x_0)} \tag{5-11}$$

则它们满足：

$$l_i(x_j)=\begin{cases}0 & i\neq j\\ 1 & i=j\end{cases}\quad(i,j=0,1) \tag{5-12}$$

则 $P_2(x)$ 是 3 个基函数的线性组合，即 $P_2(x)=l_0(x)y_0+l_1(x)y_1+l_2(x)y_2$，也称为 Lagrange 抛物插值函数。

一般地，满足插值条件的 n 次多项式为：

$$P_n(x)=\sum_{i=0}^{n}l_i(x)y_i \tag{5-13}$$

其中基函数满足：

$$l_i(x)=\frac{\prod\limits_{j\neq i,j=0}^{n}(x-x_j)}{\prod\limits_{j\neq i,j=0}^{n}(x_i-x_j)}(i=0,1,2,...,n) \tag{5-14}$$

上述多项式插值又称为 n 次 Lagrange 插值。

2. 三次样条插值

定义：设给定区间 $[a,b]$ 上的一个划分

$$\Delta:a=x_0<x_1<\cdots<x_n=b \tag{5-15}$$

如果函数 $S(x)$ 满足条件：

在每个子区间 $[x_{i-1},x_i](i-1,2,...,n)$ 是三次多项式；$S(x),S'(x),S''(x)$ 在区间 $[a,b]$ 上连续，记作：$S(x)\in C^2[a,b]$。

对 于 在 节 点 上 给 定 的 函 数 值 $f(x_i) = y_i (i = 0,1,2,...,n)$ ， $S(x)$ 满 足 ：$S(x_i) = y_i (i = 0,1,2,...,n)$ ，则称 $S(x)$ 为 $f(x)$ 在区间 $[a,b]$ 上的三次样条插值。

3．三次分段插值

已知 $y = f(x)$ 在节点 $x_0, x_1, x_2,..., x_n$ 上的函数值 $f(x_i) = y_i (i = 0,1,2,...,n)$ ，现要求一个三次多项式函数 $S(x)$ ，使满足 $S(x_i) = y_i (i = 0,1,2,...,n)$ 且 $S(x) \in C^2[a,b]$ 。由定义可知，$S(x)$ 是区间 $[a,b]$ 上的分段三次插值多项式，即

$$S(x) = \begin{cases} s_0(x) & x \in [x_0, x_1] \\ s_1(x) & x \in [x_1, x_2] \\ \vdots & \vdots \\ s_{n-1}(x) & x \in [x_{n-1}, x_n] \end{cases} \tag{5-16}$$

其中 $s_i(x)$ 是子区间 $[x_i, x_{i+1}]$ 插值与两点 $(x_i, y_i), (x_{i+1}, y_{i+1})$ 的三次多项式，即

$$s_i(x_j) = y_j (j = i, i+1; i = 0,1,2,...,n-1)$$

一维插值就是对一维函数 f(x) 的数据进行插值，在 MATLAB 中提供了 interp1() 函数来实现一维数据插值，该函数利用多项式插值函数，使多项式函数通过被插值函数 f(x) 的所有数据点，并计算目标插值点上的插值函数值，其调用格式如下。

❑ $yi = interp1(x, Y, xi)$：函数对一组节点 (x, Y) 进行插值，计算插值点 xi 对应的函数。其中，x 为节点向量值，Y 为对应的函数值。如果 Y 为矩阵，则对 Y 的每一列进行插值；如果 Y 的维数超过 x 或 xi 的维数，则返回 NaN。

❑ $yi = interp1(Y, xi)$：默认 $x=1$：N，N 为 Y 元素的个数。

❑ $yi = interp1(x, Y, xi, method)$：method 为指定的插值方法，默认的是线性算法。插值方法一共有以下 5 种。

➢ method=nearest，线性最邻近插值法，插值点函数值的估计为离该插值点最近的数据节点的函数值。

➢ method=linear，线性插值法，利用插值点的相邻数据点的线性函数，估计插值点的函数值。

➢ method=spline，三次样条插值，就是在相邻数据点构造三次多项式函数，根据该多项式函数确定插值点的函数值。

➢ method=pchip，分段三次 Hermite 插值，利用函数 pchip() 分段地进行三次 Hermite 插值。

➢ method=cubic，双三次插值，方法同 pchip。

注意：所有的插值方法都要求 x 是单调的，可等距可不等距。

❑ $yi = interp1(x, Y, xi, method, 'extrap')$：使用指定的方法执行范围值的外推插值计算。

❑ $yi = interp1(x, Y, xi, extrapval)$：返回标量 extrapval 为超出范围值。

❑ $yi = interp1(x, Y, method, 'pp')$：使用指定的方法生成的分段多项式。

举例简单介绍 interp1() 函数的使用方法。

【例 5-27】　对下面给出的数据进行一维数据插值。MATLAB 代码如下：

```
% 数据准备
x = 0:10;
```

```
y = sin(x);
xi = 0:.25:15;
% 线性插值
y1 = interp1(x, y, xi);
subplot(2, 2, 1)
plot(x, y, 'o', xi, y1)
xlabel('(a) 一维线性样条插值')
% 最邻近线性插值
y2 = interp1(x, y, xi, 'nearest');
subplot(2, 2, 2)
plot(x, y, 'p', xi, y2)
xlabel('(b) 一维最邻近插值')
% 双三次插值
y3 = interp1(x, y, xi, 'cubic') ;
subplot(2, 2, 3)
plot(x, y, 'v', xi, y3)
xlabel('(c) 一维双三次插值')
%样条插值
y4 = interp1(x, y, xi, 'spline');
subplot(2, 2, 4)
plot(x, y, 's', xi, y4)
xlabel('(d) 一维样条插值')
```

MATLAB 运行结果如图 5.1 所示。

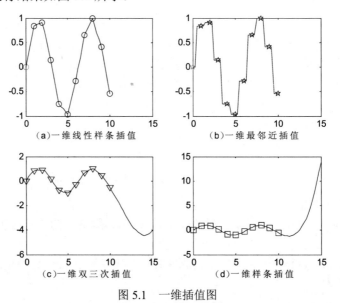

图 5.1　一维插值图

从运行结果的一维插值图来看，对于同样的数据点，用不同的插值方法得到的结果不同，这是因为插值本身就是一个估计的过程，用不同的方法估计自然得到的结果不同。

5.2.2　二维数据插值

1. 双线性插值

双线性插值算法的核心是利用与待插值像素点临近的四个像素点的像素进行加权平

均，最终求得待插值像素点的像素值，其实现原理图如
5.2 所示。

其中 Q_{11}、Q_{12}、Q_{21} 和 Q_{22} 是已知的像素点，P 是待
插值的像素点。如图 5.2 所示，首先进行 x 方向的插值，
求 R_1 和 R_2 的像素值，然后进行 y 方向的插值，最终求得
P 的像素值，我们规定用 $f(x,y)$ 表示 (x,y) 处的像素值，那
么已知像素点的像素值分别表示为 $f(x_1, y_1)$、$f(x_2, y_2)$、
$f(x_1, y_1)$ 和 $f(x_2, y_2)$。

根据标准的双线性插值算法，x 方向的线性插值为：

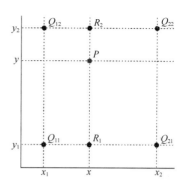

图 5.2　双线性插值算法实现原理图

$$f(R_1) = \frac{x_2 - x}{x_2 - x_1} f(Q_{11}) + \frac{x - x_1}{x_2 - x_1} f(Q_{21}) \tag{5-17}$$

$$f(R_2) = \frac{x_2 - x}{x_2 - x_1} f(Q_{12}) + \frac{x - x_1}{x_2 - x_1} f(Q_{22}) \tag{5-18}$$

其中 x_2-x_1 表示 x_1 和 x_2 之间的距离，x_2-x 表示 x_2 和 x 之间的距离，$x-x_1$ 表示 x 和 x_1 之
间的距离，$f(R_1)$ 和 $f(R_2)$ 分别表示 R_1 和 R_2 处的像素值。

y 方向的线性插值为：

$$f(P) = \frac{y_2 - y}{y_2 - y_1} f(R_1) + \frac{y - y_1}{y_2 - y_1} f(R_2) \tag{5-19}$$

其中 y_2-y_1 表示 y_1 和 y_2 之间的距离，$y-y_1$ 表示 y 和 y_1 之间的距离，y_2-y 表示 y_2 和 y
之间的距离，$f(P)$ 表示 P 处的像素值，即待插值点的像素值。

根据上述公式，可以得出一个结论：离待插值像素点越近的已知像素点，它的加权系
数越大，即它的像素值对待插值像素点的像素值影响越大。

2．双立方插值

双立方插值算法的核心是通过计算与待插值的像素点相邻近的 16 个像素点的像素值，
从而得到待插值的像素值。该方法需要以插值基函数为基础进行计算，常用的插值基函数
的表达式为：

$$s(t) = \begin{cases} 1 - 2|t|^2 + |t|^3 & |t| < 1 \\ 4 - 8|t| + 5|t|^2 - |t|^3 & 1 \le |t| < 2 \\ 0 & |t| \ge 2 \end{cases} \tag{5-20}$$

如此用三次三项式 $s(t)$ 对 $\sin c\,()$ 函数进行拟合，推导出双立方插值的公式如下：

$$f(i+u, j+v) = [s(1+t) s(t) s(2-t)]$$

$$\bullet \begin{bmatrix} f(i-1,j-2) & f(i,j-2) & f(i+1,j-2) & f(i+2,j-2) \\ f(i-1,j-1) & f(i,j-1) & f(i+1,j-1) & f(i-1,j-2) \\ f(i-1,j) & f(i,j) & f(i+1,j) & f(i+2,j) \\ f(i-1,j+1) & f(i,j+1) & f(i+1,j+1) & f(i+2,j+1) \end{bmatrix} \bullet \begin{bmatrix} s(1+t) \\ s(t) \\ s(1-t) \\ s(2-t) \end{bmatrix} \tag{5-21}$$

二维数据插值简单来讲就是对含有两个变量的函数 $z=f(x,y)$ 进行插值，插值方法和一维
插值方法类似。在 MATLAB 中提供了 interp2() 函数进行二维数据插值，其一般的调用格式

如下所示。

ZI = interp2(**X**, **Y**, **Z**, **XI**, **YI**, method)：其中，**X**、**Y**、**Z** 是具有相同大小的矩阵，**Z**(i,j) 是数据点(**X**(i,j), **Y**(i,j))上的函数值；[**XI**,**YI**]是待插值数据网络；返回值 **ZI** 是和 **XI**、**YI** 大小相同的矩阵，**ZI**(i,j)是插值数据点(**XI**(i,j), **YI**(i,j))的函数估计值；method 代表二维插值方法，默认是双线性插值，共有如下 4 种插值方法。

- ❑ method=nearest，线性最邻近插值法，将插值点周围的 4 个数据点中离插值点最近的数据节点的函数值作为函数估计值。
- ❑ method=linear，双线性插值法，将插值点周围 4 个数据点函数值的线性组合作为插值点的函数估计值。
- ❑ method=cubic，双立方插值，利用插值点周围的 16 个数据点，与前面两种方法比较看，这种方法得到的曲面更加平滑。
- ❑ method=spline，三次样条插值，该方法同一维数据插值的三次样条插值类似，该方法在实际中经常使用，得到的曲面较光滑，而且有很高的效率。

🔔**注意**：要求[**X**,**Y**]、[**XI**,**YI**]为单调的，可以等距也可以不等距。

下面举例说明函数 interp2()的使用。

【**例 5-28**】 利用二维插值函数 peaks()做精细图形。MATLAB 代码如下：

```
% 创建坐标系
[x, y] = meshgrid(-3: 0.3: 3);
% 准备 peaks 数据
z = peaks(x, y );
% 绘制 peaks 粗略图
figure
subplot(2, 2, 1)
mesh(x, y, z)
title('(a)  peaks 粗略图')
% 细分坐标系
[xi, yi] = meshgrid(-3: 0.1: 3);
% 进行插值和绘制精细图
% 双线性插值法
zi = interp2(x, y, z, xi, yi, 'linear');
% 绘图
subplot(2, 2, 2)
mesh(xi, yi, zi)
title('(b) 双线性插值法')
% 双立方插值
zi = interp2(x, y, z, xi, yi, 'cubic');
% 绘图
subplot(2, 2, 3)
mesh(xi, yi, zi)
title('(c) 双立方插值')
% 三次样条插值
zi = interp2(x, y, z, xi, yi, 'spline');
% 绘图
subplot(2, 2, 4)
mesh(xi, yi, zi)
title('(d) 三次样条插值')
```

MATLAB 运行结果如图 5.3 所示。

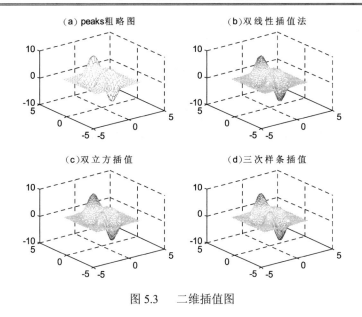

图 5.3　二维插值图

对比图 5.3 中的子图可以看出，数据网格划分大小不同，得到的图形的精细程度也不同，利用二维数据插值方法可以绘出更为精细的图形。

5.3　离散傅里叶变换

离散傅里叶变换（DFT），将时域信号的采样变换为在离散时间傅里叶变换（DTFT）频域的采样。在实际工程应用中，离散傅里叶变换充当着重要的角色，除了作为有限长序列的一种傅里叶表示法在理论分析上相当重要之外，而且存在计算离散傅里叶变换的有效快速算法——快速傅里叶变换，因而 DFT 在各种数字信号处理的算法中起着核心作用。本节主要介绍离散傅里叶变换的算法及如何用 MATLAB 实现 DFT 算法。

5.3.1　离散傅里叶变换算法简介

在高等数学和数字信号处理等课程中，傅里叶级数占有非常重要的地位，它可以用来表示周期序列，而周期序列实际上只有有限个序列值有意义，因而离散傅里叶级数也可以表示有限长序列，这样就可以得到有限长序列的离散傅里叶变换。

设 $x(n)$ 为有限长序列，点数为 N，即 $x(n)$ 只在 $n=0\sim N-1$ 上有值，其他 n 时，$x(n)$ $=0$。我们可以把它看成周期为 N 的周期序列 $\tilde{x}(n)$ 的一个周期，而可把 $\tilde{x}(n)$ 看成 $x(n)$ 的以 N 为周期的周期延拓，即表示为：

$$x(n)=\begin{cases}\tilde{x}(n), & 0\leq n\leq N-1\\ 0, & 其他\end{cases} \tag{5-22}$$

$$\tilde{x}(n)=\sum_{r=-\infty}^{\infty}x(n+rN) \tag{5-23}$$

上面两式可以表示为：$\tilde{x}(n)=x((n))_N$　$x(n)=\tilde{x}(n)\cdot R_N(n)$

同理，可以认为频域的周期序列 $\tilde{X}(k)$ 是有限长序列 $X(k)$ 的周期延拓，即：

$$\begin{cases} \tilde{X}(k) = X((k))_N \\ X(k) = \tilde{X}(k) \cdot R_N(k) \end{cases} \tag{5-24}$$

由离散傅里叶级数的表达式 $X(e^{j\omega}) = \sum\limits_{n=-\infty}^{\infty} x(n)e^{-j\omega n}$ 可以看出，求和只是限定在 $n=0$ 到 $N-1$ 及 $k=0$ 到 $N-1$ 的主值区间进行，所以离散傅里叶级数完全适用于主值序列 $x(n)$ 与 $X(k)$，因而可以得到离散傅里叶变换 DFT 的定义：

$$X(k) = DFT[x(n)] = \sum_{n=0}^{N-1} x(n)W_N^{nk} \qquad 0 \le k \le N-1 \tag{5-25}$$

$$x(n) = IDFT[X(k)] = \frac{1}{N}\sum_{k=0}^{N-1} X(k)W_N^{-nk} \qquad 0 \le n \le N-1 \tag{5-26}$$

所以 $x(n)$ 和 $X(k)$ 是一个有限长序列的离散傅里叶变换对，那么已知其中的一个序列，就能唯一地确定另一个序列。下面介绍如何利用 MATLAB 实现离散傅里叶变换 DFT 算法的实现。

5.3.2　离散傅里叶变换的实现

在 MATLAB 中没有提供实现 DFT 的现成函数，所以要想实现离散傅里叶变换算法的实现，需自定义一个 dft()函数，MATLAB 代码如下：

```
function [XK] = dft(x,N)
n = 0:N-1;
k = 0:N-1;
WN = exp(-j*2*pi/N);
nk = n'*k;
XK = x*(WN.^nk);
```

有了 dft()函数，就可以直接在 MATLAB 中调用，下面举例说明如何调用 dft()函数从而实现 DFT 算法。

【例 5-29】　离散傅里叶变换示例。MATLAB 代码如下：

```
N = 40;
n = 0:N-1;
k = 0:N-1;
%构建一个离散序列
x = [ones(1,5),zeros(1,N-5)];
%DFT 变换
XK = dft(x,N);
%求频谱值
Pinup = abs(XK);
subplot(1,2,1)
stem(n,x)
title('时域离散波形')
subplot(1,2,2)
stem(k,pinpu)
title('频谱波形')
```

MATLAB 运行结果如图 5.4 所示。

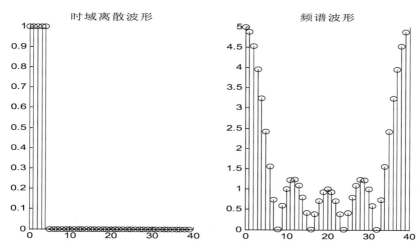

图 5.4　时域频域对比图

下面接着介绍离散傅里叶变换的快速算法 FFT，在 MATLAB 中提供了 fft()函数可方便直接地计算出信号的傅里叶变换（本书只介绍一维快速傅里叶变换），其调用格式如下。

- ❑ Y = fft(X)：当 X 为向量时，计算向量的离散傅里叶变换；当 X 为矩阵时，计算的是按列的傅里叶变换；当 X 为多维阵列时，沿 X 的第一个非单点维计算傅里叶变换。
- ❑ Y = fft(X,n)：计算 X 的 n 点 FFT。当 X 的长度小于 n 时，则在 X 的末尾补 0；当 X 的长度大于 n 时，截断 X 序列；当 X 为矩阵时，以同样的方式调整 X 的列长度。
- ❑ Y = fft(X, [], dim)：按指定维数计算傅里叶变换。

【例 5-30】　有一信号 x 由两种不同频率的正弦信号混合而成，且受零均值随机噪声的干扰，现通过得到信号的 DFT，确定信号的频率及其强度关系。MATLAB 代码如下：

```
% 先创建一个混合频率的正弦信号
t = 0:0.001:0.6;
x = sin(2*pi*50*t) + sin(2*pi*120*t);
% 加上受零均值随机噪声
y = x + 2*randn(size(t));
subplot(2,1,1)
plot(1000*t(1:50), y(1:50))
title('多频率混合信号')
xlabel('time (milliseconds)')
%计算 y 函数的傅里叶变换
Y = fft(y, 512);
%计算功率谱密度
Pyy = Y.* conj(Y) / 512;
f = 1000*(0:256)/512;
subplot(2,1,2)
plot(f, Pyy(1:257))
xlabel('frequency (Hz)')
```

MATLAB 运行结果如图 5.5 所示。

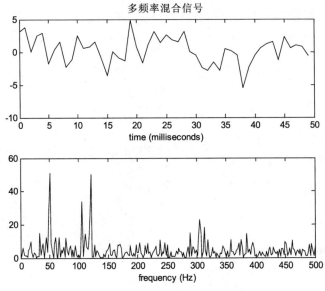

图 5.5 混合信号的傅里叶分析

5.4 多项式计算

多项式函数是形式最简单的函数，可以表示很多复杂的函数，并且在数据分析、数值计算等方面具有很好的性质，从而使得多项式在微分方程求解、曲线拟合等很多领域都有重要应用。在 MATLAB 中，为了对多项式的操作更便捷、更迅速，提供了有关多项式操作的各种函数，如 poly()函数、polyval()函数、polyvalm()函数、conv()函数、roots()函数等。为了便于介绍多项式的各种操作，首先简述一下多项式的表示。

多项式的一般表达式为：

$$p_n(x) = p_0 + p_1 x + p_2 x^2 + ... + p_n x^n \qquad (5\text{-}27)$$

在 MATLAB 中，用向量来表示多项式，向量的元素是多项式的系数按幂指数降序排列，即：$p = [p_0, p_1, p_2 + ... + p_n]$。

【例 5-31】 求多项式 $x^3 - 2x^2 + 3x + 4$ 的表示。MATLAB 代码如下：

```
% 多项式的定义
p = [1, -2, 3, 4]
```

MATLAB 运行结果如下：

```
p =
    1    -2    3    4
```

首先将多项式 $x^3 - 2x^2 + 3x + 4$ 写成 $x^3-2x^2+3x+4=1\times x^3-2\times x^2+3\times x+4$，所以多项式的表示可以用一个向量表达。

5.4.1 多项式的四则运算

多项式的四则运算包括加、减、乘、除运算，下面介绍在 MATLAB 中如何实现四则运算。

1. 多项式的加（减）法

MATLAB 没有提供直接进行多项式的加减运算函数，其实处理多项式的加减运算就是对向量的加减处理，需要注意的两个向量必须大小相等。如果两个多项式阶次相同即向量大小相同，则可按数组的加减运算规则使用加减运算符进行；如果阶次不同，低阶多项式必须用 0 填补，使两个多项式的阶次相同，从而使两个多项式的向量大小相同。

【例 5-32】已知多项式 $a = x^3 - 3x^2 + 2x + 1$，多项式 $b = 5x^3 - 2x^2 + 6x + 1$，求 $a+b$。
MATLAB 代码如下：

```
% 两个多项式数据准备
a = [1, -3, 2, 1]
b = [5, -2, 6, 1]
%进行加法运算
c = a+b
%向量形式转换为符号多项式的形式
C = poly2sym(c)
```

MATLAB 运行结果如下：

```
a =
    1   -3    2    1
b =
    5   -2    6    1
c =
    6   -5    8    2
C =
    6*x^3-5*x^2+8*x+2
```

【例 5-33】已知多项式 $m = 2x^3 + 4x + 1$，多项式 $n = x^3 - 2x^2 + 3x + 1$，求 $m-n$。MATLAB
代码如下：

```
% 两个多项式数据准备
m = [2, 0, 4, 1]
n = [1, -2, 3, 1]

%进行减法运算
p = m-n
%向量形式转换为符号多项式的形式
P = poly2sym(p )
```

MATLAB 运行结果如下：

```
m =
    2    0    4    1
n =
    1   -2    3    1
p =
    1    2    1    0
P =
    x^3+2*x^2+x
```

2. 多项式的乘法

在 MATLAB 中提供了 conv()函数实现多项式的乘法运算，其调用格式如下。

$c = \text{conv}(a, b)$：a, b 分别为两个多项式的系数向量。

【例 5-34】 求多项式 $a = 2x^3 - 3x^2 + 6x + 7$ 和多项式 $b = x^3 - 2x^2 + 3x + 1$ 的乘积。MATLAB 代码如下：

```
% 两个多项式数据准备
a = [2, -3, 6, 7]
b = [1, -2, 3, 1]
%计算 a 乘以 b
c = conv(a, b)
%向量形式转换为符号多项式的形式
C = poly2sym(c)
```

MATLAB 运行结果如下：

```
a =
    2    -3    6    7
b =
    1    -2    3    1
c =
    2    -7    18    -12    1    27    7
C =
    2*x^6-7*x^5+18*x^4-12*x^3+x^2+27**x+7
```

3. 多项式的除法

多项式的除法比较复杂，常用的算法有长除法、留数法等。在 MATLAB 中提供了 deconv()函数实现多项式的除法运算，其调用格式如下。

$[q, r] = \text{deconv}(u, v)$：$q$ 和 r 分别是多项式 u 除以 v 的商多项式和余多项式。

【例 5-35】 求多项式的除法（以例 5-34 中的多项式为例）。MATLAB 代码如下：

```
% 多项式数据准备
a = [2, -3, 6, 7]
b = [1, -2, 3, 1]
 %计算 a 乘以 b
c = conv(a, b)
%计算 c 除以 a
[q, r] = deconv(c, a)
%向量形式转换为符号多项式的形式
Q = poly2sym(q)
```

MATLAB 运行结果如下：

```
a =
    2    -3    6    7
b =
    1    -2    3    1
c =
    2    -7    18    -12    1    27    7
q =
    1    -2    3    1
r =
    0    0    0    0    0    0    0
Q =
    x^3-2*x^2+3*x+1
```

5.4.2　多项式的导函数

在 MATLAB 中提供了 polyder()函数计算多项式的导数，它不仅可以计算单个多项式的导数，还可以计算两个多项式之积或之比的导数，其调用格式如下。

- ❑　$m = \text{polyder}(q)$：求多项式 q 的导函数。
- ❑　$m = \text{polyder}(a, b)$：求多项式 a 和多项式 b 乘积的导函数。
- ❑　$[q, r] = \text{polyder}(a, b)$：求多项式 a 和多项式 b 相除的导函数，导函数的分子存在于 q 中，分母存在于 r 中。

下面举例说明函数的使用。

【例 5-36】求多项式 $a = 2x^3 - 3x^2 + 6x + 7$ 和多项式 $b = 2x^2 + 3x + 1$ 的各自导数，并求它们乘积和相除的导数。MATLAB 代码如下：

```
% 多项式
a = [2, -3, 6, 7]
b = [0, 2, 3, 1]
%求多项式 a 的导数
A = polyder(a)
%求多项式 b 的导数
B = polyder(b)
%求多项式 a、b 乘积的导数
K = polyder(a, b)
%求多项式 a 除以 b 的导数
[q, r] = polyder(a, b)
```

MATLAB 运行结果如下：

```
a =
    2   -3    6    7
b =
    0    2    3    1
A =
    6   -6    6
B =
    4    3
K =
   20    0   15   58   27
q =
    4   12  -15  -34  -15
r =
    4   12   13    6    1
```

5.4.3　多项式的求值

在 MATLAB 中提供了两种求多项式值的函数 ployval()和 polyvalm()，前者是按数组运算规则计算多项式的值，而后者是按矩阵的运算规则计算多项式的值。ployval()函数的调用格式如下。

$Y = \text{polyval}(p, x)$：该函数是按数组运算规则计算多项式的值，计算的是多项式在 x 处的值。其中，p 是多项式的系数向量，x 可以是矩阵、向量或标量，代表自变量的数值。

而 Polyvalm()函数的调用格式如下。

Y = polyalm(**p**, **x**)：该函数是按矩阵的运算规则计算多项式的值，是用矩阵整体而不是矩阵元素进行计算。**P** 是多项式的系数向量，**x** 必须为方阵。

【例 5-37】 按矩阵运算规则计算多项式的值。MATLAB 代码如下：

```
% p 是多项式的系数
p = [3 2 0 1 5]
% x 为变量的值
x = [1 -1; -1 1]
% 按矩阵运算规则计算多项式的值
Y1 = polyvalm(p, x)
```

MATLAB 运行结果如下：

```
p =
    3    2    0    1    5
x =
    1   -1
   -1    1
Y1 =
   38  -33
  -33   38
```

【例 5-38】 按数组运算规则计算多项式的值。MATLAB 代码如下：

```
% p 是多项式的系数
p = [3 2 0 1 5]
% x 为变量的值
x = [1 -1; -1 1]
% 按数组运算规则计算多项式的值
Y2 = polyval(p, x)
```

MATLAB 运行结果如下：

```
p =
    3    2    0    1    5
x =
    1   -1
   -1    1
Y2 =
   11    5
    5   11
```

5.4.4 多项式求根

多项式求根在很早以前是一个非常重要的问题，很多著名的学者进行了著名的研究，并由此产生了一些突破性的成就，如群论等。在 MATLAB 中提供了 roots()函数求多项式的根，其调用格式如下。

k=roots(*c*)：其中 *c* 是多项式的系数，向量 **k** 是多项式的根。

【例 5-39】 计算多项式的根。MATLAB 代码如下：

```
% 某多项式的系数向量
c = [3 2 0 1 5]
% 计算多项式的根
k = roots(c)
```

MATLAB 运行结果如下：

```
c =
     3     2     0     1     5
k =
 -0.9903 + 0.6947i
 -0.9903 - 0.6947i
  0.6570 + 0.8411i
  0.6570 - 0.8411i
```

5.5　线性方程组求解

在线性代数中，线性方程组求解是其中一项基本内容，而在实际应用中，许多问题都可以转换成线性方程组求解的问题。本节主要介绍线性方程组求解的两种算法：直接求解法和迭代求解法。

5.5.1　线性方程组的直接求解算法

一般线性方程可以表示为：$AX=B$ 或 $XA=B$，在 MATLAB 中，如果矩阵 A 为方阵时，可以很容易求出它的解，采用前面章节介绍的除法运算符"/"和"\\"就可以求解，如：$X=A\backslash B$ 或 $X=B/A$。当矩阵为奇异矩阵时，线性方程的解存在多个或解不存在；当矩阵为非奇异矩阵时，线性方程组有唯一解；当 A 矩阵为 $m\times n$ 维矩阵，且 $m>n$ 时，则线性方程的个数大于变量的个数，此时采用最小二乘法来求解。下面举例说明线性方程组的直接求解法。

【例 5-40】已知方阵 $A=\begin{bmatrix}1&2&3\\4&5&6\\7&8&9\end{bmatrix}$，向量 $B_1=\begin{bmatrix}14\\32\\23\end{bmatrix}$，向量 $B_2=\begin{bmatrix}30\\36\\15\end{bmatrix}$，求线性方程组 $AX_1=B_1$

和 $X_2A=B_2$ 的解。

首先创建方阵 A、列向量 B，然后直接运用除法运算符求解，MATLAB 代码如下：

```
% 创建方阵 A
A = [1 2 3; 4 5 6; 7 8 0]
% 创建列向量 B
B1 = [14; 32; 23]
B2 = [30 36 15]
% 进行直接求解
X1 = A\B1
X2 = B2/A
```

MATLAB 运行结果如下：

```
A =
     1     2     3
     4     5     6
     7     8     0
B1 =
    14
    32
    23
B2 =
```

```
        30    36    15
X1 =
        1.0000
        2.0000
        3.0000
X2 =
        1    2    3
```

【例 5-41】 已知一组数据 t=[0 .3 .8 1.1 1.6 2.3]'，y=[.82 .72 .63 .60 .55 .50]'，要求拟用延迟指数函数来拟合这组数据：

$$y(t) = c_1 + c_2 e^{-t}$$

将以上数据带入后会得到 6 个方程，存在两个未知变量 c_1、c_2，利用最小二乘原理来求解，并画出拟合曲线。MATLAB 代码如下：

```
% 数据准备
t = [0 .3 .8 1.1 1.6 2.3]';
y = [.82 .72 .63 .60 .55 .50]';
% 数据组合成矩阵 A
A = [ones(size(t)) exp(-t)];
% 求解曲线系数
C = A\y
% 绘制曲线
T = [0:0.1:2.5]';
Y = [ones(size(T)) exp(-T)]*C;
plot(T,Y,'-',t,y,'o')
title('最小二乘法曲线拟合')
xlabel('\itt')
ylabel('\ity')
```

MATLAB 运行结果如下：

```
C =
    0.4760
    0.3413
```

曲线拟合结果如图 5.6 所示。

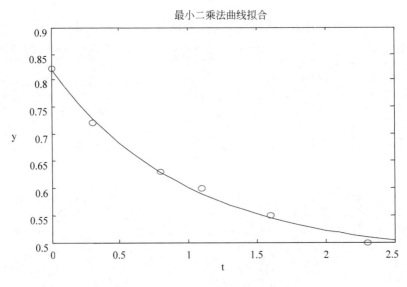

图 5.6　曲线拟合

5.5.2　线性方程组的迭代求解算法

对于大型的线性代数方程组，由于阶数多，计算量大，常常采用迭代法计算求解。迭代法的存储空间小、程序较简单，比较常用的迭代方法有 Jacobi 迭代法、Gauss-Seidel 迭代法和 SOR 迭代法。

1.　Jacobi迭代法

线性方程组 $AX=B$，当 A 为非奇异矩阵时，由前面章节所学矩阵分解可知，则可将 A 分解为 $A=D-L-U$。其中，D 为对角阵，其元素为 A 的对角元素；L 和 U 分别为下三角阵和上三角阵。

那么可求得线性方程组的解：

$$X=D^{-1}(L+U)X+D^{-1}B \qquad (5\text{-}28)$$

与之相对应的迭代公式即 Jacobi 迭代公式为：

$$X^{(k+1)}=D^{-1}(L+U)X^{(k)}+D^{-1}B \qquad (5\text{-}29)$$

当 $\{X^{(k+1)}\}$ 收敛于 X 时，则 X 一定是方程组的解。

由于 MATLAB 中没有提供专门实现 Jacobi 迭代法的函数，下面通过自定义函数编写 Jacobi.m 文件，然后再调用 Jacobi()函数实现用 Jacobi 迭代法求解线性方程组 $AX=B$ 的解。子函数 Jacobi.m 的 MATLAB 代码如下：

```
% Jacobi 迭代法求解线性方程组 Ax = b 的解
% 线性方程组的系数矩阵: A
% 线性方程组的常数向量: B
% 迭代初始向量: x0
% 解的精度控制: eps
% 迭代步数控制: M
function [x, n] = Jacobi(A, b, x0, eps, M)
if nargin < 3;
    error
    return;
elseif nargin == 3
    eps = 1.0e-4;
    M = 200;
elseif nargin == 4
    M = 200;
end
%求 A 的对角矩阵、下三角矩阵、上三角矩阵
D = diag(diag(A));
L = -tril(A, -1);
U = -triu(A, 1);
B = D \ (L + U);
f = D \ b;
x = B * x0 + f;
n = 1;
while norm(x - x0) >= eps
    x0 = x;
    x = B * x0 + f;
    n = n + 1;
    if (n >= M)
        disp('Waring: 迭代次数太多, 可能不收敛')
```

```
        return;
    end
end
disp('迭代次数为：')
disp(n)
```

【例 5-42】 利用 Jacobi 法求解下列线性方程组的解，设 $x(0)=[0\quad 0\quad 0]^{T}$，精度为 1e-6。

$$\begin{cases} 8x_1+3x_2-x_3=6 \\ x_1-5x_2+3x_3=4 \\ -2x_2+7x_3=3 \end{cases}$$

求解线性方程组，首先创建方程组 $Ax=b$ 的系数矩阵 A 以及列向量 B，然后再调用 Jacobi()子函数求解。MATLAB 代码如下：

```
% 准备数据
A = [8 3 -1; 1 -5 3; 0 -2 7]
b = [6 4 3]'
% 对迭代的初值进行设置
x0 = [0 0 0]';
% 对迭代的终止条件进行设置
eps = 1e-6;
% 进行 Jacobi 迭代
x = Jacobi (A, b, x0, eps, 80)
```

MATLAB 运行结果如下：

```
A =
    8    3   -1
    1   -5    3
    0   -2    7
b =
    6
    4
    3
迭代次数为：
    14
x =
    0.9482
   -0.4263
    0.3068
```

观察结果发现，求解过程中进行了 14 次迭代计算，结果在误差允许的范围内收敛。

2．Gauss-Seidel迭代法

由 Jacobi 迭代公式可知，在迭代的每一步计算过程中用 $X^{(k)}$ 的全部分量来计算 $X^{(k+1)}$ 的所有分量，我们知道计算 $X_i^{(k+1)}$ 时，$X_1^{(k+1)}$, $X_2^{(k+1)}$, …, $X_{i-1}^{(k+1)}$ 均已经得到不必再利用 $X_1^{(k)}$, $X_2^{(k)}$, …, $X_{i-1}^{(k)}$，所以将 Jacobi 公式进行改进便可直接得到 Gauss-Seidel 公式，即：

$$DX^{(k+1)}=LX^{(k+1)}+UX^{(k)}+B \tag{5-30}$$

与 Jacobi 迭代法相比，Gauss-Seidel 迭代法用新分量代替旧分量，精度相对而言会更高些。同样，MATLAB 中也没有提供实现 Gauss-Seidel 迭代求解线性方程组的函数，也需要自定义子函数 GSeidel()。MATLAB 代码如下：

```
% GSeidel 迭代法求解线性方程组 Ax = b 的解
% 线性方程组的系数矩阵：A
```

```
% 线性方程组的常数列向量：b
% 迭代初始向量：x0
% 最大迭代次数：nmax
% 预定的精度：tol
function [x ,n] = GSeidel(A, b, x0, nmax, tol)
if nargin == 4;
    tol = 1e-6;
elseif nargin == 3
    tol = 1e-6;
    nmax = 500;
elseif nargin == 2
    tol = 1e-6;
    nmax = 200;
    x0 = zeros(size(b))
end
n =length(b);
if size(x0,1)<size(x0,2);
    x0 = x0';
end
x = x0;
for k = 1:nmax
    x(1) = (b(1)-A(1,2:n)*x(2:n))/A(1,1);
    for m = 2:n-1;
        t1 = b(m)-A(m,1:m-1)*x(1:m-1)-A(m,m+1:n)*x(m+1:n);
        x(m) = t1/A(m,m);
    end
    x(n) = (b(n)-A(n,1:n-1)*x(1:n-1))/A(n,n);
    if nargout==0,
        x,
    end
    if norm(x-x0)/(norm(x0)+eps)<tol;
        break
    end
    x0 = x;
end
x = x';
```

【例 5-43】利用 Gauss-Seidel 迭代法求解下列线性方程组的解，设 $x(0)=\begin{bmatrix}0 & 0 & 0 & 1\end{bmatrix}'$，精度为 1e-6。

$$\begin{cases}9x_1+2x_2+2x_3-4x_4=1\\2x_1+8x_2+2x_3-3x_4=-1\\2x_1+2x_2+7x_3+2x_4=2\\3x_1+2x_2-2x_3+9x_4=1\end{cases}$$

求解线性方程组，首先创建方程组 $Ax=b$ 的系数矩阵 A 以及列向量 B，然后再调用 GSeidel()子函数求解。MATLAB 代码如下：

```
% 设置数据
A = [9 2 2 -4;2 8 2 -3;2 2 7 2;3 2 -2 9]
b = [1 -1 2 1]'
% 设置迭代初值
x0 = [0 0 0 1]';
% 设置迭代终止条件
eps = 1e-6;
tol = 1e-6;
% 进行 G-S 迭代
x = GSeidel(A,b,x0,80,tol)
```

MATLAB 运行结果如下：

```
A =
    9    2    2   -4
    2    8    2   -3
    2    2    7    2
    3    2   -2    9
b =
    1
   -1
    2
    1
x =
    0.1610   -0.1704    0.2456    0.1499
```

3. SOR （逐次超松弛）迭代法

在 Gauss-Seidel 方法中的迭代公式为：

$$DX^{(k+1)} = LX^{(k+1)} + UX^{(k)} + B \tag{5-31}$$

将迭代公式修改为：

$$X^{(k+1)} = X^{(k)} + \Delta X \tag{5-32}$$

其中：

$$\Delta X = LX^{(k+1)} + UX^{(k+1)} + \frac{B}{D} - X^{(k)} \tag{5-33}$$

在此基础上稍作修改，加上一个参数 w，即得松弛迭代法公式为：

$$X^{(k+1)} = X^{(k)} + w\Delta X = (1 - \Delta X)X^{(k)} + w(LX^{(k+1)} + UX^{(k+1)} + \frac{B}{D}) \tag{5-34}$$

当 $w = 1$ 时，就退化为 Gauss-Seidel 迭代法；当 $w < 1$ 时，为逐次低松弛迭代法；当 $w > 1$ 时，为逐次超松弛迭代法。

同样，求解线性方程也需要自定义子函数 SOR.m。MATLAB 代码如下：

```
function [x, k] = SOR(A, b, x0, w, tol)
% SOR 迭代法求解线性方程组 Ax = b 的解
% 线性方程组的系数矩阵: A
% 线性方程组的常数列向量: b
% 迭代初始向量: x0
% 修正参数: w
% 预定的精度: tol
% 迭代次数: k
max = 300;
if (w<=0||w>=2)
    error;
    return;
end
D = diag(diag(A));
L = -tril(A,-1);
U = -triu(A,1);
B = inv(D-L*w)*((1-w)*D+w*U);
f = w*inv((D-L*w))*b;
x = B*x0+f;
k = 1;
while norm(x-x0)>=tol
    x0 = x;
```

```
    x = B*x0+f;
    k = k+1;
    if(k>=max)
        disp('迭代次数太多，SOR 方法可能不收敛');
        return;
    end
end
```

【例 5-44】 利用 SOR 迭代法求解下列线性方程组的解，设 $x(0) = \begin{bmatrix} 1 & 1 & 1 & 1 \end{bmatrix}'$，修正因子 $w = 1.1$。

$$\begin{cases} 5x_1 + 2x_2 - x_3 - 3x_4 = -2 \\ -2x_1 + 8x_2 - x_3 - 3x_4 = 10 \\ x_1 - x_2 + 5x_3 + 2x_4 = 6 \\ -x_1 - 2x_2 - x_3 + 9x_4 = 18 \end{cases}$$

　　求解线性方程组，首先创建方程组 $Ax=b$ 的系数矩阵 A 以及列向量 B，然后再调用 SOR 子函数求解。MATLAB 代码如下：

```
% 数据准备
A = [5 2 -1 -3;-2 8 -1 -3;1 -1 5 2;-1 -2 -1 9]
b = [-2 10 6 18]'
% 对迭代的参数进行设置
x0 = [1 1 1 1]';
w = 1.1;
tol = 1e-7;
% 进行 SOR 迭代
[x,k] = SOR(A,b,x0,w,tol)
```

MATLAB 运行结果如下：

```
A =
    5    2    -1    -3
   -2    8    -1    -3
    1   -1     5     2
   -1   -2    -1     9
b =
   -2
   10
    6
   18
x =
   0.3341
   2.3898
   0.5590
   2.6303
k =
   16
```

5.6　曲　线　拟　合

　　在工程应用分析中，当存在大量的数据时，往往很难分析，运用 MATLAB 的曲线拟合进行数据分析，问题便可得到很好的解决。最常用的两种曲线拟合是多项式拟合和非线性最小二乘拟合，本书只对多项式曲线拟合简单介绍。

给定一组数据 $\{(x_i, y_i), i = 1,2,3,...,n\}$，采取多项式模型对数据组进行描述，例如，多项式 $y(x) = f(x,a) = a_1 x^n + a_2 x^{n-1} + ... + a_n x + a_{n+1}$，求取参数 a_i 使得量值 $\chi^2(a)$ 最小的过程，即为对数据组进行多项式拟合，其中：

$$\chi^2(a) = \sum_{i=1}^{n} (\frac{y_i - f(a, x_i)}{\Delta y_i}) \tag{5-35}$$

在 MATLAB 中提供了 polyfit() 函数用于实现多项式拟合，其调用格式如下。

[p, S, mu] = polyfit(x, y, n)：p 是多项式系数，对应于多项式的降幂排序；S 主要用于进行误差估计与预测数据结构体；x，y 为输入的样本点数据；n 代表拟合计算多项式的系数；mu 均值是和标准方差构成的 1×2 维的向量。

下面举例说明 polyfit() 函数的使用。

【例 5-45】 用三阶多项式拟合下面的数据，并画出拟合曲线。实现拟合的 MATLAB 代码如下：

```
%拟合数据 x、y
x = [1 2 3 4 5]
y = [5.5 43.1 128 290.7 498.4]
%用多项式拟合数据 x 和 y
p = polyfit(x,y,3);
%利用 polyval() 函数计算拟合的多项式系数 p 在给定数据 x 处的 y 值
x1 = 1:0.1:5;
y1 = polyval(p,x1);
% 绘制曲线图
figure
plot(x,y,'o',x1,y1)
grid on
title('多项式曲线拟合')
```

MATLAB 运行结果如图 5.7 所示。

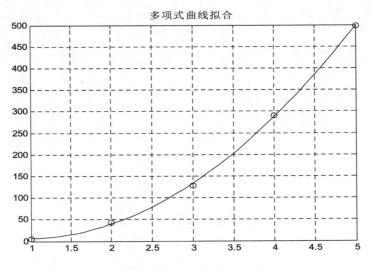

图 5.7 多项式曲线拟合结果

5.7　常微分方程初值问题的数值解法

在高等数学中我们学过常微分方程，常微分方程是只含有一个自变量的微分方程，该方程可能有解析解或者没有解，或者只有数值解等多种情况。在 MATLAB 中，对常微分方程的解法一般有两种，即数值解和符号解（解析解）。在科学研究和工程教学中遇到的常微分方程，多数是很难找到解析解的。本书只介绍初值问题的数值解求解问题。

先介绍常微分方程组数值解的基本原理。在高等数学中，一般的高阶微分方程总可以化为一阶微分方程来求解。设 m 阶微分方程初值问题：

$$\begin{cases} y^{(m)}=f\left(x,y,y',...y^{(m-1)}\right) \\ y(x_0)=y_0, y'(x_0)=y,..., y^{(m-1)}(x_0)=y_{m-1} \end{cases} \tag{5-36}$$

只要引入新变量 $y_1=y$，$y_2=y'$，…，$y_m=y'^{(m-1)}$，就可以将高阶微分变为一阶微分方程，即：

$$\begin{cases} y_1'=y_2 \\ y_2'=y_3 \\ \vdots \\ y_{m-1}'=y_m \\ y_m'=f(x,y_1,y_2,...,y_m) \end{cases} \tag{5-37}$$

初始条件为：

$$y_1(x_0)=y_0(x_0)=y_0,\ y_2(x_0)=y'(x_0)=y_1,...y_m(x_0)=y^{(m-1)}(x_0)=y_{m-1}$$

下面给出 MATLAB 解常微分方程的一般步骤。

（1）如果没有给定微分方程，先根据所给知识列出微分方程和相应的初始条件。

（2）运用变量替换，把高阶常微分方程变换成一阶常微分方程，相应地也可以得到初值。

（3）根据变换后的一阶常微分方程，编写 M 文件。

（4）利用 MATLAB 提供的 solver()函数求解常微分方程。

solver()函数的调用格式如下。

[T, Y]= solver('funf', tspan, y0)：其中 solver()可取 ode45()、ode23()等函数名；funf 为一阶微分方程编写的 M 文件名；tspan 为时间矢量；y0 为微分方程的初值。

下面举例说明常微分方程初值问题的数值解法。

【例 5-46】　利用 ode45 求解下面的微分方程组在[0,12]上的解。MATLAB 代码如下：

$$\begin{cases} y_1'=y_2y_3, y_1(0)=0 \\ y_2'=y_1y_3, y_2(0)=1 \\ y_3'=0.51y_1y_2, y_3(0)=1 \end{cases}$$

```
% 首先建立 M 函数文件
function dy = fun(t,y)
dy = zeros(3,1);
dy(1) = y(2)*y(3);
```

```
dy(2) = -y(1)*y(3);
dy(3) = -0.51*y(1)*y(2);
% 调用函数求解微分方程组
tspan = [0,12];
options = odeset('RelTol',1e-4,'AbsTol',[1e-4 1e-4 1e-5]);
y0 = [0;1;1];
[T,Y] = ode45('fun',tspan,y0,options);
figure(1)
plot(T,Y(:,1),'b-',T,Y(:,2),'k-.',T,Y(:,3),'r.')
```

MATLAB 运行结果如图 5.8 所示。

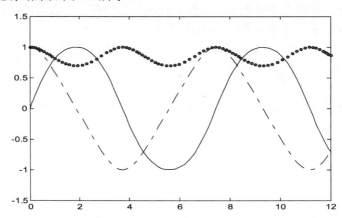

图 5.8　微分方程的特解函数及其一阶导数、二阶导数函数曲线图

【例 5-47】　已知二阶微分方程 $y'' = 1000\left(1 - y^2\right)y' - y$，初始条件：$y(0)=0$，$y'(0)=1$，利用 ode15s() 函数求解该微分方程的解。

首先，按照求解步骤，先将二阶微分方程化为一阶微分方程，令 $y_1 = y$，$y_2 = y_1$，则该方程化为一阶微分方程：

$$\begin{cases} y_1' = y_2 \\ y_2' = 1000\left(1 - y_1^{\,2}\right)y_2 - y_1 \end{cases}$$

求解微分方程的 MATLAB 代码如下：

```
% 首先建立 M 函数文件
function dy = fun1(t,y)
dy = zeros(2,1);
dy(1) = y(2);
dy(2) = 1000*(1-y(1)^2)*y(2)-y(1);
% 调用函数求解微分方程组
tspan = [0 3500];
options = odeset('RelTol',1e-4,'AbsTol',[1e-4 1e-5]);
y0 = [0;1];
[T,Y] = ode15s('fun1',tspan,y0,options);
figure(1)
plot(T,Y(:,1),'-')
```

MATLAB 运行结果如图 5.9 所示。

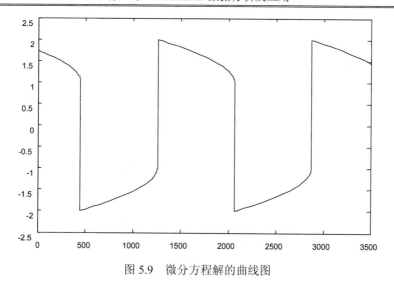

图 5.9　微分方程解的曲线图

5.8　最优化问题求解

优化模型建模和求解是计算数学和应用数学中常见的研究问题，目前拥有巨大的算法理论基础。在通信工程及信号与信息处理领域，很多实际的问题都可以转换为一个优化模型，如果能够对该优化模型进行快速求解，则有助于实际问题的解决，MATLAB 对此也提供了一定的帮助。

5.8.1　无约束最优化问题求解

无约束问题是优化问题中常见的一种类型，无约束最优化问题的一般描述为：

$$\min_{x} f(x) \tag{5-38}$$

其中，$x=[x_1, x_2, ..., x_n]^\mathrm{T}$。求一个数组 x，使得 $f(x)$ 为最小，这个过程称为无约束最小化问题求解。

在 MATLAB 中提供了 3 种求最小值的函数，其调用格式如下。

❑ [x fval] = fminbnd(fun, x1, x2, options)：求一元函数在区间 $(x1, x2)$ 上的极小值点 x，以及对应的最小值 fval，fun 是自定义的 M 函数文件名，输入的变量 $x1$、$x2$ 分别表示区间的上限和下限，options 为优化参数，可自行设定。

❑ [x. fval] = fminsearch(fun, x0, options)：基于单纯形算法求多元函数的极小值点 x，以及对应的最小值 fval，fun 是自定义的 M 函数文件名，$x0$ 是一个向量，表示极值点的初值，options 为优化参数，可自行设定。

❑ [x, fval] = fminunc(fun, x0, options)：基于拟牛顿法求多元函数的极小值点 x，以及对应的最小值 fval，fun 是自定义的 M 函数文件名，$x0$ 是一个向量，表示极值点的初值，options 为优化参数，可自行设定。

在 MATLAB 中没有提供直接求函数最大值的函数，但是可以通过求最小值问题间接求最大值，即求 $-f(x)$ 在给定区间的最小值就是函数 $f(x)$ 在区间的最大值。

【例 5-48】 求函数 $f(x) = x^3 - 2x - 5$ 在区间 $[0,5]$ 上的最大值和最小值。MATLAB 代码如下：

```
% 建立求最小值时的函数文件 xmin.m
function fx = xmin(x)
fx = x.^3-2*x-5;
% 建立求最大值时的函数文件 xmax.m
function fx = xmax(x)
fx = -(x.^3-2*x-5);
% 调用 fminbnd()函数分别求最小值和最大值
[x1,zuixiao] = fminbnd(@xmin,0,5)
[x2,zuixiao'] = fminbnd(@xmax,0,5)
% -fx 在给定区间的最小值就是函数 fx 在区间的最大值
zuida = -zuixiao'
```

MATLAB 运行结果如下：

```
zuixiao =
  -6.0887
x2 =
    5
zuixiao' =
  -110
zuida =
   110
```

【例 5-49】 求函数 $f(x,y,z) = x + \dfrac{y^2}{4x} + \dfrac{z^2}{y} + \dfrac{2}{z}$ 在 $(0.5,0.5,0.5)$ 附近的最小值。MATLAB 代码如下：

```
% 建立函数文件 fxy.m
function f = fxyz(p)
x = p(1);
y = p(2);
z = p(3);
f = x+y^2/x/4+z^2/y+2/z;
% 利用 fmisearch()函数求函数在(0.5,0.5,0.5)附近的最小值
[u zuixiaozhi] = fminsearch('fxyz', [0.5,0.5,0.5])
```

MATLAB 运行结果如下：

```
u =
   0.5000   1.0000   1.0000
zuixiaozhi =
   4.0000
```

5.8.2　有约束最优化问题求解

有约束最优化问题的一般描述为：

$$\min_{xs.t.G(x)\le0} f(x) \tag{5-39}$$

其中，$x = [x_1, x_2, ..., x_n]^T$，公式中 *s.t.* 是英文 subject to 的缩写，表示 x 要满足后面的约束条件。求一个数组 x，使得 $f(x)$ 为最小，并且要求满足约束条件 $G(x) \le 0$，这个过程称为有约束最小化问题求解。

在 MATLAB 中提供了一个函数 fmincon()，专门用于求解各种约束条件下的最优化问

题，其一般调用格式如下：

[x, fval]= fmincon(fun, x0, A, b, Aeq, beq, lb, ub, nonlcon, options)：其中，x、fval、fname、x0，以及 options 的含义和前面讲的求最小值函数相同，其余参数均为约束条件，如果某个约束条件不存在，则用空矩阵来表示。

【例 5-50】　求函数 $f(x) = 0.4x_2 + x_1^2 + x_2^2 - x_1x_2 + \frac{1}{30}x_1^3$ 在下面约束条件下的最小值。

约束条件：

$$\begin{cases} x_1 + 0.5x_2 \geq 0.4 \\ 0.5x_1 + x_2 \geq 0.5 \\ x_1 \geq 0, x_2 \geq 0 \end{cases}$$

求解函数最小值的 MATLAB 代码如下：

```
% 建立函数文件 fx1x2.m,
function f = fx1x2(x)
f = 0.4*x(2)+x(1)^2-x(1)*x(2)+1/30*x(1)^3;
% 利用 fmincon()函数求约束条件下的最小值
x0 = [0.5;0.5];
A = [-1,-0.5;-0.5,-1];
b = [-0.4;-0.5];
lb = [0;0];
[x,fmin] = fmincon('fx1x2',x0,A,b,[],[],lb,[])
```

MATLAB 运行结果如下：

```
x =
    0.2315
    0.3842
fmin =
    0.1188
```

5.8.3　线性规划问题求解

线性规划问题求解就是在线性约束条件下求目标函数的极值问题，线性规划的标准形式为：

$$\min f(x)$$
$$xs.t. \begin{cases} AX = b \\ A_{eq}x = b \\ L_{bnd} \leq x \leq U_{bnd} \end{cases} \qquad （5-40）$$

在 MATLAB 中提供了 linprog()函数求解线性规划问题，其调用格式如下。

❑　x = linprog(f, A, b, Aeq, beq)：在 Aeq×x=beq 与 A×x≤b 的条件下求解线性问题，如果没有不等式存在，A、b 为空 "[]"。

❑　x = linprog(f, A, b, Aeq, beq, lb, ub)：定义了 x 的上限与下限，lb≤x≤ub，如果没有等式存在，Aeq、beq 为空 "[]"。

❑　x = linprog(f, A, b, Aeq, beq, lb, ub, x0)：设置起始点为 x0，可以是标量、向量或矩阵。

❑　x = linprog(f, A, b, Aeq, beq, lb, ub, x0, options)：options 为指定的优化参数，可通过

optimset 函数对其进行设置。

【例 5-51】 求解下面的线性规划问题：

$$\min f(x) = -5x_1 - 4x_2 - 6x_3$$

$$s.t.\begin{cases} x_1 - x_2 + x_3 \le 20 \\ 3x_1 + 2x_2 + 4x_3 \le 42 \\ 3x_1 + 2x_2 \le 30 \\ x_1, x_2, x_3 \ge 0 \end{cases}$$

其实现的 MATLAB 代码如下：

```
% 数据准备
f = [-5;-4;-6];
A = [1 -1 1;3 2 4;3 2 0];
b = [20;42;30];
lb = zeros(3,1);
% x 的最优解
%目标函数的最优解 fval
[x, fval] = linprog(f, A, b, [], [], lb, [], [])
```

MATLAB 运行结果如下：

```
x =
   0.0000
  15.0000
   3.0000
fval =
 -78.0000
```

5.9 数 值 积 分

数值积分是一种求定积分的近似值的数值算法，在实际工程应用中是用被积函数的有限个抽样值的离散或加权平均值来代替定积分的值。数值积分算法是计算机仿真中常用的一种算法，本节将主要介绍在 MATLAB 是如何实现数值积分算法的，首先介绍数值积分的基本原理。

5.9.1 数值积分基本原理

数值积分主要研究的是定积分的数值求解问题，数值积分公式是：$I = \int_a^b f(x)\mathrm{d}x$。如果被积函数已知且简单，那么直接利用公式求积分即可。但在实际问题中，$f(x)$ 通常为复杂函数或者是未知的，直接求解相对而言就很麻烦。在高等数学中学过，求任意函数 $f(x)$ 在 $[a,b]$ 上的定积分时，当用一般方法不能求解时，则可以寻找一个在相同区间内与 $f(x)$ 逼近的函数 $p(x)$，要求 $p(x)$ 形式简单且易求积分结果，一般选择被积函数的插值多项式作为替代函数，从而用 $p(x)$ 在区间上的积分值来代替 $f(x)$ 在区间上的积分值。

在数学讨论中，一般在一个区间内使用一个插值多项式，实际的工程研究中，为了使逼近效果更好，通常把积分区间划分为 n 个等长的子区间：$[a,b]=[a,a_1]\cup[a_1,a_2]\cup....\cup[a_{n-1},b]$，然后在每个子区间上用插值多项式 $p(x)$ 来代替 $f(x)$。

5.9.2　数值积分的实现方法

在 MATLAB 中常用的数值积分（如果没有特殊说明数值积分指的是单重积分）函数有两个，即 quad()函数和 quadl()函数，都可用于计算指定函数的积分，调用格式如下。

quad()函数：

- ❑　q = quad(fun, a, b)
- ❑　q = quad(fun, a, b, tol)
- ❑　q = quad(fun, a, b, tol, trace)
- ❑　[q, fcnt] = quadl(fun, a, b,...)

函数说明：quad 采用自适应递归 Simpson 求积分法，计算指定函数 fun()在区间[a,b]上的积分近似值；tol 为用于自适应 Simpson 法的误差，增大 tol 可以加快计算速度，但是计算精度下降，在默认情况下 tol=1.0e-6；trace 控制是否展现积分过程，当 trace 为非零时函数输出计算过程，默认值为 0；fcnt 表示函数的计算数目，q 表示定积分值。

quadl()函数：

- ❑　q = quadl(fun, a, b)
- ❑　q = quadl(fun, a, b, tol)
- ❑　q = quadl(fun, a, b, tol,t race)
- ❑　[q, fcnt] = quadl(fun, a, b,...)

quadl()函数是基于牛顿-柯特斯法求积分法，它的调用格式及参数的含义与 quad()函数类似，只是 tol=1e-6，但是精确度、效率比 quad 函数更高。下面以 quadl()函数为例，举例介绍函数的使用。

【例 5-52】 利用 quad()函数求 $f(x) = x^3 + 2x^2 + 2$ 在[1,2]上的积分。MATLAB 代码如下：

```
% 创建被积函数
function y = f(x)
y = x.^3+2*x.^2+2;
% 调用函数求积分：
q = quad('f',1,2)
[q1, fcnt1] = quad('f', 1, 2)
% 修改 tol 的值
[q2, fcnt2] = quad('f',1,2,1e-8)
% 输出计算过程,quad 函数
[q3, fcnt3] = quad('f',1,2,1e-8,1)
```

MATLAB 运行结果如下：

```
q =
   10.4167
q1 =
   10.4167
fcnt1 =
    13
q2 =
   10.4167
fcnt2 =
    13
 （调用 quad()函数输出的计算过程）
```

```
     9      1.0000000000     2.71580000e-001     1.6507891998
    11      1.2715800000     4.56840000e-001     4.5629395478
    13      1.7284200000     2.71580000e-001     4.2029379191
q3 =
   10.4167
fcnt3 =
    13
```

5.9.3　多重定积分的数值求解

实际工程应用中常用的多重积分是二重积分 $I=\int_{y_1}^{y_2}\int_{x_1}^{x_2}\mathrm{f}(x,\ y)\mathrm{d}x\mathrm{d}y$、三重积分 $I=\int_{z_1}^{z_2}\int_{y_1}^{y_2}\int_{x_1}^{x_2}\mathrm{f}(x,\ y,\ z)\mathrm{d}x\mathrm{d}y\mathrm{d}z$，在 MATLAB 中分别使用 dblquad()函数和 triplequad()函数直接求解二重积分、三重积分的数值解。由于使用方法相同，这里只对二重积分函数 dblquad()简单介绍，三重积分函数不再赘述。

dblquad()函数的调用格式如下。

❑ q = dblquad(fun,xmin,xmax,ymin,ymax)

❑ q = dblquad(fun,xmin,xmax,ymin,ymax,tol)

❑ q = dblquad(fun,xmin,xmax,ymin,ymax,tol,method)

函数说明：fun 为被积函数，有两个变量即内变量和外变量；xmin、xmax 为内变量的上限和下限，ymin、ymax 为外变量的上限和下限；tol 的含义和命令与 quad()函数情况相同；method 是积分选项，如 quad、quadl 等。

【例 5-53】　计算双重积分 $I = \int_{\pi}^{2\pi}\int_{0}^{\pi}(y\sin(x)+x\cos(y))\mathrm{d}x\mathrm{d}y$。MATLAB 代码如下：

```
%创建函数
f = @(x,y)y*sin(x)+x*cos(y);
%调用 quad()函数求积分值
q = dblquad(f,pi,2*pi,0,pi)
```

MATLAB 运行结果如下：

```
q =
  -9.8696
```

5.10　数 值 微 分

在实际应用中，有时需要根据已知的数据点，求某一点的一阶或高阶导数，这时就会用到数值微分。5.9 节讲述的数值积分描述了一个函数的整体或宏观性质。相反，本节介绍的数值微分则描述的是一个函数在一点处的斜率，即函数的微观性质。

数值微分的基本思路是，先通过用插值或拟合等方法求出已知数据在一定范围内的近似函数，然后再用特定的方法对近似函数进行微分即可。

5.10.1　数值差分与差商

为了用 MATLAB 实现数值微分，先简单介绍一下数值差分和差商的数学理论知识。

在高等数学中，任意函数 $f(x)$ 在 x 的导数定义为：

$$f'(x) = \lim_{h \to 0} \frac{f(x+h) - f(x)}{h} \quad (h>0) \tag{5-41}$$

$$f'(x) = \lim_{h \to 0} \frac{f(x) - f(x-h)}{h} \quad (h>0) \tag{5-42}$$

$$f'(x) = \lim_{h \to 0} \frac{f(x+h/2) - f(x-h/2)}{h} \quad (h>0) \tag{5-43}$$

去掉上式等式右端的 $h \to 0$ 的极限过程，从而进入差分公式：

$$\nabla f(x) = f(x+h) - f(x) \tag{5-44}$$

$$\Delta f(x) = f(x) - f(x-h) \tag{5-45}$$

$$\delta f(x) = f(x+h/2) - f(x-h/2) \tag{5-46}$$

称 $\nabla f(x)$、$\Delta f(x)$、$\delta f(x)$ 分别为在函数 x 点处以 h（$h>0$）为步长的前向差分、后向差分与中心差分。

当 h 充分小时，又相应地引入了差商公式：

$$f'(x) \approx \frac{\nabla f(x)}{h}$$

$$f'(x) \approx \frac{\Delta f(x)}{h}$$

$$f'(x) \approx \frac{\delta f(x)}{h} \tag{5-47}$$

同样，称 $\dfrac{\nabla f(x)}{h}$、$\dfrac{\Delta f(x)}{h}$、$\dfrac{\delta f(x)}{h}$ 分别为函数在 x 点处以 h（$h>0$）为步长的前向差商、后向差商与中心差商。当 h 充分小时，函数 $f(x)$ 在 x 处的微分近似等于函数在该点的任一差分，而 $f(x)$ 在 x 的导数近似等于函数在该点的任一差商。

5.10.2　数值微分的实现

已知函数 $f(x)$ 微分、导数与其差分、差商的关系，下面介绍在 MATLAB 中是如何实现数值微分算法的。

计算数值微分即函数 $f(x)$ 在给定点 x 的导数，常用的有两种方法。

（1）先用多项式函数 $p(x)$ 对 $f(x)$ 进行逼近，然后再用近似函数 $p(x)$ 在给定点 x 的导数作为 $f(x)$ 在 x 的导数。

【例 5-54】　设 $f(x) = \cos(x) + \sin(x)$，求函数在 $x=\pi$ 处的导数。

首先用 5 项多项式拟合函数 $f(x)$，然后利用多项式的求导来求 $x = 1.5$ 处的导数，MATLAB 代码如下：

```
% 数据准备
x = 0:0.3:4;
y = cos(x)+sin(x);
% 用 5 次多项式 p 拟合 f(x)
p = polyfit(x,y,5);
% 对拟合多项式 p 求导数
dp = polyder(p)
% 求 dp 在给定点处的函数值
```

```
dpx = polyval(dp,pi)
```

MATLAB 运行结果如下：

```
dp =
  -0.0462    0.4370   -0.8618   -0.8021    0.9706
dpx =
  -1.0037
```

（2）直接用 diff()函数计算差分进而求数值微分。

MATLAB 中提供了直接近似求微分的函数 diff()，其调用格式如下。

❑ Y = diff(X)：计算 X 的前向差分，如果 X 是向量，则返回一个向量，大小小于 X，向量。

❑ Y=[X(2)-X(1) X(3)-X(2) ... X(n)-X(n-1)]：如果 X 是矩阵，则返回一个矩阵，Y=[X(2:m,:)-X(1:m-1,:)]。

❑ Y = diff(X,n)：计算 X 的 n 阶前向差分。

❑ Y = diff(X,n,dim)：X 必须为矩阵，计算矩阵 X 的 n 阶差分。dim=1（默认值）时，则按列计算差分，dim=2 时，则按行计算差分。

微分定义：

$$\frac{dy}{dx} = \lim_{h \to 0} \frac{f(x+h)-f(x)}{(x+h)-x} \tag{5-48}$$

则 $y = f(x)$ 的微分可近似为：$\frac{f(x+h)-f(x)}{(x+h)-x}(h>0)$，也就是 y 的前向差分除以 x 的前向差分即为微分近似，而 diff()函数计算数组或矩阵元素间的差分，所以在 MATLAB 中可近似求得函数的微分。

【例 5-55】 设函数 $f(x) = \cos(x) + \sin(x)$，用 diff()函数近似求函数的微分。MATLAB 代码如下：

```
% 数据准备
x = 0:0.3:4;
y = cos(x)+sin(x);
% y 的前向差分
Y = diff(y);
% x 的前向差分
X = diff(x);
% 函数 y=f(x)的微分近似
dy = Y./X
```

MATLAB 运行结果如下：

```
dy =
   0.8362    0.4637    0.0499   -0.3685   -0.7539   -1.0720
  -1.2943   -1.4010   -1.3825   -1.2406   -0.9878   -0.6468   -0.2481
```

5.11　本　章　小　结

本章系统地介绍了 MATLAB 在数学计算、数据处理等方面的数据分析应用，主要对几种算法做了详细的分析，如数据插值，离散傅里叶变换，线性方程组求解，最优化问题求解，数值微积分等。本章在介绍了算法基本原理的基础上，列出了大量相关的例题加深了对算法的理解，有助于在 MATLAB 中实现多种有关数据分析的计算。

5.12　习　　题

1．分别利用 rand() 和 randn() 函数产生 50 个随机，数求出这一组数的最大值、最小值、均值和方差。

2．产生 3 个信号：

$$x_1 = \sin(wt) + randn(\text{size}(t))$$
$$x_2 = \cos(wt) + randn(\text{size}(t))$$
$$x_3 = \sin(wt) + randn(\text{size}(t))$$

试计算 x_1 与 x_2，x_1 与 x_3 的相关系数，从中可以得出什么结论？如果不含正余弦信号分量，结论又如何？

3．对函数 $y = 10e^{-|x|}$，取 $x \in \{-5, -4, -3, \ldots, 3, 4, 5\}$ 点的值作为初值，分别采用最邻近内插、线性内插、三次样条内插和三次分段内插方法，对 $[-5, 5]$ 内的点进行内插，比较其结果。

4．一个信号 $x = 3\sin(w_1 t) + 10\sin(w_2 t + \theta) + 10 randn(\text{size}(t))$，其中，$w_1 = 2\pi \times 20$，$w_2 = 2\pi \times 200$，$\theta = \pi/4$，这一信号表示被噪声污染的信号，设计程序求其 DFT，并绘图显示，说明 DFT 在信号检测中的应用。

5．已知 $a(x) = 2x^2 + 3x - 4$，$c(x) = 3x^4 - 2x^2 + 5x + 6$，$b(x) = x^2 - 1$，试计算 $d_1(x) = a(x)b(x)$，$d_2(x) = c(x)/a(x)$，$d_3(x) = c(x)/b(x)$ 的值。

6．求第 5 题中 $d_1(x)$，$d_2(x)$，$d_3(x)$ 的导数。

7．将下列多项式进行因式分解，即计算多项式的根。

（1）$p_1(x) = x^4 - 2x^3 - 3x^2 + 4x + 2$

（2）$p_2(x) = x^4 - 7x^3 + 5x^2 + 31x - 30$

（3）$p_3(x) = x^3 - x^2 - 25x + 25$

（4）$p_4(x) = -2x^5 + 3x^4 + x^3 + 5x^2 + 8x$

8．分别计算第 7 题中各多项式在 1.5, 2.1 和 3.5 的值。

9．求解下列线性方程组。

（1）$\begin{cases} x_1 + 2x_2 + 3x_3 = 11 \\ 2x_1 + 2x_2 + 5x_3 = 12 \\ 3x_1 + 5x_2 + x_3 = 31 \end{cases}$
　　　（2）$\begin{cases} 3x_1 + x_2 + 5x_4 = 2 \\ 6x_2 + 7x_3 + 3x_4 = 4 \\ 4x_2 + 3x_3 = 7 \\ 2x_1 - x_2 + 2x_3 + 6x_4 = 8 \end{cases}$

10．通过测量得到一组数据：

t	1	2	3	4	5	6	7	8	9	10
y	4.842	4.362	3.754	3.368	3.169	3.083	3.034	3.016	3.012	3.005

分别采用 $y_1(t) = c_1 + c_2 e^{-t}$ 和 $y(t) = d_1 + d_2 t e^{-t}$ 进行拟合，并画出拟合曲线进行对比。

11．设有一微分方程组：

$$\begin{cases} \dot{x}_1(t) = x_2(t) + \cos(t) \\ \dot{x}_2 = \sin(2t) \end{cases}$$

已知当 $t = 0$ 时，$x_1(0) = 0.5$，$x_2(0) = -0.5$，求微分方程在 $t \in [0,50]$ 上的解，并画出 $x_1 - x_2$ 的轨迹。

12．已知方程组如下：

$$\begin{cases} \dot{y}_1 = y_2 y_3 \\ \dot{y}_2 = -y_1 y_3 \\ \dot{y}_3 = -0.51 y_1 y_2 \end{cases}$$

求解当 $y(0) = [0;1;1]$ 时在区间 $[0,12]$ 上的解。

13．已知一组测量值：

t	1	2	3	4	5	6	7	8	9	10
y	15.0	39.5	66.0	85.5	89.0	67.5	12.0	-86.4	-236.9	-448.4

分别采用二阶和三阶多项式进行拟合，给出拟合结果曲线。

14．求解下列优化问题

min $\qquad f(x) = -5x_1 - 4x_2 - 6x_3$

sub.to $\qquad x_1 - x_2 + x_3 \le 20$

$3x_1 + 2x_2 + 4x_3 \le 42$

$3x_1 + 2x_2 \le 30$

$0 \le x_1, 0 \le x_2, 0 \le x_3$

15．生产决策问题：

某机床厂生产甲、乙两种机床，每台销售后的利润分别为 4000 元和 3000 元，生产甲机床需用 A、B 机器加工，加工时间数为每台 2h 和 1h；生产乙机床需用 A、B、C 三种机器加工，加工时间数为每台 1h。若每天可用于加工的机器时数为 A 机器 10h，B 机器 8h 和 C 机器 7h，问该厂生产甲、乙机床各几台，才能使总利润最大？

16．计算下列定积分。

（1）$m_1 = \int_{-1}^{2} e^{-2t} dt$

（2）$m_2 = \int_{-1}^{2} e^{2t} dt$

（3）$m_3 = \int_{-1}^{1} x^2 - 3x + 2$

17．计算双重积分 $I = \int_{\pi}^{2\pi} \int_{0}^{\pi} \left(y \times \sin(x) + x \times \cos(y) \right) dx dy$。

18．计算下列导数。

（1）$y = 4x^3 - 2x^2 + \sqrt{x} + e^x$

（2）$y = xf(x^2)$

（3）$xy = e^{x+y}$

第 6 章　MATLAB 数据结构

在任何语言中，程序的数据结构都具有非常重要的地位。本章将对 MATLAB 程序中常用的数据结构进行详细的介绍。MATLAB 程序常用结构包括：多维数组、结构体、细胞和字符串 4 种类型，其中多维数组和细胞在科学计算中尤其是通信工程领域非常常用。因此，学好这一章对以后的工程实践的帮助非常大。

6.1　多　维　数　组

与 C 或 C++语言一样，MATLAB 在矩阵的基础上提供了多维数组用来存储多维空间中的数据。下面介绍多维数组的表现形式。

6.1.1　多维数组的表现形式

在 MATLAB 中习惯将二维以上的数组称为多维数组，在实际生活中随地都可以找到多维数组应用的实例。

【例 6-1】　例如，在天气预报中，气象人员总是在一天 24 小时中每隔几个小时去采集一次温度、风向、风力、降水量、污染指数（PM2.5）等，我们现在设每隔 3 个小时采集一次数据，那么现在至少要采集 5 个指标，则一天的数据可以用一个 5×8 的二维数据进行表示（在 MATLAB 中即为矩阵，其中行表示数据指标，列表示每隔 3 小时采集的样本），那么一周的数据怎么存储？一个月的数据呢？一年的数据呢？

在 MATLAB 中习惯性地会将二维数组中的第一维称为"行"第二维称为"列"，而对于三维数组的第三维则是习惯性地称为"页"，其结构示意图如图 6.1 所示。在 MATLAB 中将三维及三维以上的数组统称为高维数组，三维数组也是高级运算的基础，下面首先对多维数组进行介绍，然后介绍几种创建三维数组的 MATLAB 语句。

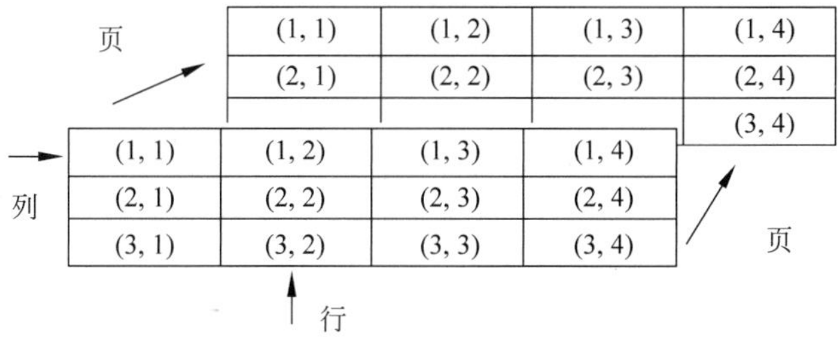

图 6.1　4×3×2 的多维数组结构

在 MATLAB 中每一个矩阵（二维数组）都可以看做是书的一页纸，而一个三维数组可以看成是由多页纸组成的书，其中每页纸为一个矩阵，四维数组则可以看成一套丛书，从而多维数组可以组成一个知识类或者学科类书籍的总和，下面我们会结合多维数组的定义进行详细说明。

设一页纸为一个矩阵有 10 行 8 列数字，利用 P 表示这个矩阵，其大小为 $10×8$，则两页 $P1$ 和 $P2$ 可以构成一本书，这本书可以用一个 $10×8×2$ 的多维数组 B 表示，则 B(:,:,1)=$P$1；B(:,:,2)=$P$2。同样，两本以上的书就可以组成一个丛书，设两本书分别为 $B1$ 和 $B2$，那么一个由两本书组成的丛书可以用 $10×8×2×2$ 的多维数组 C 表示，则有 C(:,:,:,1)=$B1$；C(:,:,:,2)=$B2$。依此类推可以得到更高维的数组。下面来看多维数组的创建。

6.1.2　多维数组的创建

多维数组的建立与矩阵的建立方法类似，常用的多维数组建立的方式主要有以下 4 种方式。

- ❑　利用下标建立多维数组。
- ❑　利用 MATLAB 函数产生多维数组。
- ❑　利用 cat()函数建立多维数组。
- ❑　用户自己编写 M 文件产生多维数组，即用户自己编写代码产生多维数组。

下面对这 4 种方法进行逐一介绍。

1．利用下标建立多维数组

在 MATLAB 中，多维数组可以通过先建立二维矩阵，然后再将其扩展为相应的多维数组。例如，首先在命令行窗口利用 MATLAB 语句产生一个 $3×3$ 的方阵 A，其代码如下：

```
A=[5 7 2; 0 1 2; 3 4 2];
```

这时 A 只是一个 $3×3$ 的矩阵，但是通过上述多维数组的分析，A 实际上也可看做是 $3×3×1$ 的数组，即 A 是由一页纸组成的书（在春秋战国时期常见的帛书即是一页纸组成的书）。因此扩展其维数，将原始的 A 作为第一个维度的数据，对第二个维度进行赋值，可得：

```
A(:, :, 2)=[2 5 3; 4 2 8; 2 0 3]
```

MATLAB 运行结果如下：

```
A(:,:,1) =
    5    7    2
    0    1    2
    3    4    2
A(:,:,2) =
    2    5    3
    4    2    8
    2    0    3
```

说明已经产生了一个 $3×3×2$ 的多维矩阵 A。这就好比是两页纸，每页纸都是由 $3×3$

的矩阵 A 表示，这两页纸重新装订到一起形成了一本书，这本书是 $3\times3\times2$ 的多维数组，被重新命名为 A（有点像古老的武功秘籍，上下两部分合成一部完整的书）。

如果要扩展维的所有元素均相同，则可用标量来输入。例如：

```
A(:,:,3)=6;
A(:,:,3)
```

MATLAB 运行结果如下：

```
ans =
     6     6     6
     6     6     6
     6     6     6
```

进一步扩展维数可得到四维数组：

```
A(:,:,1,2)=eye(3);
A(:,:,2,2)=5*eye(3);
A(:,:,3,2)=10*eye(3);
size(A)
```

MATLAB 运行结果如下：

```
ans =
     3     3     3     2
```

说明得到的矩阵 A 为 $3\times3\times3\times2$ 维。

2. 利用MATLAB函数产生多维数组

利用 MATLAB 的函数（如 rand()、randn()、ones()、zeros()等）也可直接产生多维数组，在函数调用时可指定每一维的尺寸。例如，为产生 $10\times3\times2$ 维的正态分布随机数 A，可输入

```
A=randn(10, 3, 2)
```

MATLAB 运行结果如下：

```
A(:,:,1) =
    0.5377   -1.3499    0.6715
    1.8339    3.0349   -1.2075
   -2.2588    0.7254    0.7172
    0.8622   -0.0631    1.6302
    0.3188    0.7147    0.4889
   -1.3077   -0.2050    1.0347
   -0.4336   -0.1241    0.7269
    0.3426    1.4897   -0.3034
    3.5784    1.4090    0.2939
    2.7694    1.4172   -0.7873
A(:,:,2) =
    0.8884   -0.1022   -0.8637
   -1.1471   -0.2414    0.0774
   -1.0689    0.3192   -1.2141
   -0.8095    0.3129   -1.1135
   -2.9443   -0.8649   -0.0068
    1.4384   -0.0301    1.5326
    0.3252   -0.1649   -0.7697
   -0.7549    0.6277    0.3714
```

```
     1.3703    1.0933   -0.2256
    -1.7115    1.1093    1.1174
```

为产生各元素相同的多维数组，可采用 ones()函数，也可采用 repmat()函数，如输入：

```
B=5*ones(3, 4, 2);
C=repmat(5, [3 4 2]);
```

这两个多维数组是相同的，即 $B=C$，可以通过下面语句进行判断。

```
if B==C
    disp('B 与 C 相同！')
end
```

运行结果如下：

```
B 与 C 相同！
```

3．利用cat()函数建立多维数组

任何两个维数适当的数组可利用 cat()函数按指定维进行连接，从而可以组合这两个数组产生更高维的数组。例如输入：

```
A=[2  8; 0  5];  B=[1  8; 2  4];
```

当它们沿着第三维以上的维进行连接时，可得到多维数组，如输入：

```
C=cat(3,A,B);
D=cat(4,A,B);
size(C)
```

MATLAB 运行结果如下：

```
ans =
    2    2    2
```

然后用以下代码查看 D 的大小：

```
size(D)
```

MATLAB 运行结果如下：

```
ans =
    2    2    1    2
```

说明得到的 C 为 $2×2×2$ 维，而 D 为 $2×2×1×2$ 维。这就好比 A 和 B 所代表的两页纸被 cat()函数（黏贴剂）组合到一本书中，这本书的名字为 C。

当某一维的尺寸为 1 时，则称这一维为单点维，如 D 中第三维为单点维。

cat()函数还可以嵌套调用。例如继续输入：

```
E=cat(3,C,cat(3,[11 12;13 14],[5 6;7 8]));
```

这时产生的 E 为 $2×2×4$ 维。

4．用户自定义M文件产生多维数组

对于任意指定的多维数组，用户可以编写专门的 M 文件来产生，这样可避免在设计中过多地在程序中输入数据。

在实际记录每天、每月、每年测量的有关数据时，也可以编写 M 文件将它们组合成多维数组，从而提供给设计者使用。

【例 6-2】　某地区一年中每月的平均气温和平均降雨量如表 6.1 所示，请用一个多维数组将气温和降雨量保存起来。

表 6.1　每月的平均气温和平均降雨量

月份	1	2	3	4	5	6	7	8	9	10	11	12
温度	0.2	2.3	8.7	18.5	24.6	32.1	36.5	37.1	28.3	17.8	6.4	−3.2
降雨量	4.6	3.6	2.1	2.9	3.0	2.7	2.2	2.5	4.3	3.4	3.0	2.1

MATLAB 代码如下：

```
month=[1 2 3 4 5 6 7 8 9 10 11 12];
tempe=[0.2 2.3 8.7 18.5 24.6 32.1 36.5 37.1 28.3 17.8 6.4 -3.2];
rainf=[4.6 3.6 2.1 2.9 3.0 2.7 2.2 2.5 4.3 3.4 3.0 2.1];
saveData(:,:,1) = month;      % 存每个月份
saveData(:,:,2) = tempe;      % 存温度
saveData(:,:,3) = rainf;      % 存降雨量
saveData                      % 显示存储的变量
```

程序运行后，输出结果如下：

```
saveData(:,:,1) =
    1     2     3     4     5     6     7     8     9    10    11    12
saveData(:,:,2) =
 Columns 1 through 7
   0.2000    2.3000    8.7000   18.5000   24.6000   32.1000   36.5000
 Columns 8 through 12
  37.1000   28.3000   17.8000    6.4000   -3.2000
saveData(:,:,3) =
 Columns 1 through 7
   4.6000    3.6000    2.1000    2.9000    3.0000    2.7000    2.2000
 Columns 8 through 12
   2.5000    4.3000    3.4000    3.0000    2.1000
```

6.1.3　多维数组的转换

多维数组的使用非常灵活，在实际应用中，可以根据不同需求对多维数组进行转换。例如，可以在建立多维数组之后改变其尺寸和维数，改变的方法大概有两种：一种是直接在多维数组中添加或删除元素，从而改变多维数组的维度或每个维度的数据量；另外一种是利用 reshape() 函数，在保持所有元素个数和内容不变的前提下，改变多维数组每一维度的尺寸和多维数组的维数。

【例 6-3】　下面是一个简单例子，使用 cat() 函数将两个 3×4 的随机矩阵进行连接，形成一个 3×4×2 的多维数组。

```
M=cat(3,fix(15*rand(3,4)),fix(10*rand(3,4)))
```

其中 fix(15*rand(3,4)) 表示对一个范围为 0-15 的 3×4 均匀分布进行向 0 靠拢取整，而 fix(10*rand(3,4)) 表示对一个范围为 0-10 的 3×4 均匀分布进行向 0 靠拢取整。

MATLAB 运行结果如下：

```
M(:,:,1)  =
    2     9     0    13
    3     4    11     6
    2     2     6     6
M(:,:,2)  =
    8     6     6     5
    5     8     3     7
    2     0     8     4
```

【例 6-4】 将例 6-3 产生的矩阵 M 变成 4×6 的矩阵。MATLAB 代码如下：

```
N=reshape(M,4,6)
```

MATLAB 运行结果如下：

```
N=
    2     4     6     8     8     8
    3     2    13     5     0     5
    2     0     6     2     6     7
    9    11     6     6     3     4
```

可以看出，reshape()函数是按列方式操作的。又如对例 6-3 产生的矩阵 N，有下列合法指令：

❑ y1=reshape(N, [6 4])。

❑ y2=reshape(N, [3 4 2])。

❑ y3=reshape(N, [2 2 3 2])。

应当注意的是在对多维数组使用 reshape()函数时，不管维度怎么变化，多维数组的元素数目不应该变化，即 prod(size(N))=prod(size(y1))=prod(size(y2))=prod(size(y3))，其中 prod 为数组维数的乘积，这一点也是采用 reshape()函数的基本要求。

【例 6-5】 利用 squeeze()函数删除多维数组中的单点维。MATLAB 代码如下：

```
b=repmat(6,[4 3 1 3]);
c=squeeze(b);
size(b)
size(c)
```

MATLAB 运行结果如下：

```
ans =
    4     3     1     3
ans =
    4     3     3
```

应注意，squeeze()函数对二维数组（即矩阵）不起作用。

【例 6-6】 利用 permute()函数改变多维数组中指定维的次序，例如，对于前面产生的 M 数组，有如下代码：

```
M1=permute(M,[2 1 3])
```

MATLAB 运行结果如下：

```
M1(:,:,1)  =
    2     3     2
    9     4     2
    0    11     6
   13     6     6
```

```
M1(:,:,2) =
    8    5    2
    6    8    0
    6    3    8
    5    7    4
```

由 MATLAB 的运行结果可以看到 M 数组的维数由 3×4×2 变成了 4×3×2，在该命令中，2 表示原 M 阵列的第二维，1、3 分别表示 M 阵列的第一、三维，该命令说明将 M 数组的第一维与第二维交换，也就完成了每页上二维数组的转置。又如：

```
A=randn(5, 4, 3, 2);
B=permute(A, [2 4 3 1]);
size(B)
```

MATLAB 运行结果如下：

```
ans =
    4    2    3    5
```

实际上，可以将多维数组的序列变换看做是二维数组（矩阵）转置的扩展。在序列变换中也可以直接确定出元素之间的位置关系，在上例中 $A(4, 2, 1, 2)=B(2, 2, 1, 4)$。

【例 6-7】考虑 RGB 图像数据，这是一个三维数组。RGB 图像的访问方式为如下代码：

```
red_plane=RGB(:,:,1);
```

这是访问其中的红色位面。

6.2　结　构　体

与 C 或 C++语言一样，MATLAB 为了更好地组织各种数据，提供了结构体对行耦合比较紧密的数据进行存储。下面介绍 MATLAB 中结构的构造、赋值及使用情况。

6.2.1　结构体构造和赋值

不论在何种语言中，要实现复杂的程序设计，结构体（struct）都是一个常用的选择，而且在 MATLAB 中实现 struct 要比其他语言更方便。

MATLAB 建立结构体有两种方式：

❑ 使用 struct()函数。

❑ 使用赋值语句。

显然这两种构造方式各有优势，使用 struct()函数构造结构体，会使程序更加整洁。而使用赋值语句的方式构造结构体更为简单。首先来看怎样使用 struct()函数在 MATLAB 中构造结构体并赋值。

1. 利用struct()函数建立结构阵列

利用 struct()函数可方便地建立结构体，也可以把其他形式的数据转换为结构数组。struct()函数的使用格式为：

```
s = sturct('field1',values1,'field2',values2,…);    %注意引号
```

该函数将生成一个具有指定字段名 field 和相应数据 values 的结构数组，其中 field1 为字段 1，values1 为其对应的值，field2 为字段 2，values2 为其对应的值。需要注意的是数据 values1、values2 等必须为具有相同维数的数据，并且数据 values1、values2 等可以是细胞数组、结构体等，每个 values 的数据被赋值给相应的 field 字段。

当 values 为细胞数组的时候，生成的结构数组的维数与细胞数组的维数相同。而在数据中不包含元胞的时候，得到的结构数组的维数是 1×1。例如：

```
s = struct('type',{'big','little'},'color',{'blue','red'},'x',{3,4})
```

MATLAB 运行结果如下：

```
s =
   1×2 struct array with fields:
   type
   color
   x
```

得到维数为 1×2 的结构数组 s，包含 type、color 和 x 共 3 个字段。这是因为在 struct() 函数中{'big','little'}、{'blue','red'}和{3,4}都是 1×2 的元胞数组，可以在 MATLAB 中查看数组 s 中每个元素的值。

```
s(1,1)
ans =
     type: 'big'
    color: 'blue'
        x: 3

s(1,2)
ans =
     type: 'little'
    color: 'red'
        x: 4
```

下面举例子说明在 MATLAB 中如何利用 struct()函数构造结构数组。

【例 6-8】 一个温室的数据最少包括这几个字段：温室名称、温室大小、温室温度、温室种植物，在 MATLAB 中利用函数 struct()，建立温室群的数据库。

在 MATLAB 中建立结构体的代码如下：

```
name='六号房';
volume='3200 立方米';
temperature = '28';
plant = 'cabbage ';
green_house_6 = struct('name',name,'volume',volume,'temperature',temperature,
'plant',plant);
green_house_6
```

MATLAB 运行结果如下：

```
green_house_6 =
         name: '六号房'
       volume: '3200 立方米'
  temperature: '28'
```

```
    plant: 'cabbage '
```

当然也可以通过赋值改变 green_house_6 中某一字段的值，例如，现在将温度改为
25°，种植物修改为 tomato，则有如下语句：

```
green_house_6.temperature = '25';
green_house_6.plant='tomato';
green_house_6
```

MATLAB 运行结果如下：

```
green_house_6 =
          name: '六号房'
        volume: '3200 立方米'
   temperature: '25'
         plant: 'tomato'
```

当然，如果建立的温室不止一个，这时就可以用结构体数组将所有的温室数据集合到
一起。例如，现在有 6 个温室，其中除了名字不一样外，温室的大小、温度和种植物都一
样，那么现在温室的数据库建立如下：

```
clear
volume='3200 立方米';
temperature = '28';
plant = 'cabbage ';
for i = 1:6
  name = [num2str(i)  '号房'];
  green_house(i)=struct('name',name,'volume',volume,'temperature',
  temperature,'plant',plant);
end
green_house
```

MATLAB 运行结果如下：

```
green_house =
   1×6 struct array with fields:
      name
      volume
      temperature
      plant
```

MATLAB 约定，当结构中包含两个以上的结构元素时，输入阵列名时不再显示出各个
元素的值，而是显示阵列的结构信息。当结构中仅包含一个结构元素时，则输入阵列名时
可显示出各个元素的值。

可以在 MATLAB 中查看 green_house 数组中某个元素的值：

```
green_house(2)
```

MATLAB 运行结果如下：

```
ans =
          name: '2 号房'
        volume: '3200 立方米'
   temperature: '28'
         plant: 'cabbage '
```

【例 6-9】 一个病人的数据最少包括这几个字段：病人姓名、治疗的费用、检查的参数，在 MATLAB 中利用函数 struct()建立病人的数据库。

在 MATLAB 建立结构体的代码如下：

```
patient1=struct('name','John Doe','billing',127, 'test',[79 75 73; 180 178
177.5; 220 210 205]);
```

MATLAB 运行结果如下：

```
patient1 =
        name: 'John Doe'
     billing: 127
        test: [3×3 double]
```

也可以利用细胞数组一次输入多个结构元素，即可以输入多个病人的情况，MATLAB 代码如下：

```
clear
n={'John Doe' 'Ann Lane' 'Alan Johnson'};      %细胞数组
b=[127 28.5 95.8];
t1=[79 75 73; 180 178 177.5; 220 210 205];
t2=[68 70 68; 118 118 119; 172 170 169];
t3=[37 38 36; 119 121 120; 165 166 159];
patient2=struct('name',n,'billing',b,'test',{t1 t2 t3});
patient2
```

MATLAB 运行结果如下：

```
patient2 =
     1×3 struct array with fields:
          name
          billing
          test
```

可以在 MATLAB 中查看 patient2 数组中某个元素的值：

```
patient2(2)
```

MATLAB 运行结果如下：
```
ans =
      name: 'Ann Lane'
   billing: [127 28.5000 95.8000]
      test: [3×3 double]
```

2．利用赋值语句建立结构阵列

MATLAB 也可以利用赋值语句对结构阵列的各个字段进行赋值，注意结构名与域名字段之间用句点分隔。下面举例说明在 MATLAB 中如何利用赋值语句构造结构数组。

【例 6-10】 一个温室的数据最少包括这几个字段：温室名称、温室大小、温室温度和温室种植物，在 MATLAB 中利用赋值语句建立温室群的数据库。

在 MATLAB 利用赋值语句建立结构体的代码如下：

```
clear
name='六号房';
volume='3200 立方米';
temperature = '28';
```

```
plant = 'cabbage ';
green_house_6.name = name;
green_house_6.volume = volume;
green_house_6.temperature = temperature;
green_house_6.plant = plant;
green_house_6
```

MATLAB 运行结果如下：

```
green_house_6 =
          name: '六号房'
        volume: '3200 立方米'
   temperature: '28'
         plant: 'cabbage '
```

当然同样可以通过赋值改变 green_house_6 中某一字段的值，例如，现在将温度改为 24°，种植物修改为 tomato，则有如下语句：

```
green_house_6.temperature = '24';
green_house_6.plant='tomato';
green_house_6
```

MATLAB 运行结果如下：

```
green_house_6 =
          name: '六号房'
        volume: '3200 立方米'
   temperature: '24'
         plant: 'tomato'
```

同样，假设现在有 6 个温室，其中除了名字不一样外，温室的大小、温度和种植物都一样，也可以通过赋值语句建立结构体数组将所有的温室数据集合到一起。

```
clear
volume='3200 立方米';
temperature = '28';
plant = 'cabbage ';
for i = 1:6
   green_house(i).name=[num2str(i) '号房'];
   green_house(i).volume = volume;
   green_house(i).temperature = temperature;
   green_house(i).plant = plant;
end
green_house
```

MATLAB 运行结果如下：

```
green_house =
    1×6 struct array with fields:
        name
        volume
        temperature
        plant
```

可以在 MATLAB 中查看 green_house 数组中某个元素的值：

```
green_house(2)
```

MATLAB 运行结果如下：

```
ans =
        name: '2 号房'
      volume: '3200 立方米'
 temperature: '28'
       plant: 'cabbage '
```

【例 6-11】　一个病人的数据最少包括这几个字段：病人姓名、治疗的费用和检查的参数，在 MATLAB 中利用赋值语句建立病人的数据库。

在 MATLAB 中建立结构体的代码如下：

```
clear
patient1.name = 'John Doe';
patient1.billing = 127;
patient1.test = [79 75 73; 180 178 177.5; 220 210 205];
patient1
```

MATLAB 运行结果如下：

```
patient1 =
        name: 'John Doe'
     billing: 127
        test: [3×3 double]
```

也可以利用细胞数组一次输入多个结构元素，即可以输入多个病人的情况，MATLAB 代码如下：

```
clear

n={'John Doe' 'Ann Lane' 'Alan Johnson'};    %细胞数组
b=[127 28.5 95.8];
t1=[79 75 73; 180 178 177.5; 220 210 205];
t2=[68 70 68; 118 118 119; 172 170 169];
t3=[37 38 36; 119 121 120; 165 166 159];
t(:,:,1) = t1;
t(:,:,2) = t2;
t(:,:,3) = t3;
for i = 1:3
        patient2(i).name = n{i};
        patient2(i).billing = b(i);
        patient2(i).test = t(:,:,i);
end
patient2
```

MATLAB 运行结果如下：

```
patient2 =
     1×3 struct array with fields:
        name
        billing
        test
```

可以在 MATLAB 中查看 patient2 数组中某个元素的值：

```
patient2(3)
```

MATLAB 运行结果如下：

```
ans =
      name: 'Alan Johnson'
   billing: 95.8000
```

```
    test: [3×3 double]
```

通过赋值语句，很容易在已有结构中添加新的结构元素，利用如下代码添加第 4 个病人的情况。

```
patient(4).name='Mike Line';
patient(4).billing=55.50;
patient(4).test=[77 74 65;88 80 90;125 125 169];
```

这时再输入：

```
patient
```

MATLAB 运行结果如下：

```
patient =
    1×4 struct array with fields:
        name
        billing
        test
```

利用 fieldnames()函数可直接得到结构的域名，如可输入：

```
n=fieldnames(patient)
```

MATLAB 运行结果如下：

```
n =
        'name'
        'billing'
        'test'
```

在扩展结构时，MATLAB 会对未指定值的域自动填入空阵列，以确保结构阵列中的所有元素具有相同数量的域，且所有的域具有相同的域名。例如输入：

```
patient(5).name='Alan Johnson';
```

这时虽然尚未输入第 5 个结构元素的 billing 和 test 域，但它们已经存在，其内容为空阵列，可输入如下代码进行查看：

```
patient(5)
```

MATLAB 运行结果如下：

```
ans=
        name: 'Alan Johnson'
    billing:[]
        test:[]
```

6.2.2　结构体的使用

在 MATLAB 中，结构体可利用结构名后的括号指示第 *n* 个结构元素，利用句点引出的域名指示相应的域，因此在前面的例子中可用如下代码得到第 2 个病人的名字：

```
str=patient(2).name
```

MATLAB 运行结果如下：

```
str=
      Ann   Lane
```

用如下代码得到第一个病人的检查情况：

```
n1=patient(1).test(3,2)
```

MATLAB 运行结果如下：

```
n1=
      210
```

这样每次只能得到结构中一个域的赋值，如果要得到多个域的赋值，则可采用循环，例如，下面的代码是得到每个病人的名字：

```
for i=1:length(patient)
    disp(patient(i).name);
end
```

MATLAB 运行结果如下：

```
John Doe
Ann Lane
Alan Johnson
```

访问结构阵列中的元素可采用下标，例如，下面的代码可以获得第 2 个病人的所有信息：

```
second=patient(2)
```

MATLAB 运行结果如下：

```
second=
        name: 'Ann Lane'
     billing: 28.5000
        test: [3×3 double]
```

利用 getfield()函数可方便地得到域值，以下代码获得第 2 个病人的姓名。

```
str=getfield(patient,{2},'name')
```

MATLAB 运行结果如下：

```
str=
      Ann Lane
```

以下代码获得第 1 个病人的所有检查信息。

```
V=getfield(patient,{1},'test',{2:3,1:2})
```

MATLAB 运行结果如下：

```
V=
     180  178
     220  210
```

另外，利用 setfield()函数可改变结构的域值，例如，下面的代码改变了第 1 个病人的检查信息。

```
patient=setfield(patient,{1},'test',{2,1},185);
V1=getfield(patient,{1},'test',{2:3,1:2})
```

MATLAB 运行结果如下：

```
V1=
        185   178
        220   210
```

注意 V 与 V1 的区别，这说明了 setfield() 函数所起的作用。

与普通阵列一样，MATLAB 的函数和操作符可以应用于结构阵列中的域和域元素，例如，为求出 patient(2) 中 test 阵列的列均值，可输入如下代码：

```
mean(patient(2).test)
```

MATLAB 运行结果如下：

```
ans=
        119.3333   119.3333   118.6667
```

有时可采用多种方法来完成指定的功能，例如，要计算 patient 中各病人的费用之和，这时可利用循环来计算：

```
total=0;
for i=1:length(patient2)
    total=total+patient2(i).billing;
end

disp(total)
```

MATLAB 运行结果如下：

```
251.3000
```

为简化操作，MATLAB 可对结构阵列中同名域的数据进行直接处理，上述操作可简化为：

```
total=sum([patient2.billing])
```

MATLAB 的运行结果如下：

```
total=
        251.3000
```

6.2.3　结构体的嵌套

与 C 和 C++语言一样，在 MATLAB 中，结构体的域值可以是另一个已定义过的结构，这就是结构体的嵌套使用。这种结构嵌套提供了灵活的思维空间，可以设计出更复杂的结构，甚至可用来设计简单的数据库。这里以一个示例来说明嵌套结构阵列的建立与使用。先利用 struct() 函数建立嵌套结构阵列的一个元素，然后利用赋值语句进行扩展，如输入：

```
A=struct('data',[3 4 7;8 0 1],'nest', …
    struct('testnum','Test 1','xdata',[4 2 8],'ydata',[7 1 6]));
A(2).data=[9 3 2;7 6 5];
A(2).nest.testnum='Test 2';
A(2).nest.xdata=[3 4 2];
```

```
A(2).nest.ydata=[5 0 9]
A(1).data
A(2).nest
```

MATLAB 运行结果如下：

```
ans =
       3     4     7
       8     0     1
ans =
     testnum: 'Test 2'
       xdata: [3 4 2]
       ydata: [5 0 9]
```

6.3　细　　胞

MATLAB 从 5.0 版开始引入了一种新的数据类型——细胞（cell），这种数据结构是 MATLAB 独有的一种数据类型格式，可以将不同类型的数据组合到一个统一的变量中，在信号处理中很常用。通过细胞数组的使用，可以在同一个变量中存储不同数据类型的数据，给代码的编写带来了极大的便利。

普通数组中的每个元素都必须具有相同的数据类型，而细胞则没有此要求。细胞变量的表示方法类似于带有下标的数组，但这些下标不是用圆括号括起来，而是使用大括号。下面介绍 MATLAB 中细胞数组的构造和赋值以及使用情况。

6.3.1　细胞数组的创建

细胞数组的创建主要有函数法和直接赋值法。函数法是指使用 MATLAB 提供的 cell() 函数创建细胞数组。直接赋值法是指直接在命令行中给细胞数组的每个元素赋值，或者使用大括号"{}"创建细胞数组。

1. 利用函数创建细胞数组

在 MATLAB 中可以利用 cell() 函数生产一个细胞数组，接着先对细胞数组中的元素进行内存空间的预分配，然后再赋值。该函数的调用格式如下。

❑ A=cell(n)：生成 $n \times n$ 的细胞数组 A。

❑ A=cell(m, n)或者 A=cell([m, n])：生成 $m \times n$ 的细胞数组 A。

❑ A=cell($m, n, p, \ldots$)或者 A=cell([$m, n, p, \ldots$])：生成 $m \times n \times p \ldots$的细胞数组 A。

❑ A=cell(size(B))：生成一个与数据 B 具有相同大小的细胞数组 A。

【例 6-12】设一个彩色图像的 R 通道为 256×256 的全 1 矩阵，G 通道为 256×256 的全 0 矩阵，B 通道为 256×256 的单位矩阵，利用细胞数组函数法表示这个彩色图像的代码如下：

```
clear
% R、G、B 单通道定义的值
R = ones(256, 256);
```

```
G = zeros(256, 256);
B = eye(256, 256);
% 定义细胞数组
Image = cell(3, 1);
% 对细胞数组赋值
Image{1} = R;
Image{2} = G;
Image{3} = B;
Image
```

MATLAB 运行结果如下：

```
Image =
    [256×256 double]
    [256×256 double]
    [256×256 double]
```

【例 6-13】　再来看病人的实例怎么用细胞数组来构建病人的数据库。MATLAB 代码如下：

```
clear
% 3 个病人的数据
n={'John Doe' 'Ann Lane' 'Alan Johnson'};
b=[127 28.5 95.8];
t(:,:,1)=[79 75 73; 180 178 177.5; 220 210 205];
t(:,:,2)=[68 70 68; 118 118 119; 172 170 169];
t(:,:,3)=[37 38 36; 119 121 120; 165 166 159];
% 定义细胞数组
patient = cell(3, 3);
% 对每个病人进行赋值
for i = 1:3
    patient{i, 1}.name = n{i};
    patient{i, 2}.billing = b(i);
    patient{i, 3}.test = t(:,:,i);
end
patient
```

MATLAB 运行结果如下：

```
patient =
    [1×1 struct]    [1×1 struct]    [1×1 struct]
    [1×1 struct]    [1×1 struct]    [1×1 struct]
    [1×1 struct]    [1×1 struct]    [1×1 struct]
```

可以看到，上面的程序构建了一个 3×3 细胞数组，第一维表示病人，第二维表示病人的情况。例如，查看第 2 个病人情况的 MATLAB 代码如下：

```
patient{2,:}
```

MATLAB 运行结果如下：

```
ans =
    name: 'Ann Lane'
ans =
    billing: 28.5000
ans =
    test: [3×3 double]
```

注意：patient{2}代表的是 patient 数组按列查找的第 2 个元素。

2．直接赋值法

细胞数组的直接赋值可以使用小括号表示细胞数组的下标，而细胞中的内容则需要使用大括号"{}"括起来。如果使用大括号括起细胞的下标时，细胞中的内容无须另加标点，与一般数组的元素输入相同。这两种方法的效果是一样的，但要注意符号前后的配合。

使用大括号"{}"创建细胞数组的方法类似于使用中括号"[]"生成一般的数组，行之间的元素用分号";"分割，列之间的元素用逗号","或者空格分割。

【例 6-14】 设一个彩色图像的 R 通道为 256×256 的全 1 矩阵，G 通道为 256×256 的全 0 矩阵，B 通道为 256×256 的单位矩阵，利用直接赋值法创建细胞数组表示这个彩色图像的代码如下：

```
clear
% R、G、B 单通道定义的值
R = ones(256, 256);
G = zeros(256, 256);
B = eye(256, 256);
% 使用直接赋值法创建细胞数组
Image{1} = R;
Image{2} = G;
Image{3} = B;
Image
```

MATLAB 运行结果如下：

```
Image =
    [256×256 double]    [256×256 double]    [256×256 double]
```

可以看到实例的结果与例 6-10 并不相同，这相当于 Image = cell(1,3)；然后对 Image 这个细胞数组进行赋值。

6.3.2　细胞数组的访问

MATLAB 提供了两种方式对细胞数组进行访问，其中大括号访问的是细胞数组中细胞的内容，可以对细胞中的内容进行进一步的操作，而小括号访问的是细胞数组的元胞，是个整体，无法对细胞中的具体数据进行操作。

【例 6-15】 利用大括号访问细胞数组的代码如下：

```
a={20,'mATLAB',ones(2,3)}
```

MATLAB 运行结果如下：

```
a =
    [20]    'matlab'    [2×3 double]
```

查看 cell 数组 a 中第 3 个 cell 的代码如下：

```
a(3)
```

MATLAB 运行结果如下：

```
ans =
    [2×3 double]
```

查看 cell 数组 a 中第 3 个 cell 类型的代码如下：

```
class(a(3))
```

MATLAB 运行结果如下：

```
ans =
cell
```

查看 cell 数组 a 中第 3 个 cell 内容的代码如下：

```
a{3}
```

MATLAB 运行结果如下：

```
ans =
    1    1    1
    1    1    1
```

删除 cell 数组 a 中第 3 个 cell 的代码如下：

```
a(3)=[]
```

MATLAB 运行结果如下：

```
a =
   [20]    'matlab'
```

清空 cell 数组 a 中第 2 个 cell 的内容，但并没有删除这个元胞，代码如下：

```
a{2}=[]
```

MATLAB 运行结果如下：

```
a =
   [20]    []
```

6.3.3　细胞数组的显示

在 MATLAB 中利用 celldisp()和 cellplot()函数显示细胞数组，其中 celldisp()函数可以显示细胞数组的具体内容，而 cellplot()函数则以图形的方式显示细胞数组。

1．celldisp()函数的调用格式

❑ celldisp (*A*)：显示细胞数组 *A* 中的具体内容。
❑ celldisp (*A*, 'name')：以字符串 name 为细胞数组的名称，然后显示细胞数组 *A* 中的具体内容。

【例 6-16】　利用 celldisp()函数显示细胞数组的内容：

```
A={20,'matlab',ones(2,3)};
celldisp(A)
```

MATLAB 运行结果如下：

```
A{1} =
     20
A{2} =
```

```
      matlab
A{3} =
     1    1    1
     1    1    1
```

以 s 为细胞数组的名称，然后显示 A 中的具体内容，代码如下：

```
celldisp(A, 's')
```

MATLAB 运行结果如下：

```
s{1} =
     20
s{2} =
     matlab
s{3} =
     1    1    1
     1    1    1
```

可以看到细胞数组在显示的时候标记了另外一个名称 s，注意，这并不是重新建立或复制了一个新的细胞数组，仅是用 s 去显示 A 中的内容。

2．cellplot()函数的调用格式

❑ cellplot (*A*)：以图形化的形式显示细胞数组 *A*。
❑ cellplot (*A*, 'legend')：以图形化的形式显示细胞数组 *A*，同时显示不同数据类型的颜色图例标注。

【例 6-17】 利用 cellplot ()函数显示细胞数组的内容：

```
A={20,'matlab',ones(2,3)};
cellplot (A)
```

MATLAB 运行结果如图 6.2 所示。

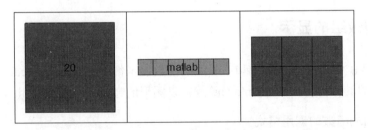

图 6.2　cellplot()函数的实验结果

而 cellplot (*A*, 'legend')的运行结果如图 6.3 所示。

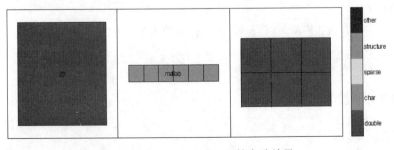

图 6.3　cellplot (*A*, 'legend')的实验结果

6.4　字　符　串

与 C 或 C++语言一样，MATLAB 在为了更好地处理字符相关内容，提供了字符串相关的函数。在 MATLAB 中，字符是以其 ASCII 码表示的，这样可直接在屏幕上显示字符或者在打印机上打印字符。

6.4.1　字符串构造

字符串的生成主要通过直接赋值法、已构成字符串类型的数据来完成。字符串类型的数据中每个字符占两个字节的存储空间。

【例 6-18】　定义一个一维字符串。

```
name='河北大学电子信息工程学院';
name
```

MATLAB 运行结果如下：

```
name =
河北大学电子信息工程学院
```

可以利用 class 命令检查 name 的类型：

```
class(name)
```

MATLAB 运行结果如下：

```
ans =
char
```

可以看到变量 name 的类型为字符型，再利用以下代码检测 name 数组的大小：

```
size(name)
```

MATLAB 运行结果如下：

```
ans =
     1    12
```

这说明 name 占用 1×12 向量，每个汉字只占用一个字符位置。众所周知，一个汉字需要用两个字节的内码表示，每个字符应该占用两个字节，这一点可由下列命令得到证实：

```
name1='MATLAB';
whos
```

MATLAB 运行结果如下：

```
ans        1×2            16  double
name       1×12           28  char
name1      1×6            12  char
```

变量 name 含有 14 个汉字，占用了 28 个字节，然而 name1 包含有 6 个英文字母，占用 12 个字节，这说明每个字符都采用 16 位的 ASCII 码存储。

【例 6-19】 定义一个二维字符串。

```
str1=['MATLAB ';'SIMULINK']
```

MATLAB 运行结果如下：

```
str1 =
MATLAB
SIMULINK
```

注意：在建立二维阵列时，应注意确保每行上的字符数相等，如果长度不等，应在其后
补空格。必要时可利用 blanks()函数补上空格。

【例 6-20】 利用 blanks()函数定义一个二维字符串。

```
book1='MATLAB Programming Language';
book2='Signal Processing using MATLAB';
book3='Control System using MATLAB';
book4='Neural Network using MATLAB';
disp([length(book1),length(book2),length(book3),length(book4)])
BOOK=[book1 blanks(3);book2;book3 blanks(3);book4 blanks(3)]
```

MATLAB 运行结果如下：

```
27    30    27    27
BOOK =
MATLAB Programming Language
Signal Processing using MATLAB
Control System using MATLAB
Neural Network using MATLAB
```

当从字符阵列中提取字符串时，可利用 deblank()函数删除字符串末尾多余的空格。

6.4.2 字符串函数

在 MATLAB 中为用户内置了丰富的字符串函数以方便进行字符串处理，主要包括字
符串一般函数、字符串的判断、字符串的连接和比较、字符串的搜索与取代、字符串与数
值之间的转换。

1. 字符串的一般处理函数

（1）char()：建立字符阵列。

❑ S=char(X)：将 X 中以字符 ASCII 码表示的值转换成相应的字符，利用 double()函
数可进行相反的变换。

❑ S=char(C)：将单元阵列中的字符串变换成字符阵列 S，利用 cellstr()可进行相反的
变换，C 表示字符串的单元阵列。

❑ S=char(t1, t2, t3, …)： S 是以 t1, t2, t3, …为行构成的二维字符矩阵，其行尺寸取
t1, t2,t3, …中的最长者，其他字符行阵列在末尾补空格，使所有行阵列等长，从而
构成二维字符矩阵 S, t1, t2, t3, …为字符串的行阵列。

【**例 6-21**】 分三行打印出其 ASCII 为 32～127 之间的字符。

```
s=char(reshape(32:127,32,3)')
```

MATLAB 运行结果如下：

```
!"#$%&'()*+,-./0123456789:;<=>?
@ABCDEFGHIJKLMNOPQRSTUVWXYZ[\]^_
`abcdefghijklmnopqrstuvwxyz{|}~
```

（2）double ()：将字符阵列变换成双精度数值。

Y=double(X)：可将字符阵列 X 转换成其 ASCII 码，如果 X 本身已经是双精度数值，则 double()函数不起作用。

【**例 6-22**】 举例说明 double()函数的用法。

```
s=char(reshape(32:127,32,3)')
s='ABC';
y=double(s);
y=double(y)
```

MATLAB 运行结果如下：

```
y =
    65    66    67
y =
    65    66    67
```

（3）cellstr()：从字符阵列中建立细胞数组。

（4）blanks()：建立空格字符。

（5）deblank()：删除字符串末尾的空格。

（6）upper()：将字符串变成大写。

（7）lower()：将字符串变成小写。

2．字符串的判断函数

（1）ischar ()：检测到字符阵列（字符串）时为逻辑真。

k=ischar(s)：当 s 为字符阵列或字符串时，k 为逻辑真（其值为 1），否则 k 为 0。

【**例 6-23**】 判断 s='Hebei University'是否含有字符串。

```
s='Hebei University';
ischar(s)
```

MATLAB 运行结果如下：

```
ans =
     1
```

这说明上述的定义是字符串的定义。

（2）iscellstr ()：检测到字符串的细胞数组时为逻辑真。用法与 ischar()函数一样。

（3）isletter ()：检测到英文字母时为逻辑真。

bIsL=isletter(str)：当 str 中某一位为英文字母时，对应的 bIsL 中的元素为逻辑真，否则为逻辑假。

【例 6-24】 判断 str='Min is 1200'中哪些是字母。

```
    str='Min is 1200';
bIsL=isletter(str)
```

MATLAB 运行结果如下：

```
bIsL =
     1   1   1   0   1   1   0   0   0   0   0   0
```

可以看到字符串 str 的第 1~3 个元素、5~6 个元素为字母，其他位置的元素为非字母。

（4）isspace ()：检测到空格时为逻辑真。

bIsL= isspace (str)：当 str 中某一位为空白（即空格、换行、回车、制表符 Tab、垂直制表符、打印机走纸符）时，相应的 bIsL 中的单元为逻辑真，否则为逻辑假。

【例 6-25】 判断 str='Min is 1200'中哪些是空格。

```
str='Min is 1200';
bIsL= isspace (str)
```

MATLAB 运行结果如下：

```
bIsL =
     0   0   0   1   0   0   1   0   0   0   0   0
```

可以看到字符串 str 的第 4、7 个元素为空格，其他位置的元素为非空格。

3. 字符串连接和比较函数

（1）strcat ()：字符串连接函数。

t=strcat(s1, s2, s3, …)：可按水平方向连接字符串 s1, s2, s3, …，并忽略尾部添加的空格。所有的输入 s1, s2, s3, …必须具有相同的行数。当输入全为字符阵列时，t 也为字符阵；当输入中包含有字符串的单元阵列时，则 t 为单元阵列。当 s 为字符阵列或字符串时，k 为逻辑真（其值为 1），否则 k 为 0。

【例 6-26】 连接 s1='Hebei University', s2=' in Baoding'这两个字符串。

```
s1='Hebei University';
s2=' in Baoding';
t=strcat(s1,s2)
```

MATLAB 运行结果如下：

```
t =
Hebei University in Baoding
```

（2）strvcat ()：字符串的垂直连接。

t=strvcat(s1, s2, s3, …)：strvcat()与 strcat()函数类似，只是按垂直方向连接字符串 s1, s2, s3, …，即以 s1, s2, s3, …作为 t 的行，为此会自动在 s1, s2, s3, …的尾部补空格以形成字符串矩阵。

【例 6-27】 连接 s1='Hebei University', s2=' in Baoding'这两个字符串。

```
s1='Hebei University';
s2=' in Baoding';
t= strvcat (s1,s2)
```

MATLAB 运行结果如下：

```
t =
Hebei University
 in Baoding
```

（3）strcmp ()：字符串的比较函数。

❏ k=strcmp(s1, s2)：可对两个字符串 s1 和 s2 进行比较，如果两者相同，则返回逻辑真（其值为 1），否则返回逻辑假（0）。

❏ TF=strcmp(S, T)：S、T 为字符串单元阵列，TF 与 S、T 尺寸相同，且当相应 T、S 元素相同时其值为 1，否则为 0。注意 T、S 必须具有相同的尺寸，或者其中之一为标量。

【例 6-28】　比较 s1="Hebei"，s2=' Hebei University '这两个字符串是否相等。

```
s1='Hebei';
s2='Hebei University';
if strcmp(s1,s2)
    disp('字符串相等!')
else
    disp('字符串不相等!')
end
```

MATLAB 运行结果如下：

```
字符串不相等!
```

【例 6-29】　比较 A={'Hebei' 'Baoding' 'University'}，B={'Beijing' 'Beijing' 'University' }这两个字符细胞数组是否相等。

```
A={'Hebei' 'Baoding' 'University'};
B={'Beijing' 'Beijing' 'University' };
if strcmp(A,B)
    disp('字符细胞数组相等!')
else
    disp('字符细胞数组不相等!')
end
```

MATLAB 运行结果如下：

```
字符细胞数组不相等!
```

（4）strcmpi ()：字符串的比较函数，在比较时忽略字母的大、小写，用法与 strcmp() 函数类似，这里不做赘述。

（5）strncmp ()：比较两个字符串的前 n 个字符是否相同。

k= strncmp (s1, s2, n)：可对两个字符串 s1 和 s2 进行比较，如果两者相同，则返回逻辑真（其值为 1），否则返回逻辑假（0）。

TF= strncmp (S, T, n)：S、T 为字符串单元阵列，TF 与 S、T 尺寸相同，且当相应 T、S 元素前 n 个字符相同时其值为 1，否则为 0。注意 T、S 必须具有相同的尺寸，或者其中之一为标量。

【例 6-30】　比较 s1="Hebei"，s2=' Hebei University '这两个字符串前 5 个字符是否相同。

```
s1='Hebei';
```

```
s2='Hebei University';
if strncmp(s1,s2, 5)
    disp('字符串相等!')
else
    disp('字符串不相等!')
end
```

MATLAB 运行结果如下:

字符串相等!

（6）strncmpi ()：比较两个字符串的前 n 个字符是否相同，在比较时忽略字母的大、小写，用法与 strncmp() 函数类似，这里不做赘述。

【例 6-31】 比较 s1='HEBEI', s2=' Hebei University '这两个字符串前 5 个字符是否相同。

```
s1='HEBEI';
s2='Hebei University';
if strncmpi(s1,s2, 5)
    disp('字符串相等!')
else
    disp('字符串不相等!')
end
```

MATLAB 运行结果如下:

字符串相等!

4．字符串的搜索与取代函数

（1）findstr ()：在长的字符串中查找短的子字符串。

k= findstr (s1, s2)：如果 s1 比 s2 长的话，则在 s1 中搜索 s2，如果 s2 比 s1 长的话，则在 s2 中搜索 s1，k 表示短字符串在 s1 中的位置。

【例 6-32】 搜索 s1='e'在 s2=' Hebei University '中的位置。

```
s1='e';
s2='Hebei University';
k= findstr(s1, s2)
```

MATLAB 运行结果如下:

```
k =
    2    4    11
```

s1 与 s2 的位置没有影响，例如:

```
s1='e';
s2='Hebei University';
k= findstr(s2, s1)
```

MATLAB 运行结果如下:

```
k =
    2    4    11
```

（2）strfind (s1, s2)：在 s1 中找 s2，如果 s2 比 s1 长，则返回空。如果将上面的例子改成：

```
k= strfind(s2, s1)
k= strfind(s1, s2)
```

MATLAB 运行结果如下：

```
k =
    2    4    11
k =
    []
```

由此可见两者的差别。

（3）strjust()：调整字符阵列。

❑ t=strjust(s), t=strjust(s, 'left')：按左对齐排列。

❑ t=strjust(s, 'center')：按居中对齐排列。

❑ t=strjust(s, 'right')：按右对齐排列。

【例 6-33】　将字符串 s1='Hebei'在 s2=' Hebei University '右对齐。

```
s1='Hebei';
s2='Hebei University';
s = [s1; s2]
t=strjust(s, 'right')
```

注意 s1 定义的字符串后面有空格，MATLAB 运行结果如下：

```
s =
Hebei
Hebei University
t =
          Hebei
Hebei University
```

（4）strmatch()：查找匹配字符串。

❑ k=strmatch(s1, s2)：可在 s2 字符串中找出以 s1 开头的字符串位置 k。

❑ k=strmatch(s1, s2, 'exact')：可在 s2 字符串中找出严格以 s1 开头的字符串的位置 k。

【例 6-34】　查找匹配字符串。

```
k1=strmatch('max',strvcat('max','minimax','maximum'))
k2=strmatch('max',strvcat('max','minimax','maximum'),'exact')
```

MATLAB 运行结果如下：

```
k1 =
    1
    3
k2 =
    1
```

注意运行结果的差别，可以看到'exact'的作用，注意 strmatch()函数与 findstr()函数的区别，前者可以在多行字符串数组中进行查找，而后者只能在一行字符串数组中进行查找。

（5）strrep ()：字符串的搜索与取代。

str=strrep(s1, s2, s3)：可在字符串 s1 中找出子字符串 s2，并以 s3 取代。

【例 6-35】 查找字符并进行替换

```
s1 = 'Hebei University';
s2 = 'Hebei';
s3 = 'Beijing';
str=strrep(s1, s2, s3)
```

MATLAB 运行结果如下：

```
str =
Beijing University
```

（6）strtok ()：找出字符串的首部。

- token=strtok(str, delimiter)：可找出字符串 str 的首部，即位于第一个分隔符 delimiter 之前的一串字符，其中 delimiter 用于指定有效的分隔符。
- token=strtok(str)：可以指定采用默认的分隔符，即空格（ASCII 码为 32）、Tabs（ASCII 码为 9）和回车（ASCII 码为 13）。
- [token, rem]=strtok(…)：除得到字符串的首部 token 外，还得到了剩余字符串 rem。

【例 6-36】 找出字符串的首部。

```
s = 'Hebei University';
[token,rem]=strtok(s)
token1=strtok(s, 'n')
```

MATLAB 运行结果如下：

```
token =
Hebei
rem =
 University
token1 =
Hebei U
```

5．字符串与数值之间的转换函数

（1）eval ()：计算以字符串表示的 MATLAB 表达式。

- a=eval(express)：可计算出 MATLAB 表达式 expression 的值，expression = [string1, int2str(var), string2, …]。
- [a1, a2, a3, …] = eval(function(b1, b2, b3, …))：b1, b2, b3, …为函数 function 的输入变量，计算结果保存在 a1，a2，a3，…中。

【例 6-37】 计算字符串'eig([2 3; 4 5])'的值。

```
[e v] = eval('eig([2 3; 4 5])')
```

MATLAB 运行结果如下：

```
e =
  -0.7968   -0.4944
```

```
    0.6042    -0.8693
v =
  -0.2749          0
        0    7.2749
```

（2）num2str（）：将数值变换成字符串。

❑　T=num2str(*X*)：可将矩阵 *X* 变换成以四位小数精度表示的字符串，如需要可指定以指数形式表示。

❑　T=num2str(*X*, *N*)：以 *N* 位有效数字将矩阵 *X* 变换成字符串。

❑　T=num2str(*X*, format)：使用指定的格式 format 将矩阵 *X* 变换成字符串。

【例 6-38】　将 pi 和 eps 转换为字符串。

```
num2str(pi)
num2str(eps)
```

MATLAB 运行结果如下：

```
ans =
    3.1416
ans =
    2.2204e-016
```

（3）int2str（）：将整数变换成字符串。

T=int2str(*X*)：可将整数 *X* 变换成字符串，输入 *X* 可以是标量、向量，还可以是矩阵，对输入的非整数值在变换之前被截断。

【例 6-39】　将 pi 利用 int2str 转换为字符串。

```
int2str (pi)
```

MATLAB 运行结果如下：

```
ans =
    3
```

（4）str2num（）：将字符串变换为数值。

n=str2num (s)：str2num 是 num2str 的逆函数，可将表示数值的字符串 s 变换为数值 *n*。

【例 6-40】　将'pi'利用 str2num 转换为数值。

```
str2num('pi')
```

MATLAB 运行结果如下：

```
ans =
    3.1416
```

6.5　本　章　小　结

本章详细介绍了 MATLAB 常用的数据结构，其中包括多维数组、结构体、细胞和字符串。其中多维数组和细胞是本章应该掌握的重点内容，两者在通信工程和信号处理中很常用，而且在进行科学计算时非常方便。

6.6 习　　题

1．计算复数 5+6i 与 4−3i 的乘积。

2．将下列数值变换成字符串：78,−56.1,0.00015,π,251.7*15.79。

3．构建结构体 Students，属性包含 Name、Age 和 Email，数据包括{'Xiaoming',20, ['xiaoming@163.com','xiaoming@263.com']}、{'Xiaohong',19,[]}和{'Xiaowang',[],[]}，构建后读取所有 Name 属性值，并修改'Xiaoming'的 Age 属性为 19。

4．某学期期末共进行了 5 门课程的考试，为开展宿舍之间的竞赛，要求将一个宿舍中 n（n=6～8）个人的 5 门课程的成绩组合成二维阵列。假设班级共有 10 个宿舍，从 1～10 编号，将所有宿舍学生成绩组合成三维阵列，求出每个宿舍的平均成绩，并列出名次。

5．任意给出一个英语句子，请提取出其中的单词，并设计一个结构，其域有 Name,no,length,value，分别用于存储每个单词的名称、句中序号、单词长度、单词各字符的 ASCII 码之和。

6．每个学生在学习过程中，可设计一种细胞数组来记录自己每学期的学习情况。存储内容包括学生基本信息（姓名、出生年月、籍贯、联系电话、信箱号等）、课程信息（课程名称、任课老师、教材、学时、学分、成绩等）、其他信息（担任职务、发表文章、参加竞赛、毕业设计等）。根据这些内容设计出细胞，并计算出每个学期的加权平均成绩。扩展这种细胞数组到 6 位同学，构成多维的细胞数组，并根据加权平均成绩排名。

第7章 MATLAB 图形用户界面设计

图形用户界面（Graphical user interfaces，GUI）是由窗口、光标、按键、菜单、文字说明等组件构成的一种人与计算机通信的界面显示格式。在该系统中，允许用户使用鼠标等输入设备操纵屏幕上的突变或者菜单选项，以选择命令、调用文件、启动程序或执行其他一些日常任务，如实现计算和绘图等功能。与通过键盘输入文本或字符命令来完成例行任务的字符界面相比，GUI 具有很多优点。本章将对 GUI 进行简单介绍，然后说明 GUI 开发环境 GUIDE 及其组成部分的用途和使用方法。本章主要内容是菜单、对话框等的设计以及实现 GUI 的实例设计。

7.1 图形用户句柄

在通常情况下，开发实际的应用程序时应该尽量保证程序的界面友好，因为程序界面是应用程序和用户进行交互的环境。在当前情况下，使用图形用户界面是最常用的方法。提供图形用户界面可以使用户更加方便地使用应用程序，不需要了解应用程序怎样执行各种命令，只需要了解图形用户界面组件的使用方法；同时，不需要了解各种命令是如何执行的，只要通过用户界面进行交互操作就可以正确执行程序。

图形用户界面（GUI）是指由窗口、菜单、图标、光标、按键、对话框和文本框等各种图形对象组成的用户界面。它让用户定制与 MATLAB 的交互方式，而命令窗口不是唯一与 MATLAB 的交互方式。

在 MATLAB 中，图形用户界面通常是一种包含多种图形对象的界面，典型的图形界面包括图形显示区域，功能按钮控件以及用户自定义的功能菜单。为了让界面实现各种功能，需要对各个图形对象进行布局和事件编程。这样，当用户通过鼠标或者键盘选择、激活这些图形对象时，就能执行相应的事件行为。最后，必须保存和发布自己创建的 GUI，使得用户可以应用 GUI 对象。

如果要进行图形界面设计，通常有两种方法：通过 M 文件创建图形界面和通过 GUI 工具箱设计图形界面。M 文件创建图形界面具有设计灵活的优点，而 GUI 工具箱设计图形界面具有操作简单，容易上手的优点。因此，通常将两种方式结合来设计用户交互界面。本章将对这种操作方式进行解析。

在 MATLAB 中，句柄图形是一种面向对象的绘图系统，在用户界面对象较多的情况下，往往需要明确对哪个对象进行操作，这个时候则需要首先明确对象的句柄是什么，通过对象句柄进行对象内容的操作。在 MATLAB 中，各种句柄图形对象是有层次的，通常按照父对象和子对象的形式进行管理。在默认的情况下，当子对象创建时，它继承了父对象的许多属性。MATLAB 的图形对象包括根对象、图形窗口、坐标轴对象、用户接口对象、注释对象，其中的关系如图 7.1 所示。

在 MATLAB 中，显然最高层次的图形对象为根对象，它表示计算机的屏幕，可以对计算机屏幕进行控制。根对象的子对象为图形窗口，图形窗口又含有 3 个子对象：用户接口对象、坐标轴对象和注释对象。而坐标轴对象又包括绘图对象和核心对象两个子对象。其中核心对象是一系列对象的合集，主要包括图形、线条、文本、光照、块、矩形和曲面等子对象。

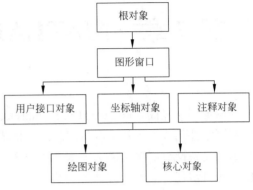

图 7.1　句柄图形系统示意图

在 MATLAB 图形界面设计的过程中，MATLAB 每创建一个图形对象时，都会为该对象分配唯一的一个值用以标识该对象，称其为图形对象的句柄（Handle）。句柄具有唯一性，不同对象的句柄不会重复和混淆。计算机屏幕作为根对象由系统自动建立，其句柄值为 0，而图形窗口对象的句柄为一个正整数，并显示在该窗口的标题栏。其他图形对象的句柄为浮点数。通过句柄可以实现对该对象的各种控制和各种属性的设置。

在 MATLAB 中利用 get()函数获取对象的属性值，该函数的调用格式如下。

❑　V = get(h)：该函数可以获得句柄 h 的属性值。

❑　V = get(h, 'PropertyName')：该函数可以获取句柄 h 的指定属性值。

❑　V = get(h, 'default')：该函数可以获得句柄 h 的所有默认属性。

【例 7-1】 求根对象的所有属性值。MATLAB 代码如下：

```
get(0)
```

程序运行结果如下：

```
get(0)
    CallbackObject = []
    CommandWindowSize = [83 33]
    CurrentFigure = []
    Diary = off
    DiaryFile = diary
    Echo = off
    FixedWidthFontName = Courier New
    Format = short
    FormatSpacing = loose
    Language = zh_cn.gbk
    MonitorPositions = [1 1 1600 900]
    More = off
    PointerLocation = [490 159]
    PointerWindow = [0]
    RecursionLimit = [500]
    ScreenDepth = [32]
    ScreenPixelsPerInch = [96]
    ScreenSize = [1 1 1600 900]
    ShowHiddenHandles = off
```

```
Units = pixels
BeingDeleted = off
ButtonDownFcn =
Children = []
Clipping = on
CreateFcn =
DeleteFcn =
BusyAction = queue
HandleVisibility = on
HitTest = on
Interruptible = on
Parent = []
Selected = off
SelectionHighlight = on
Tag =
Type = root
UIContextMenu = []
UserData = []
Visible = on
```

【例 7-2】　求根对象的所有默认属性值。MATLAB 代码如下：

```
get(0, 'default')
```

MATLAB 运行结果如下：

```
ans =
        defaultFigurePosition: [520 378 560 420]
            defaultTextColor: [0 0 0]
           defaultAxesXColor: [0 0 0]
           defaultAxesYColor: [0 0 0]
           defaultAxesZColor: [0 0 0]
       defaultPatchFaceColor: [0 0 0]
       defaultPatchEdgeColor: [0 0 0]
            defaultLineColor: [0 0 0]
   defaultFigureInvertHardcopy: 'on'
          defaultFigureColor: [0.8000 0.8000 0.8000]
            defaultAxesColor: [1 1 1]
       defaultAxesColorOrder: [7×3 double]
        defaultFigureColormap: [64×3 double]
     defaultSurfaceEdgeColor: [0 0 0]
       defaultFigurePaperType: 'A4'
      defaultFigurePaperUnits: 'centimeters'
```

在 MATLAB 中利用 set()函数设置对象的属性值，该函数的调用格式如下。

❑ V = set(h, 'PropertyName', PropertyValue)：该函数可以设置对象 h 的属性 PropertyName 的值为 PropertyValue。

❑ V = set(h, 'PropertyName1', PropertyValue1, 'PropertyName1', PropertyValue1, …)：该函数可以设置对象 h 的多个属性值。

❑ V = set(h, 'PropertyName')：该函数可以获得对象 h 的 PropertyName 属性可以设置的属性值范围。

❑ V = set(h)：该函数可以获得对象 h 所有可以设置的属性值的范围。

【例 7-3】 求根对象的可以设置所有属性值。MATLAB 代码如下:

```
set(0)
```

MATLAB 运行结果如下:

```
set(0)
    CurrentFigure
    Diary: [ on | off ]
    DiaryFile
    Echo: [ on | off ]
    FixedWidthFontName
    Format: [ short | long | shortE | longE | shortG | longG | hex | bank |
      + | rational | debug | shortEng | longEng ]
    FormatSpacing: [ loose | compact ]
    Language
    More: [ on | off ]
    PointerLocation
    RecursionLimit
    ScreenDepth
    ScreenPixelsPerInch
    ShowHiddenHandles: [ on | {off} ]
    Units: [ inches | centimeters | normalized | points | pixels | characters ]
    ButtonDownFcn: string -or- function handle -or- cell array
    Children
    Clipping: [ {on} | off ]
    CreateFcn: string -or- function handle -or- cell array
    DeleteFcn: string -or- function handle -or- cell array
    BusyAction: [ {queue} | cancel ]
    HandleVisibility: [ {on} | callback | off ]
    HitTest: [ {on} | off ]
    Interruptible: [ {on} | off ]
    Parent
    Selected: [ on | off ]
    SelectionHighlight: [ {on} | off ]
    Tag
    UIContextMenu
    UserData
    Visible: [ {on} | off ]
```

在 MATLAB 中利用 findobj()函数查找对象可以获得对象的句柄, 该函数在图形用户界面设计中非常重要, 函数调用格式如下。

❑ h = findobj: 该函数返回根对象和其子对象的句柄。

❑ h = findobj('PName', PValue1, …): 该函数查找所有 PName 属性值为 PValue 对象的句柄。

❑ h = findobj(ObjHandles, 'PName'): 该函数在对象句柄 ObjHandles 及其子对象中查找指定属性名称 PName 对象的句柄。

❑ h = findobj('–property', 'PName'): 该函数查找指定属性名称 PName 对象的句柄。

【例 7-4】 查找当前系统中所有的对象。MATLAB 代码如下:

```
A = findobj
```

MATLAB 运行结果如下：

```
A =
     0
```

程序运行结果显示目前系统只有一个对象，那就是根对象，句柄为 0。

7.2　图形用户界面开发环境

如果要进行图形界面设计，通常有两种方法：通过 M 文件创建图形界面和通过 GUI 工具箱设计图形界面。GUI 工具箱设计图形界面具有操作简单，容易上手的优点。GUI 还可以可视化地设计用户交换界面，可以很好地做到所见即所得。因此，本节首先介绍如何启用 MATLAB 的 GUI 设计工具箱。

7.2.1　图形用户界面设计窗口

GUI 工具箱可以很好地进行界面设计，其启动方式也非常方便，MATLAB 提供了两种启动该工具箱的方式：命令行方式和菜单方式。

1. 命令方式

首先打开 MATLAB 软件，然后在命令行窗口中输入 guide 命令，如图 7.2 所示。

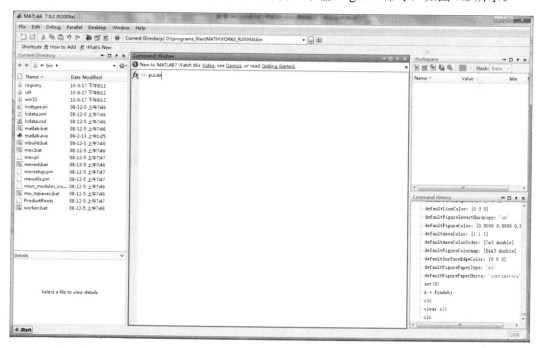

图 7.2　输入 guide 命令

然后按 Enter 键得到如图 7.3 所示的新建 GUI 窗口。

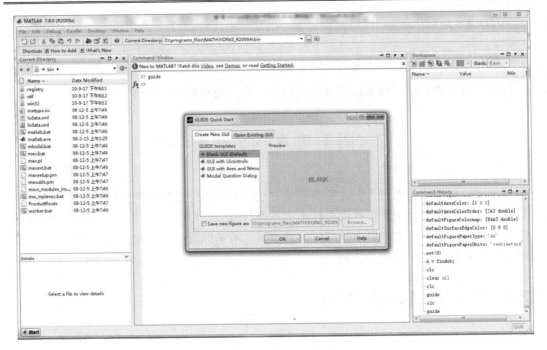

图 7.3 新建 GUI 窗口

可以看到 MATLAB 为 GUI 设计一共准备了 4 个模板。

❑ Blank GUI（Default）：空白 GUI 模板，一般系统默认采用该模板，其选中状态如图 7.4 所示。

❑ GUI with Uicontrols：带空间对象的 GUI 模板，其选中状态如图 7.5 所示。

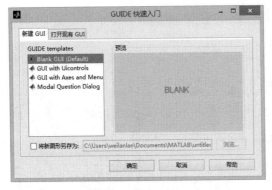

图 7.4 空白模板

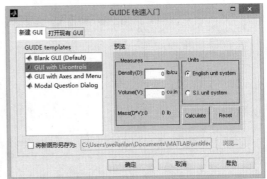

图 7.5 带空间对象的 GUI 模板

❑ GUI with Axes and Menu：带坐标轴与菜单的 GUI 模板，其选中状态如图 7.6 所示。

❑ Modal Question Dialog：带模式问题对话框的 GUI 模板，其选中状态如图 7.7 所示。

在 GUI 设计模板中选中一个模板，然后单击 OK 按钮，就会显示 GUI 设计窗口。选择不同的设计模式时，在 GUI 设计窗口中显示的结果是不一样的。图形用户界面设计窗口由菜单栏、工具栏、控件工具栏以及图形对象设计区 4 个功能区组成。如图 7.8 为空白 GUI

模板界面。

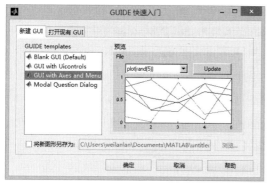

图 7.6　带坐标轴与菜单的 GUI 模板

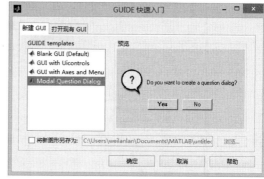

图 7.7　带模式问题对话框的 GUI 模板

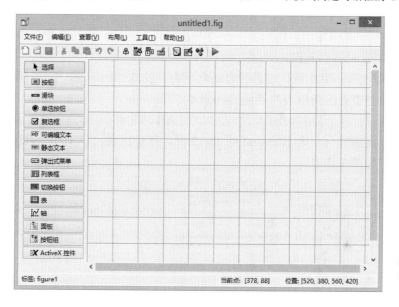

图 7.8　空白 GUI 模板界面

GUI 设计窗口的菜单栏有文件（File）、编辑（Edit）、查看（View）、布局（Layout）、工具（Tools）、帮助（Help）6 个菜单项，使用其中的命令可以完成图形用户界面的设计操作。

编辑工具在菜单栏的下方，提供了常用的工具；设计工作区位于窗口的左半部分，提供了设计 GUI 过程中所用的用户控件；空间模板区是网格形式的用户设计 GUI 的空白区域。

2．菜单方式

在 MATLAB 的主窗口中，选择 File 菜单中的 New 命令，再选择其中的 GUI 命令，就会出现新建 GUI 的设计模板，其操作方式如图 7.9 所示。

在图 7.9 中选择 GUI 命令以后得到窗口与图 7.3 一样，后面的新建过程参照命令行的方式即可。

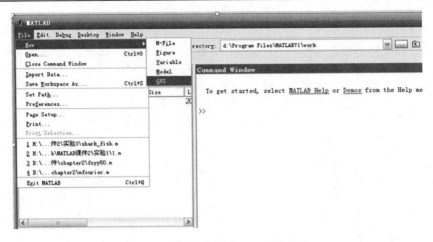

图 7.9　利用菜单创建 GUI 用户界面

对应于创建新的 GUI 用户图形界面，打开已经存在的用户图形界面的方式也有两种，分别是命令行形式和菜单形式。

- 图形用户界面 GUI 设计工具的启动命令为：guide filename，启动 GUI 设计工具，并打开已建立的图形用户界面 filename。
- 菜单形式打开新建的 GUI 文件：在 MATLAB 的主窗口中，选择 File 菜单中的 Open 命令，再选择命名为 filename 的 fig 文件，就会出现已建 GUI 的设计模板，其操作方式如图 7.10 所示。

图 7.10　利用菜单打开 GUI 用户界面

7.2.2　常用的用户界面设计工具

MATLAB 提供了一套可视化的创建图形窗口的工具，使用图形用户界面开发环境可以方便地创建 GUI 应用程序，它可以根据用户设计的 GUI 布局，自动生成 M 文件的框架，用户可使用这一框架编制自己的应用程序。下面介绍常用的用户界面设计工具，主要包括以下界面设计工具。

❑ 布局编辑器（Layout Editor）：在图形窗口中创建及布置图形对象。布局编辑器是可以启动用户界面的控制面板，上述工具都必须从布局编辑器中访问，用 guide 命令可以启动，或在启动平台窗口中选择 GUIDE 来启动布局编辑器。

❑ 位置调整工具（Alignment Tool）：调整各对象相互之间的几何关系和位置的界面设计工具。

❑ 属性查看器（Property Inspector）：查询并设置属性值。

❑ 对象浏览器（Object Browser）：用于获得当前 MATLAB 图形用户界面程序中的全部对象信息、对象的类型，同时显示控件的名称和标识，在控件上双击可以打开该控件的属性编辑器。

❑ 菜单编辑器（Menu Editor）：创建、设计、修改下拉式菜单和快捷菜单。

❑ Tab 顺序编辑器（Tab Order Editor）：用于设置当用户按下键盘上的 Tab 键时，对象被选中的先后顺序。

上述的界面设计工具对于用户图形界面的设计非常重要，使用它们进行界面设计往往可以起到事半功倍的效果。下面分别对各个工具进行详细讲解。

1．布局编辑器（Layout Editor）

用于从控件选择板上选择空间对象并放置到布局对象中，布局对象被激活后就成为图形窗口。在命令窗口输入 guide 命令或单击工具栏中的 GUIDE 图标都可以打开空白的布局编辑器，在命令窗口输入 guide filename 可打开一个已经存在的名为 filename 的图形用户界面。布局编辑器常用操作如下。

❑ 将控件对象放置到布局区，可以如下操作。
> 用鼠标选择并放置控件至布局区内。
> 移动控件到适当的位置。
> 改变控件的大小。
> 选中多个对象。

如图 7.11 所示为拖动多个控件到布局区域后的图像。

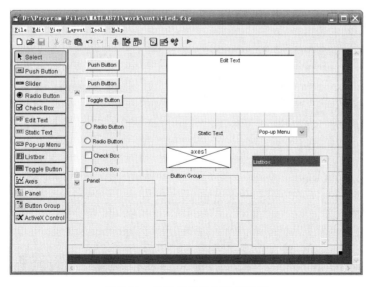

图 7.11　放置控件至布局编辑器

❑ 激活图形窗口：如果所建立的布局还没有进行存储，可选择 File→Save As 命令（或者工具栏中的对应项），按输入的文件名字，在激活图形窗口的同时将存储一对同名的 M 文件和带有.fig 扩展名的 FIG 文件。

❑ 运行 GUI 程序：首先将图形界面保存，然后在命令窗口直接输入文件名或用 openfig filename 或者 hgload filename 命令运行 GUI 程序。也可以直接使用如图 7.12 所示的运行工具进行 GUI 程序的运行。

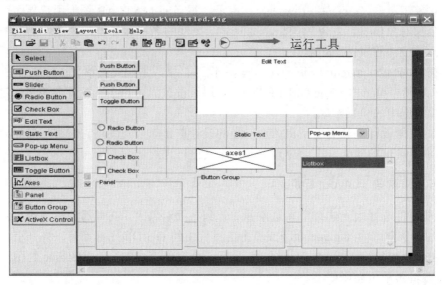

图 7.12　运行工具

如图 7.13 所示为程序运行后的效果图。

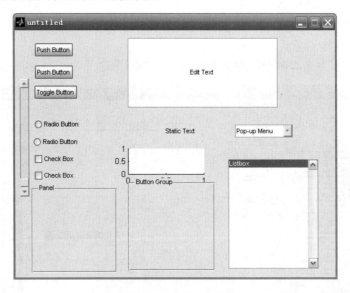

图 7.13　运行效果图

❑ 布局编辑器参数设置：选择 File→Preferences 命令，打开参数设置窗口，选择树状目录中的 GUIDE，既可以设置布局编辑器的参数，如图 7.14 所示。

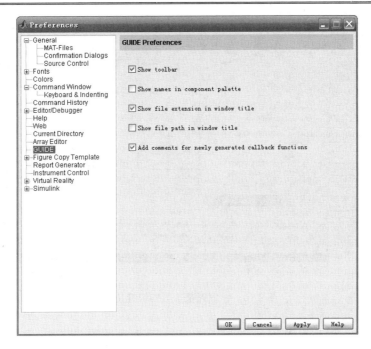

图 7.14　参数设计窗口

❑ 布局编辑器的弹出菜单：在任一控件上右击，会弹出一个快捷菜单，通过该快捷菜单可以完成布局编辑器的大部分操作，如图 7.15 所示。

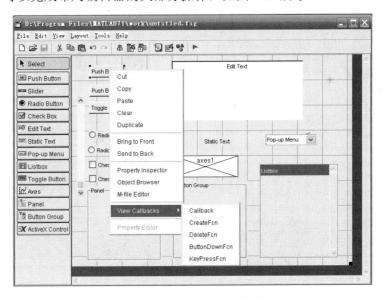

图 7.15　布局编辑器的快捷菜单

2. 位置调整工具（Alignment Tool）

利用位置调整工具，可以对 GUI 对象设计区内的多个对象位置进行调整。位置调整工具的打开方式有以下两种。

❑ 在 GUI 设计窗口的工具栏上单击 Align Objects 命令按钮，如图 7.16 所示。

图 7.16　位置调整工具的快捷按钮

❑　选择 Tools→Align Objects 命令，就可以打开对象位置调整器，如图 7.17 所示。

对象位置调整器中的第一栏是垂直方向的位置调整，第二栏是水平方向的位置调整。在选中多个对象后，可以方便地通过对象位置调整器调整对象间的对齐方式和距离，如图 7.18 所示。

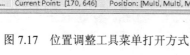

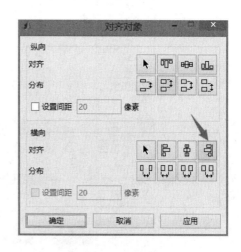

图 7.17　位置调整工具菜单打开方式　　　　图 7.18　位置调整工具

首先选中需要排列位置的控件，然后在图 7.18 中选择右对齐方式，对图 7.18 中的两个控件进行右对齐，运行结果如图 7.19 所示。

3．属性查看器（Property Inspector）

利用对象属性查看器，可以查看每个对象的属性值，也可以修改、设置对象的属性值。

下面进行一一介绍。

❑ 打开属性查看器（Opening Property Inspector）：对象属性查看器的打开方式有以下 4 种。

➤ 在 GUI 设计窗口工具栏上单击 Property Inspector 按钮，如图 7.20 所示。

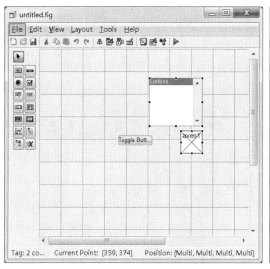

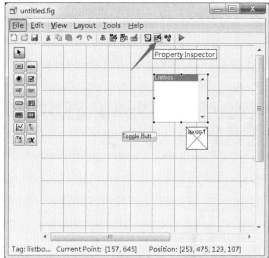

图 7.19　控件右对齐运行效果图　　　　图 7.20　通过工具栏按钮打开属性查看器

➤ 选择 View→Property Inspector 命令，如图 7.21 所示。

➤ 在命令窗口中输入 inspect;。

➤ 在控件对象上右击，在弹出的快捷菜单中选择 Property Inspector 命令，如图 7.22 所示。

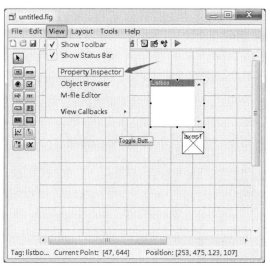

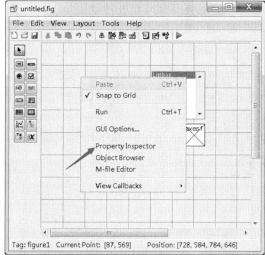

图 7.21　通过菜单命令打开属性查看器　　　图 7.22　通过快捷菜单打开属性查看器

如图 7.23 所示为属性查看器打开后的效果图。

❑ 使用属性查看器（Using Property Inspector）：可以通过其查看控件对象的基本属性，从而对控件对象的属性进行修改。可以修改的属性如下。

➢ 修改布置控件的属性。

➢ 修改文本框的属性。

➢ 修改坐标轴的属性。

➢ 修改按钮的属性。

➢ 修改复选框的属性。

如图 7.24 所示为使用属性查看器将布置控件的背景颜色修改为红色后的效果图。

图 7.23　打开的属性查看器

图 7.24　使用属性查看器修改背景颜色

4．对象浏览器（Object Browser）

利用对象浏览器，可以查看当前设计阶段的各个句柄图形对象，可以在对象浏览器中选中一个或者多个控件打开该控件的属性编辑。对象浏览器的打开方式有如下几种方式。

❑ 在 GUI 设计窗口的工具栏上单击 Object Browser 按钮，如图 7.25 所示。

❑ 选择 View→Object Browser 命令，如图 7.26 所示。

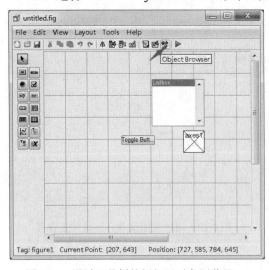

图 7.25　通过工具栏按钮打开对象浏览器

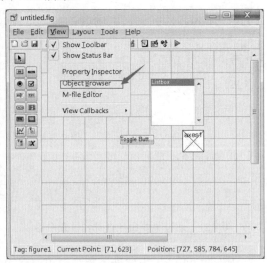

图 7.26　通过菜单命令打开对象浏览器

❑ 在设计区域右击，在弹出的快捷菜单中选择 Object Browser 命令，如图 7.27 所示。如图 7.28 所示的对象浏览器打开后的效果图。

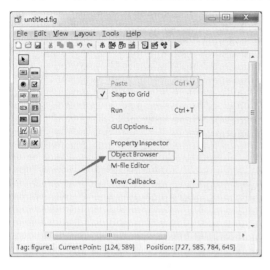

图 7.27 通过快捷菜单打开对象浏览器

图 7.28 打开后的对象浏览器

5．Tab顺序编辑器（Tab Order Editor）

利用 Tab 顺序编辑器（Tab Order Editor），可以设置用户按下键盘上的 Tab 键时，对象被选中的先后顺序。Tab 顺序编辑器的打开方式有以下几种。

❑ 选择 Tools→Tab Order Editor 命令，就可以打开 Tab 顺序编辑器，如图 7.29 所示。
❑ 在 GUI 设计窗口的工具栏上单击 Tab Order Editor 按钮，如图 7.30 所示。

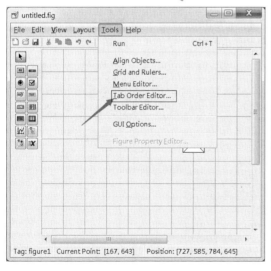

图 7.29 通过菜单命令打开 Tab 顺序编辑器   图 7.30 工具栏上打开 Tab 顺序编辑器

如图 7.31 所示为 Tab 顺序编辑器打开后的界面，可以由此编辑按下键盘上的 Tab 键时，控件的响应顺序。

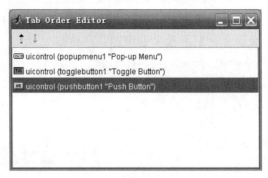

图 7.31　Tab 顺序编辑器

7.3　菜　单　设　计

用户通过菜单与程序进行交互是在软件设计中常用的一种交互方式，在 MATLAB 的 GUI 图形界面设计中，菜单的设计也非常重要，本节将介绍菜单的设计实现并与程序进行交互的内容。

7.3.1　建立用户菜单

MATLAB 中提供两种方法建立用户菜单，一种方法是利用菜单编辑器，另一种方法是利用 MATLAB 提供的 uimenu()函数。

首先介绍第一种方法，即使用菜单编辑器（Menu Editor）。菜单编辑器的打开也有两种方法。

❑ 选择 Tools→Menu Editor 命令，就可以打开菜单编辑器，如图 7.32 所示。

❑ 在 GUI 设计窗口的工具栏上单击 Menu Editor 按钮，如图 7.33 所示。

图 7.32　通过菜单命令打开菜单编辑器

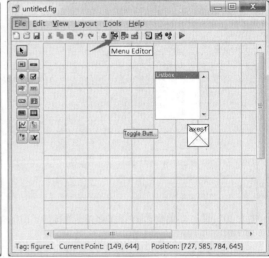

图 7.33　通过工具栏按钮打开菜单编辑器

在菜单编辑器中，可以创建、设置、修改下拉式菜单和快捷菜单。使用上述任一种方法，即可打开菜单编辑器，如图 7.34 所示。

菜单编辑器包括菜单的设计和编辑，共有 8 个快捷键，可以利用它们任意添加或者删除菜单，可以设置菜单项的属性，包括名称（Label）、标识（Tag）、选择是否显示分割线（Separator above this item）、是否在菜单前加上选中标记（Item is checked）、调用函数（Callback）。菜单编辑器左上角的第 1 个按钮用于创建一级菜单项，第 2 个按钮用于创建一级菜单的子菜单，左上角的第 4 个与第 5 个按钮用于对选中的菜单进行左移与右移，第 6 个与第 7 个按钮用于对选中的菜单进行上移与下移，最右边的按钮用于删除选中的菜单。通过菜单编辑器创建菜单界面如图 7.35 所示。

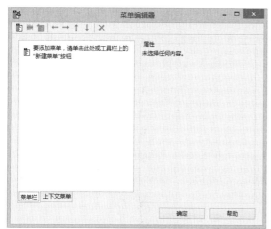

图 7.34　菜单编辑器初始界面

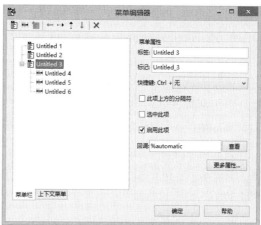

图 7.35　菜单编辑器创建菜单

菜单编辑器的左下角有两个按钮，选择第 1 个按钮，可以创建下拉式菜单，如图 7.35 所示。选择第 2 个按钮，可建立快捷菜单 Context Menu。一旦该按钮被选定，菜单编辑器左上角的第 3 个按钮就变为可用，单击该按钮即可建立快捷菜单的主菜单，如图 7.36 所示。选中该主菜单，可单击第 2 个按钮建立选中的快捷菜单的子菜单。同下拉式菜单，当 Context Menu 菜单被创建后，该菜单的相关属性会在菜单编辑器右边显示出来，可进行设置和修改。关于 Context Menu 的设计，将在第 7.3 节详细讲解。

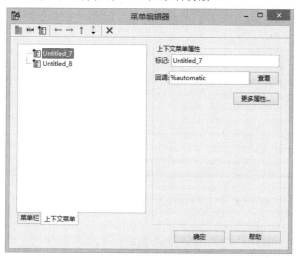

图 7.36　创建快捷菜单

我们还可用 uimenu()函数创建用户菜单。该函数的调用方法不同，可用于创建一级菜单项和子菜单项。调用格式如下。

❑ 创建一级菜单项：一级菜单项句柄=uimenu(图形窗口句柄, 属性名, 属性值, 属性名 2, 属性值 2, ...)。

❑ 创建子菜单项：子菜单项句柄=uimenu(一级菜单项句柄, 属性名, 属性值, 属性名 2, 属性值 2, ...)。

下面通过具体的实例来看一下这两种方法是如何使用的。

【例 7-5】 建立"图形演示系统"菜单。要求该菜单包含 Plot、Option 和 Quit 这 3 个菜单项。其中，Plot 包含两个子菜单项，即 Sine Wave 和 Cosine Wave（分别控制在图形窗口中绘制正弦和余弦曲线）；Option 包含 5 个子菜单项，分别是 Grid on、Grid off（控制给坐标轴加网格线）、Box on、Box off（控制给坐标轴加边框）、Figure Color（控制图形窗口背景颜色）。且这 5 项只在绘制曲线时才是可选的；Quit 用于控制是否退出系统。下面分别用两种方法解决。

（1）方法一：使用菜单编辑器。

首先添加菜单，包括 3 个菜单项（Plot、Option 和 Quit）和它们所对应的 7 个子菜单项（Sine Wave 和 Cosine Wave、Grid on 和 Grid off、Box on 和 Box off、Figure Cdor），如图 7.37 所示。

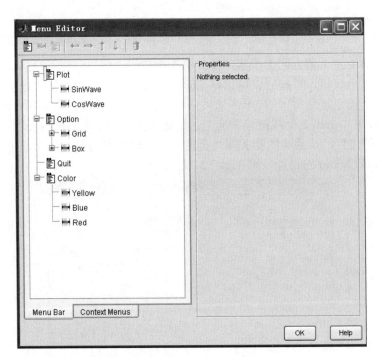

图 7.37　添加菜单项并设置各个菜单属性值

其次，按照图 7.38 所示，对各个菜单项的属性值进行设置。

最后运行运行该界面，最终效果如图 7.39 所示。

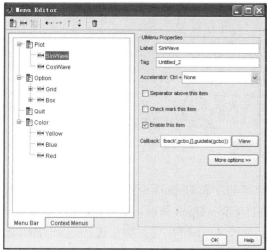

图 7.38　设置菜单的属性值　　　　图 7.39　界面设计的最终效果

（2）方法二：使用 uimenu()函数进行设计。MATLAB 代码如下：

```
% 定义整个布局文件
screen = get(0,'ScreenSize');
W = screen(3);
H = screen(4);
figure('Color', [1,1,1], 'Position', [0.2*H,0.2*H,0.6*W,0.4*H],...
        'Name', '图形演示系统', 'NumberTitle', 'off', 'MenuBar', 'none');
% 定义 Plot 菜单项
hplot = uimenu(gcf, 'Label', '&Plot');
% 定义 Plot 菜单项的子菜单 Sine Wave
uimenu(hplot, 'Label', 'Sine Wave', 'Call', ['t=-pi:pi/20:pi;', 'plot(t,
sin(t));' ,...
        'set(hgon,''Enable'',''on'');', 'set(hgoff,''Enable'',''on'');',...
        'set(hbon,''Enable'',''on'');', 'set(hboff,''Enable'',''on'');']);
% 定义 Plot 菜单项的子菜单 Cosine Wave
uimenu(hplot, 'Label', 'Cosine Wave', 'Call', ['t=-pi:pi/20:pi;','plot(t,
cos(t));',...
        'set(hgon,''Enable'',''on'');', 'set(hgoff,''Enable'',''on'');',...
        'set(hbon,''Enable'',''on'');','set(hboff,''Enable'',''on'');']);
% 定义 Option 菜单项
hoption=uimenu(gcf,'Label','&Option');
% 定义 Option 菜单项子菜单 Grig on
hgon=uimenu(hoption,'Label','&Grig on','Call','grid on','Enable','off');
% 定义 Option 菜单项子菜单 Grig off
hgoff=uimenu(hoption,'Label','&Grig  off','Call','grid  off','Enable',
'off');
% 定义 Option 菜单项子菜单 Box on
hbon=uimenu(hoption,'Label','&Box on','separator','on','Call','box on',
'Enable','off');
% 定义 Option 菜单项子菜单 Box off
hboff=uimenu(hoption,'Label','&Box off','Call','box off','Enable','off');
% 定义 Option 菜单项子菜单 Figure Color
hfigcor=uimenu(hoption,'Label','&Figure Color','Separator','on');
% 定义 Figure Color 菜单项子菜单 r
uimenu(hfigcor,'Label','&Red','Accelerator','r','Call','set(gcf,''Color
```

```
'','''r'');');
% 定义 Figure Color 菜单项子菜单 b
uimenu(hfigcor,'Label','&Blue','Accelerator','b','Call','set(gcf,''Colo
r'',''b'');');
% 定义 Figure Color 菜单项子菜单 y
uimenu(hfigcor,'Label','&Yellow','Call','set(gcf,''Color'',''y'');');
% 定义 Figure Color 菜单项子菜单 w
uimenu(hfigcor,'Label','&White','Call','set(gcf,''Color'',''w'');');
%定义 Quit 菜单项
uimenu(gcf,'Label','&Quit','Call','close(gcf)');
```

MATLAB 运行结果如图 7.39 所示。

【例 7-6】 建立一个菜单系统，菜单条中含有 File 和 Help 两个菜单项。如果选择 File
→New 选项，则将显示 New Item 字样；如果选择 File→Open 选项，则将显示出 Open Item
字样；如果选择 File→Save As 选项，则将显示 Save As Item 字样；如果选择 File→Exit 选
项，则将关闭当前窗口；如果选择 Help→About 选项，则将显示 Help Item 字样。该设计方
案有两种解决方法，下面分别进行讲解。

（1）方法一：使用菜单编辑器。

添加菜单，包括 3 个菜单项（File 和 Help）和它们所对应的子菜单项，如图 7.40 所示。

图 7.40　进行菜单项设计

（2）方法二：使用 uimenu()函数进行设计。

```
% 定义整个布局文件
screen = get(0,'ScreenSize');
W = screen(3);
H = screen(4);
hf = figure('Color',[1,1,1],'Position',[1,1,0.4*W,0.3*H],...
        'Name','菜单设计示例一','NumberTitle','off','MenuBar','none');
% 定义 File 菜单项
hfile = uimenu(hf,'label','&File');
% 定义 Help 菜单项
hhelp = uimenu(hf,'label','&Help');
% 定义 File 菜单项子菜单项 New
```

```
uimenu(hfile,'label','&New','call','disp(''New Item'')');
% 定义 File 菜单项子菜单项 Open
uimenu(hfile,'label','&Open','call','disp(''Open Item'')');
% 定义 File 菜单项子菜单项 Save As
uimenu(hfile,'label','Save &As','call','disp(''Save As Item'')');
% 定义 File 菜单项子菜单项 Exit
uimenu(hfile,'label','&Exit','separator','on','call','close(hf)');
% 定义 Help 菜单项子菜单项 About
uimenu(hhelp,'label','About ...','call','disp(''Help Item'')');
```

MATLAB 运行结果如图 7.41 所示。

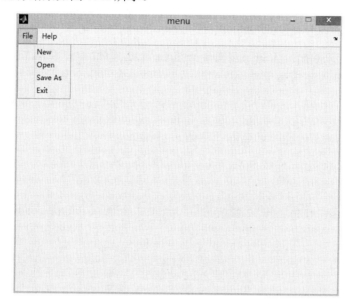

图 7.41　建立完成的菜单界面

7.3.2　菜单对象常用属性

菜单对象常用属性包含公共属性、特殊属性、外观属性等。其中，公共属性包括 Children（子对象）、Parent（父对象）、Tag（标签）、Type（类型）、UserData（用户数据）、Enable（使能）、Visible（可见性）等。常见的特殊属性包括 callback（回调属性）和 label（菜单名）。外观属性包括 Position（位置）、Separator（分隔线）、Checked（检录符）和 ForeGroundColor（前景颜色）。下面对一些重要属性进行详细介绍。

1．Tag属性

Tag 属性用于定义该菜单对象的标识值，因此取值为字符串。一旦 Tag 属性被定义，那么在任何程序中均能通过该标识找出菜单对象。

2．Type属性

Type 属性用于标明图形对象的类型，因而取值总是 uimenu。注意，菜单对象的类型就是 uimenu，用户不可更改该属性。

3．UserData属性

UserData 属性用于保存与该菜单对象相关的重要数据或信息，从而达到传输数据或信息的目的，它的取值是一个矩阵（默认值矩阵为空）。可以使用 set()和 get()函数访问该属性。

4．Callback属性

Tag_Callback（hObject，evevdata，handles），用于加入用户的处理语句以实现所需功能。其中，hObject 是控件的句柄；eventdata 是备用参数（目前未定义）；handles 是一个结构数组，存放当前窗口所有对象的句柄，包括图形窗、所有控件和菜单的句柄，且可增加一些域来传递用户数据。下面举例简要介绍 Callback 属性的使用方法。

【例 7-7】 建立"图形演示系统"菜单。菜单条中含有一个菜单项 Plot。Plot 中有 Sine Wave 和 Cosine Wave 两个子菜单项，分别控制在图形窗口画出正弦和余弦曲线。其设计方案如下。

首先，打开菜单编辑器设计界面，如图 7.42 所示。

其次，设置子菜单项的 Callback 属性，单击如图 7.43 所示的 View 按钮，然后在 M 文件中添加画图的代码。

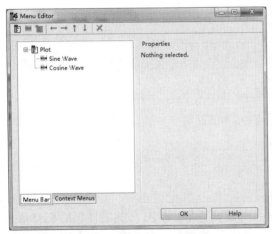

图 7.42　建立菜单界面

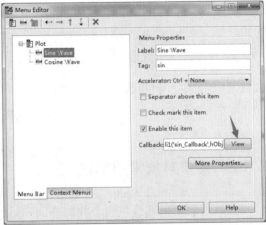

图 7.43　设置回调函数

然后，在 M 文件中设置 Sine Wave 菜单项的回调函数，代码如下：

```
function sin_Callback(hObject, eventdata, handles)
% hObject    handle to sin (see GCBO)
% eventdata  reserved - to be defined in a future version of MATLAB
% handles    structure with handles and user data (see GUIDATA)
x = 0:0.5:pi;
plot(sin(x))
```

接着，在 M 文件中设置 Cosine Wave 菜单项的回调函数，代码如下：

```
function cos_Callback(hObject, eventdata, handles)
% hObject    handle to cos (see GCBO)
% eventdata  reserved - to be defined in a future version of MATLAB
% handles    structure with handles and user data (see GUIDATA)
```

```
x = 0:0.5:pi;
plot(cos(x))
```

运行设计的界面程序可得如图 7.44 所示的交换界面。

选择 Sine Wave 子菜单可得如图 7.45 所示的 sin()函数的运行结果。

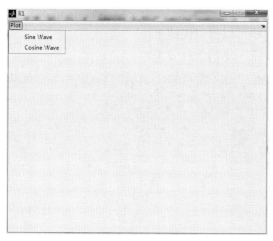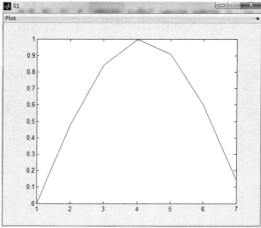

图 7.44　交换界面运行效果　　　　　　　图 7.45　sin()函数的运行效果

7.3.3　快捷菜单

快捷菜单是右击某对象时在屏幕上弹出的菜单。这种菜单出现的位置是不固定的，而且总是和某个图形对象相联系。在 MATLAB 中，可以使用 uicontextmenu 函数和图形对象的 UIContextMenu 属性来建立快捷菜单，具体方式如下。

❑ 利用 uicontextmenu 函数建立快捷菜单。

格式为 hc=uicontextmenu;：功能为建立快捷菜单，并且将句柄值赋给变量 hc。

❑ 利用 uimenu()函数为快捷菜单建立菜单项。

格式为 uimenu('快捷菜单名', 属性名, 属性值,...)：为创建的快捷菜单赋值，其中属性名和属性值构成属性二元对。

❑ 利用 set()函数将该快捷菜单和某图形对象联系起来。

【例 7-8】　绘制曲线 $y=\sin(2\pi x)$，并建立一个与之相联系的快捷菜单，用以控制曲线的线型和曲线宽度。

```
% 数据准备
x = 0:pi/100:2*pi;
y = sin(2*pi*x);
% 绘图
hl = plot(x,y);
%建立快捷菜单
hc = uicontextmenu;
%建立"线型"菜单项
hls = uimenu(hc,'Label','线型');
%建立"线宽"菜单项
hlw = uimenu(hc, 'Label','线宽');
```

```
uimenu(hls, 'Label','虚线','Call','set(hl,''LineStyle'','':'');');
uimenu(hls, 'Label','实线','Call','set(hl,''LineStyle'',''-'');');
uimenu(hlw, 'Label','加宽','Call','set(hl,''LineWidth'',2);');
uimenu(hlw, 'Label','变细','Call','set(hl,''LineWidth'',0.5);');
%将该快捷菜单和曲线对象联系起来
set(hl,'UIContextMenu',hc);
```

运行结果如图 7.46 所示。在空白的地方右击可以弹出快捷菜单。

选择线型中虚线子菜单，可以得到如图 7.47 所示的运行效果。

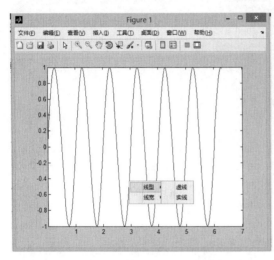

图 7.46　创建成功的快捷菜单

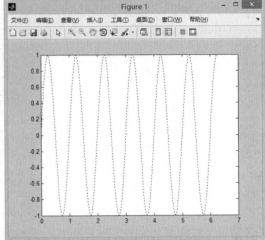

图 7.47　选择线型为"虚线"之后的运行效果

7.4　对话框设计

在图形用户界面程序设计中，对话框是重要的信息显示及获取输入数据的用户界面对象。使用对话框，可以使应用程序的界面更加友好，使用更加方便。MATLAB 提供了两类对话框，一类为 Windows 的公共对话框，另一类为 MATLAB 风格的专用对话框。下面分别对两类对话框进行介绍。

7.4.1　公共对话框

公用对话框是利用 Window 资源的对话框，包括文件打开、文件保存、颜色设置、字体设置、打印设置、打印预览、打印等。本节主要介绍常用的几个公共对话框，其余的读者可依据兴趣自行了解。

1. 文件打开对话框

文件打开对话框主要用于打开文件，函数为 uigetfile()，其调用格式如下。

❑ uigetfile：弹出文件打开对话框，列出当前目录下的所有 MATLAB 文件。

❑ uigetfile('FilterSpec')：弹出文件打开对话框，列出当前目录下所有由 FilterSpec 指定类型的文件。
- ❑ uigetfile('FilterSpec', 'DialogTitle')：弹出文件打开对话框，列出当前目录下所有由 FilterSpec 指定类型的文件，同时设置文件打开对话框的标题为 DialogTitle。
- ❑ uigetfile('FilterSpec', 'DialogTitle', x, y)：弹出文件打开对话框，列出当前目录下所有由 FilterSpec 指定类型的文件，同时设置文件打开对话框的标题为 DialogTitle，x, y 参数用于确定文件打开对话框的位置。
- ❑ [fname, pname]=uiputfile(…)：返回打开文件的文件名和路径。

【例 7-9】　打开当前目录下文件类型为'*.jpg';'*.bmp';'*.gif'的图片，并设置打开对话框的标题为"选择图片"，返回打开文件的文件名和路径。MATLAB 代码如下：

```
[filename,pathname]=uigetfile({'*.jpg';'*.bmp';'*.gif '},'选择图片');
```

MATLAB 运行结果如图 7.48 所示。

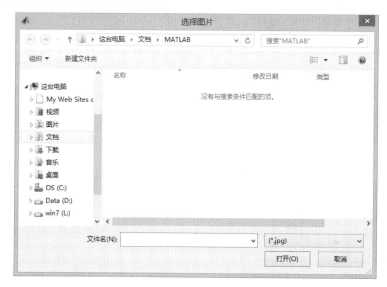

图 7.48　"选择图片"对话框运行效果

2．文件保存对话框

文件保存对话框主要用于保存文件，在 MATLAB 中的调用函数为 uiputfile()，其调用格式如下。
- ❑ uiputfile：弹出文件保存对话框，列出当前目前下的所有 MATLAB 文件。
- ❑ uiputfile('InitFile')：弹出文件保存对话框，列出当前目录下所有由 InitFile 指定类型的文件。
- ❑ uiputfile('InitFile', 'DialogTitle')：弹出文件保存对话框，列出当前目录下所有由 InitFile 指定类型的文件，同时设置文件保存对话框的标题为 DialogTitle。
- ❑ uiputfile('InitFile', 'DialogTitle')：弹出文件保存对话框，列出当前目录下所有由 InitFile 指定类型的文件，x, y 参数用于确定文件保存对话框的位置。
- ❑ [fname, pname]=uiputfile(…)：返回保存文件的文件名和路径。

【例 7-10】　保存当前目录下文件类型为'*.jpg';'*.bmp';'*.gif'的图片，并设置打开对话框

的标题为"保存图片",返回保存文件的文件名和路径。MATLAB 代码如下:

```
[sfilename, sfilepath] = uiputfile({'*.jpg'; '*.bmp';'*.gif'}, '保存图片',
'untitled.jpg');
```

MATLAB 运行结果如图 7.49 所示。

图 7.49   "保存图片"对话框运行效果

7.4.2   MATLAB 专用对话框

MATLAB 除了使用公众对话框外,还提供了一些专用对话框,包括帮助、错误信息、信息提示、警告信息等对话框。

1. 错误信息对话框

用于提示错误信息,函数为 errordlgu,其调用格式如下。

❑ errordlg:打开默认的错误信息对话框。

❑ errordlg('errorstring'):打开显示 errorstring 信息的错误信息对话框。

❑ errordlg('errorstring', 'dlgname'):打开显示 errorstring 信息的错误信息对话框。

❑ errordlg('errorstring', 'dlgname','on'):打开显示 errorstring 信息的错误信息对话框,对话框的标题由 dlgname 指定。如果对话框已经存在,on 参数将对话框显示在最前端。

❑ h=errordlg(…):返回对话框的句柄。

【例 7-11】 建立一个标题为"错误信息",信息提示为"输入错误,请重新输入"的错误信息提示框。MATLAB 代码如下:

```
errordlg('输入错误,请重新输入', '错误信息')
```

MATLAB 运行结果如图 7.50 所示。

图 7.50   "错误信息"对话框运行效果

2．帮助对话框

用于帮助提示信息，函数为 helpdlg()，其调用格式如下。

- ❑ helpdlg：打开默认的帮助对话框。
- ❑ helpdlg('helpstring')：打开显示 errorstring 信息的帮助对话框。
- ❑ helpdlg('helpstring', 'dlgname')：打开显示 errorstring 信息的帮助对话框，对话框的标题由 dlgname 指定。
- ❑ h=helpdlg(…)：返回对话框句柄。

【例 7-12】　建立一个标题为"在线帮助"，帮助信息为"矩阵尺寸必须相等"的帮助信息提示框。MATLAB 代码如下：

```
helpdlg('矩阵尺寸必须相等','在线帮助');
```

MATLAB 运行结果如图 7.51 所示。

3．信息提示对话框

用于显示提示信息，函数为 msgbox()，其调用格式如下。

- ❑ msgbox(message)：打开信息提示框，显示 message 信息。

图 7.51　"在线帮助"对话框运行效果

- ❑ msgbox(message, title)：打开信息提示框对话框，显示 message 信息，title 确定对话框标题。
- ❑ msgbox(message, title, 'icon')：打开信息提示框，显示 message 信息，icon 用于显示图标，可选图标包括 none（无图标，默认值）、error、help、warn 或者 custom（用户定义）。
- ❑ msgbox(message, title, 'custom', iconcmap)：当使用用户定义图标时，iconData 为定义图标的图像数据，iconData 为图像的色彩图。
- ❑ h = msgbox(…)：返回对话框句柄。

【例 7-13】　建立一个 message 为"你按了取消键"，标题为"保存失败"，icon 值为 error 的信息提示框。MATLAB 代码如下：

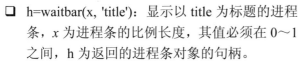

```
msgbox('你按了取消键', '保存失败', 'error');
```

MATLAB 运行结果如图 7.52 所示。

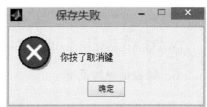

4．进程条

以图形方式显示运算或处理的进程，函数为 waitbar()，其调用格式如下。

- ❑ h=waitbar(x, 'title')：显示以 title 为标题的进程条，x 为进程条的比例长度，其值必须在 0～1 之间，h 为返回的进程条对象的句柄。

图 7.52　"保存失败"对话框运行效果

- ❑ h=waitbar(x, 'title', 'creatcancelbtn', 'button_callback')：在进程条上使用

CreatCancelBtn 参数创建一个撤销按钮，在进程中按下撤销按钮将调用 button_callback 函数。

【例 7-14】 创建并使用进程条。MATALB 代码如下：

```
% 建立进程条
h = waitbar(0, 'pleas wait...');
% 模拟进程条滑动
for i = 1:10000
waitbar(i/10000, h)
end
% 关闭进程条
close(h)
```

MATLAB 运行结果如图 7.53 所示。

5. 输入对话框

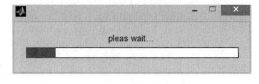

输入对话框主要用于输入信息，其调用函数为 inputdlg()，调用格式如下。

图 7.53　进程条运行效果

- answer=inputdlg(prompt)：打开输入对话框。answer 为单元数组用于存储输入数据，prompt 为单元数组用于定义输入数据窗口的个数及显示信息。
- answer=inputdlg(prompt, title)：title 用于确定对话框的标题，其他参数同上。
- answer=inputdlg(prompt, title, lineNo)：参数 lineNo 可为标量、列矢量和 $m \times 2$ 阶矩阵。当其为标量时，ineNo 表示每个输入窗口的行数；当其为列矢量时，列矢量的每个元素表示每个输入窗口的行数；当其为矩阵时，矩阵中每个元素对应一个输入窗口，每行的第一列为输入窗口的行数，第二列为输入窗口的宽度。
- answer=inputdlg(prompt, title, lineNo, defAns)：参数 defans 为单元数组用于存储所有输入数据的默认值。注意：该元素个数必须和 prompt 所定义的输入窗口数一样，且所有输入元素为字符串类型。
- answer = inputdlg(prompt, title, lineNo, defAns, Resize)：参数 resize 决定输入对话框的大小能否被调整，可选值为 on 或者 off。

【例 7-15】 创建两个输入窗口的输入对话框。MATLAB 代码如下：

```
prompt={'Input Name','Input Age'};
title='Input Name and Age';
lines=[2 1]';
def={'John Smith','35'};
answer=inputdlg(prompt,title,lines,def);
```

MATLAB 运行结果如图 7.54 所示。

6. 警告信息对话框

警告信息对话框用于提示警告信息，在 MATLAB 中其调用函数为 warndlg,其调用格式如下。

- h = warndlg('warningstring', 'dlgname')：打开警告信息对话框，显示 warningstring 信息，dlgname 确定对话框标题，h 为返回的对话框句柄。

图 7.54　输入对话框运行效果

【例 7-16】 创建一个对话框名为"警告",提示内容为"数据类型不符"。MATLAB 代码如下:

```
h=warndlg('数据类型不符', '警告');
```

MATLAB 运行结果如图 7.55 所示。

图 7.55 "警告"对话框运行效果

7.5   GUI 的控件简介

在 MATLAB 的图形用户界面设计中,添加、使用图形控件是非常重要的。本节主要介绍创建图形界面的各种菜单对象以及使用方法,并通过实例对 GUI 界面设计进行讲解。下面对常用的控件进行简单介绍。

7.5.1   常用控件简述

控件对象是事件响应的图形界面对象。当某一件事发生时,应用程序会做出响应并且执行某些预定的功能子程序(Callback)。MATLAB 中的控件主要有两种:动作控件和静态控件。动作控件在鼠标单击后会产生相应的响应,而静态控件不会,如文本框即为静态控件。下面简要介绍如下控件及其属性。

- ❑ 按钮(Push Button):用于执行某些预定的功能或操作。
- ❑ 切换按钮(Toggle Button):用于产生一个动作并指示一个开关状态。单击该按钮,按钮下陷并执行回调函数中的具体内容,再次单击,按钮恢复,并再次执行回调函数中的内容。
- ❑ 单选按钮(Radio Button):用于实现两种状态间的切换。多个单选按钮组成一个单选按钮组时,用户只能选择其中一个状态,也被称为单选项。
- ❑ 复选框(Check Box):单个的复选框用于实现在两种状态之间的切换,多个复选框组成一个复选框组时,允许用户在一组状态中做组合式的选择,也被称为多选项。
- ❑ 列表框(List Box):用于在列表中定义一系列可供选择的字符串。
- ❑ 弹出式菜单(Popup Menu):用于实现参数输入,即用户从一列菜单项中选择一项实现该输入。
- ❑ 可编辑文本(Edit Box):用于使用键盘来输入字符串的值,完成对编辑框中的内容进行编辑、删除和替换等操作。

- ❑ 滑块（Slider）：用于输入指定范围的数量值。
- ❑ 静态文本（Static Text）：只能用于显示单行的说明文字。
- ❑ 边框（Frame）：用于圈出图形窗口中的某块区域。
- ❑ 轴（Axes）：用于图形和对象的显示。

各个控件在图形用户界面的显示如图 7.56 所示。

我们可以根据设计工程的需要，对各种控件进行调用，在进行使用还需要了解控件的属性，下面就对控件的属性进行讲解。两大类控件对象属性分别为：第一类是所有控件对象都具有的公共属性，第二类是控件对象作为图形对象所具有的属性。用户在创建控件对象的同时，可以设定其属性值，未指定时将使用系统的默认值。下面分别对这两类控件的属性进行介绍。

图 7.56　各种控件的图形表示

1. 控件对象的公共属性

控件的公共属性主要有 Children、Parent、Tag、Type、UserData 和 Visible 等属性，这些属性都非常简单，下面对它们的取值进行一一介绍。

- ❑ Children：取值为空矩阵，因为控件对象没有自己的子对象。
- ❑ Parent：取值为某个图形窗口对象的句柄，该句柄表明了控件对象所在的图形窗口。
- ❑ Tag：取值为字符串，定义了控件的标识值。在所有程序中均可通过这个标识值控制该控件对象。
- ❑ Type：取值为 uicontrol，用于表明图形对象的类型。
- ❑ UserData：取值为空矩阵，用于保存与该控件对象相关的重要数据和信息。
- ❑ Visible：取值为 on 或 off。

2. 控件对象的基本控制属性

控件的基本属性主要有 BackgroundColor、Callback、String、Style、Value 和 Units 等属性，这些属性基本上定义了控件的外观和其需要响应的函数，下面对它们的取值进行一一介绍。

- ❑ BackgroundColor：取值为颜色的预定义字符或 RGB 数值；默认值为浅灰色。
- ❑ Callback：取值为字符串，可以是某个 M 文件名或者一小段 MATLAB 语句，当某个控件对象被用户激活时，应用程序就会运行该属性定义的子程序。
- ❑ Enable：取值为 on（默认值）、inactive 和 off。
- ❑ Extend：取值为四元素矢量[0, 0, width, height]，记录控件对象标题字符的位置和尺寸。
- ❑ ForegroundColor：取值为颜色的预定义字符或 RGB 数值，该属性定义控件对象标题字符的颜色；默认值为黑色。
- ❑ Max：取值为数值，默认值为 1。
- ❑ Min：取值为数值，默认值为 0。

- String：取值为字符串矩阵或块数组，定义控件对象标题或选项内容。
- Style：取值可以是 pushbutton（默认值）、radiobutton、checkbox、edit、text、slider、frame、popupmenu 或 listbox，定义了控件的外观样式。
- Units：取值可以是 pixels（默认值）、normalized（相对单位）、inches、centimeters（厘米）或 points（磅），定义控件的度量单位。
- Value：取值可以是矢量也可以是数值，其含义及解释依赖于控件对象的类型。

3．控件对象的修饰属性

控件的修饰属性主要有 FrontAngle、FontName、FontSize、FontUnits、FontWeight 等属性，这些属性主要用于定义控件中字体的颜色、大小等属性，下面对它们的取值进行一一介绍。

- FrontAngle：取值为 normal（正体，默认值）、italic（斜体）和 oblique（方头），定义了字体的旋转角度。
- FontName：取值为控件标题等字体的字库名。
- FontSize：取值为数值，定义字体的大小。
- FontUnits：取值为 points（默认值）、normalized、inches、centimeters 或 pixels，定义字体的大小。
- FontWeight：取值为 normal（默认值）、light、demi 和 bold 定义字符的粗细，定义字体的粗细属性。
- HorizontalAligment：取值为 left、center（默认值）或者 right，定义控件对象标题等的对齐方式。

4．控件对象的辅助属性

控件的辅助属性主要有 ListboxTop、SlideStop、Selected 等属性，这些属性主要用于辅助完善整个控件的功能，下面对它们的取值进行一一介绍。

- ListboxTop：取值为数量值，用于 listbox 控件对象。
- SlideStop：取值为两元素矢量[minstep, maxstep]，用于 slider 控件对象。
- Selected：取值为 on 或者 off（默认值）。

5．Callback管理属性

Callback 管理属性主要有 BusyAction、ButtDownFun、Creatfun、DeletFun、HandleVisibility 等属性，这些属性主要用于定义回调函数的一些响应属性，下面对它们的取值进行一一介绍。

- BusyAction：取值为 cancel 或者 queue（默认值）。
- ButtDownFun：取值为字符串，一般为某个 M 文件名或者一小段 MATLAB 程序。
- Creatfun：取值为字符串，一般为某个 M 文件名或者一小段 MATLAB 程序。
- DeletFun：取值为字符串，一般为某个 M 文件名或者一小段 MATLAB 程序。
- HandleVisibility：取值为 on（默认值）、callback 或者 off。

❑ Interruptible：取值为 on 或者 off（默认值）。

7.5.2 控件的操作

MATLAB 提供了用于建立控件对象的函数 uicontrol()，其调用格式如下。

❑ h = uicontrol(parent, 'PropertyName', PropertyValue, …)：创建用户界面空间对象，并设置其属性值。如果用户没有指定属性值，则 MATLAB 自动使用默认属性值。uicontrol 默认的 Style 属性值为 pushbutton，parent 属性值为当前图形窗口。用户可以在命令窗口中输入 set(uicontrol)命令查看 uicontrol 的属性。

❑ h = uicontrol(parent, 'PropertyName', PropertyValue, …)：在由 parent 所指定的对象中创建用户界面控件对象。parent 可以是图形窗口的句柄，也可以是 uipanel 的句柄，还可以是 uibuttongroup 的句柄。

一般情况下，在进行具体的 GUI 设计时我们只需要按照设计的具体的需求，进行布局设计，程序编程，对 String 属性值进行修改即可。

【例 7-17】 创建一个按钮，当按下该按钮时，清除当前坐标轴中的图形对象。本例涉及按钮的使用，可以通过本例掌握按钮的使用方法。本例中采取直接编程实现、MATLAB代码如下：

```
h = uicontrol('Style', 'pushbutton', 'String', 'Clear', 'Position', [20 150
100 70], 'Callback', 'cla');
```

MATLAB 运行结果如图 7.57 所示。

单击图 7.57 中的 Clear 按钮，程序将通过回调函数调用 cla 命令，因此可以得到如图 7.58 所示的窗口清除后的运行结果。

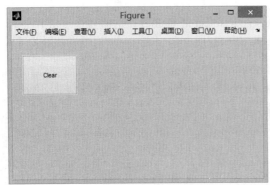

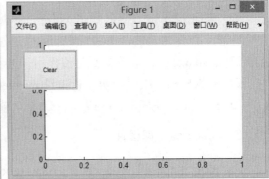

图 7.57　窗口清除前的运行结果　　　　　图 7.58　窗口清除后的运行结果

【例 7-18】 建立图形演示对话框。在编辑框输入绘图命令，单击"绘图"按钮能在左边坐标轴中得到对应的图形，弹出式菜单提供色图控制，列表框提供坐标网格线和坐标边框控制。

本例涉及轴、静态文本、按钮、滑块、弹出式菜单等控件，通过本例的操作可以掌握轴、滑块、弹出式菜单等控件的使用方法。MATLAB 代码如下：

```
clf;
set(gcf,'Unit','normalized','Position',[0.2,0.3,0.65,0.35]);
set(gcf,'Menubar','none','Name','图形演示','NumberTitle','off');
axes('Position',[0.05,0.15,0.55,0.7]);
uicontrol(gcf,'Style','text', 'Unit','normalized',...
        'Posi',[0.63,0.85,0.2,0.1],'String','输入绘图命令','Horizontal',
        'center');
% Max 取 2，使 Max-Min>1，从而允许多行输入
hedit=uicontrol(gcf,'Style','edit','Unit','normalized','Posi',[0.63,0.1
5,0.2,0.68], 'Max',2);
hpopup=uicontrol(gcf,'Style','popup','Unit','normalized',...
        'Posi',[0.85,0.8,0.15,0.15],'String','Spring|Summer|Autumn|Winter');
hlist=uicontrol(gcf,'Style','list','Unit','normalized',...
        'Posi',[0.85,0.55,0.15,0.25],'String','Grid on|Grid off|Box on|Box
        off');
hpush1=uicontrol(gcf,'Style','push','Unit','normalized',...
        'Posi',[0.85,0.35,0.15,0.15],'String','绘 图');
uicontrol(gcf,'Style','push','Unit','normalized',...
        'Posi',[0.85,0.15,0.15,0.15],'String','关 闭','Call','close all');
set(hpush1,'Call','COMM(hedit,hpopup,hlist)');
set(hlist,'Call','COMM(hedit,hpopup,hlist)');
set(hpopup,'Call','COMM(hedit,hpopup,hlist)');
```

程序调用了 COMM.m 函数文件，该函数文件的 MATLAB 代码如下：

```
function COMM(hedit,hpopup,hlist)
com=get(hedit,'String');
n1=get(hpopup,'Value');
n2=get(hlist,'Value');
% 编辑框输入非空时
if ~isempty(com)
        % 执行从编辑框输入的命令
        eval(com');
        chpop={'spring','summer','autumn','winter'};
        chlist={'grid on','grid off','box on','box off'};
        colormap(eval(chpop{n1}));
        eval(chlist{n2});
end
```

MATLAB 运行结果如图 7.59 所示。

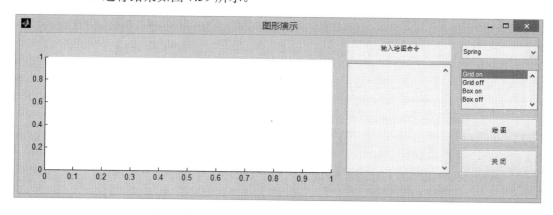

图 7.59　建立成功的图形演示界面

【例 7-19】 使用 3 个单选按钮控制静态文本框的背景颜色。本例涉及单选按钮、静态文本控件、通过本例的操作可掌握单选按钮和静态文本控件的使用。首先进行图形界面设计，再给控件编写 Callback()函数实现相关的功能。

首先，新建一个空白的 GUI 图形界面，然后将静态文本控件和单选按钮控件放置于布局文件中，如图 7.60 所示。

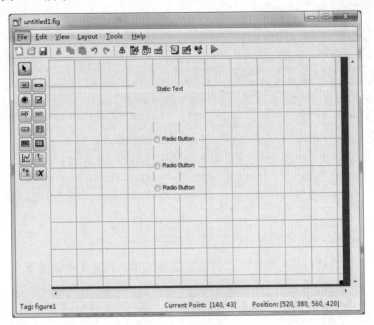

图 7.60　编辑控件属性

其次，编辑静态文本控件和单选按钮控件的属性，如图 7.61 所示。

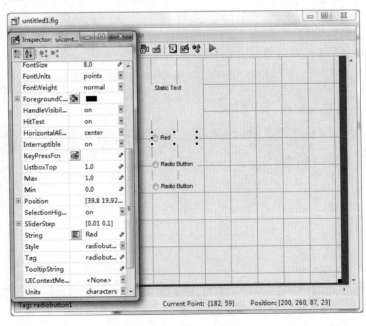

图 7.61　GUI 图形界面控件设计

然后，利用图 7.62 中的回调函数的编辑方式，打开该 GUI 的 M 文件。

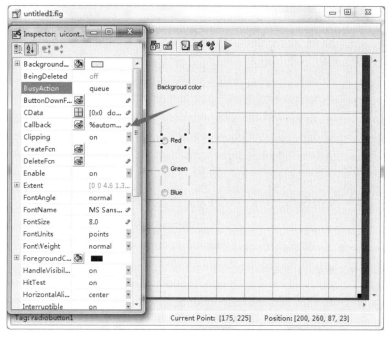

图 7.62　进入回调函数

最后，分别找到 3 个单选按钮的 Callback()函数，为 3 个单选按钮的回调函数添加控制静态文本的颜色，MATLAB 代码如下：

```
% --- Executes on button press in radiobutton1.
function radiobutton1_Callback(hObject, eventdata, handles)
% hObject    handle to radiobutton1 (see GCBO)
% eventdata  reserved - to be defined in a future version of MATLAB
% handles    structure with handles and user data (see GUIDATA)
set(handles.text1,'BackGroundColor','r');
% Hint: get(hObject,'Value') returns toggle state of radiobutton1
% --- Executes on button press in radiobutton2.
function radiobutton2_Callback(hObject, eventdata, handles)
% hObject    handle to radiobutton2 (see GCBO)
% eventdata  reserved - to be defined in a future version of MATLAB
% handles    structure with handles and user data (see GUIDATA)
set(handles.text1,'BackGroundColor','g');
% Hint: get(hObject,'Value') returns toggle state of radiobutton2
% --- Executes on button press in radiobutton3.
function radiobutton3_Callback(hObject, eventdata, handles)
% hObject    handle to radiobutton3 (see GCBO)
% eventdata  reserved - to be defined in a future version of MATLAB
% handles    structure with handles and user data (see GUIDATA)
set(handles.text1,'BackGroundColor','b');
% Hint: get(hObject,'Value') returns toggle state of radiobutton3
```

MATLAB 运行结果如图 7.63 所示。

任意选择其中的一个单选按钮，可以看到静态文本的颜色发生了变化，如图 7.64 所示。

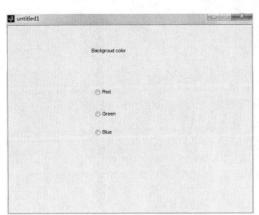

图 7.63　交互界面运行结果

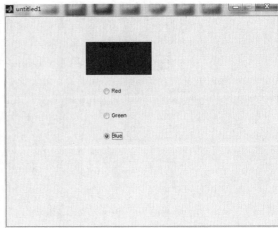

图 7.64　单选按钮实例运行结果

7.6　图形用户界面开发举例

GUI 程序设计包括两方面的内容：图形用户界面的设计和功能设计。本节将在前几节的基础上进行综合设计，通过更多的实例设计，深入了解 MATLAB 的用户界面设计，如想更熟练地掌握，还需要做大量的练习。

【例 7-20】　建立数制转换对话框。在左边输入一个十进制整数和 2～16 之间的数，单击"转换"按钮能在右边得到十进制数所对应的二进制到十六进制字符串，单击"退出"按钮退出对话框。

本例涉及按钮、静态文本、可编辑文本控件，通过本例可掌握静态文本、可编辑文本控件的使用方法。MATLAB 代码如下：

```
% 创建布局文件
hf=figure('Color',[0,1,1],'Position',[100,200,400,200],...
    'Name','数制转换','NumberTitle','off','MenuBar','none');
%创建静态文本'输入框'
uicontrol(hf,'Style','Text', 'Units','normalized',...
    'Position',[0.05,0.8,0.45,0.1],'Horizontal','center',...
    'String','输 入 框','Back',[0,1,1]);
%创建静态文本'输出框'
uicontrol(hf,'Style','Text','Position',[0.5,0.8,0.45,0.1],...
    'Units','normalized','Horizontal','center',...
    'String','输 出 框','Back',[0,1,1]);
%创建输入框下面的边框
uicontrol(hf,'Style','Frame','Position',[0.04,0.33,0.45,0.45],...
    'Units','normalized','Back',[1,1,0]);
%创建静态文本'十进制数'
uicontrol(hf,'Style','Text','Position',[0.05,0.6,0.25,0.1],...
```

```
        'Units','normalized','Horizontal','center',...
        'String','十进制数','Back',[1,1,0]);
%创建静态文本二～十六进制
uicontrol(hf,'Style','Text','Position',[0.05,0.4,0.25,0.1],...
        'Units','normalized','Horizontal','center',...
        'String','二～十六进制','Back',[1,1,0]);
%创建可编辑文本
he1=uicontrol(hf,'Style','Edit','Position',[0.25,0.6,0.2,0.1],...
        'Units','normalized','Back',[0,1,0]);
%创建可编辑文本
he2=uicontrol(hf,'Style','Edit','Position',[0.25,0.4,0.2,0.1],...
        'Units','normalized','Back',[0,1,0]);
%创建输出框下面的边框
uicontrol(hf,'Style','Frame','Position',[0.52,0.33,0.45,0.45],...
        'Units','normalized','Back',[1,1,0]);
%创建空的静态文本
ht=uicontrol(hf,'Style','Text','Position',[0.6,0.5,0.3,0.1],...
        'Units','normalized','Horizontal','center','Back',[0,1,0]);
%调用 COMM() 函数
COMM=['n=str2num(get(he1,''String''));','b=str2num(get(he2,''String''))
;',...
        'dec=trdec(n,b);','set(ht,''string'',dec);'];
%创建'转换'按钮
uicontrol(hf,'Style','Push','Position',[0.18,0.1,0.2,0.12],...
        'String','转 换','Units','normalized','Call',COMM);
%创建'退出'按钮
uicontrol(hf,'Style','Push','Position',[0.65,0.1,0.2,0.12],...
        'String','退 出','Units','normalized','Call','close(hf)');
```

程序调用了 trdec.m 函数文件，该函数的作用是将任意十进制数转换成二进制～十六进制字符串。tredc.m 函数文件如下：

```
function dec=trdec(n,b)
%十六进制的 16 个符号
ch1='0123456789ABCDEF';
k=1;
% 不断除某进制基数取余直到商为 0
while n~=0
        p(k)=rem(n,b);
        n=fix(n/b);
        k=k+1;
end
k=k-1;
strdec='';
% 形成某进制数的字符串
while k>=1
        kb=p(k);
        strdec=strcat(strdec,ch1(kb+1:kb+1));
        k=k-1;
    end
dec=strdec;
```

MATLAB 运行结果如图 7.65 所示。

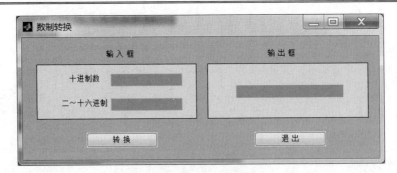

图 7.65 数制转换界面

在输入框中首先输入进制为 2，然后输入十进制数 20，单击转换按钮，则 20 所对应的二进制数将被计算出来，如图 7.66 所示。

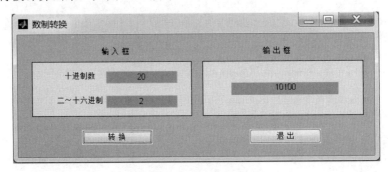

图 7.66 数制转换实例

【例 7-21】 使用 Push Button 按钮与静态文本设计 GUI，在窗口中显示单击按钮次数。本例综合应用本章的内容进行该方案的设计。

首先，在界面上安装一个按钮和一个静态文本，如图 7.67 所示。

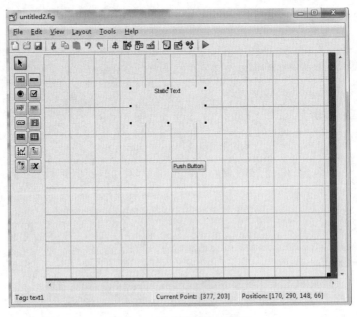

图 7.67 图形界面设计效果

其次，使用对象的属性窗口设置控件的属性，如图 7.68 所示。

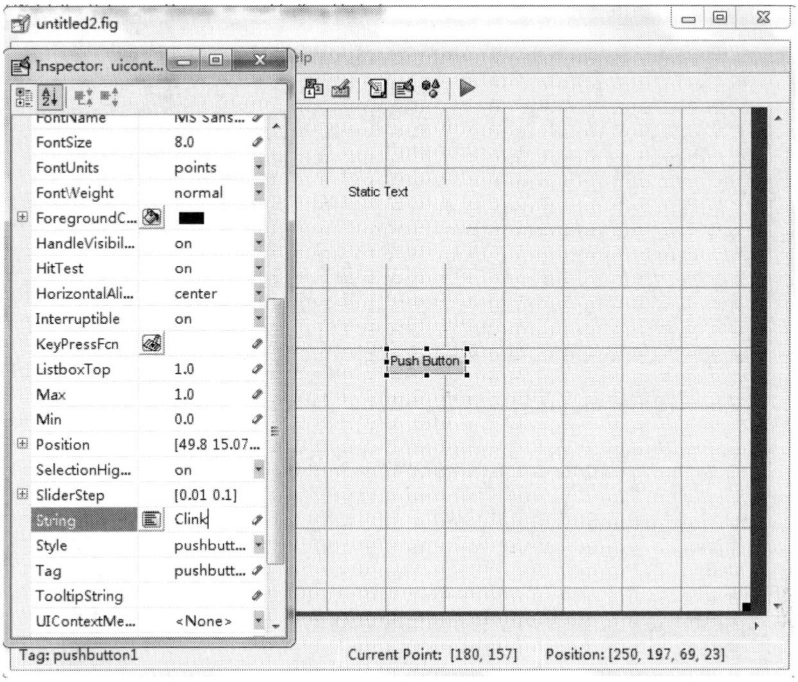

图 7.68　设置按钮的属性

然后，打开该 GUI 的 M 文件，该文件中已经自动生成了许多代码，找到按钮对应的回调函数 function pushbutton1_Callback(hObject, eventdata, handles)，在这个函数名称下编写如下程序段实现其功能。

```
% --- Executes on button press in pushbutton1.
function pushbutton1_Callback(hObject, eventdata, handles)
% hObject    handle to pushbutton1 (see GCBO)
% eventdata  reserved - to be defined in a future version of MATLAB
% handles    structure with handles and user data (see GUIDATA)
% 将 c 定义为在此处的局部变量
persistent c;
%如果未单击鼠标则次数为 0
if isempty(c)
c=0
end
c=c+1;
str=sprintf('Total Clicks: %d',c);
set(handles.text1,'String',str);
```

最后，保存程序之后，运行程序，可以得到如图 7.69 所示的图形界面窗口。

单击图 7.69 中的 Click 按钮，则在静态文本中将显示单击次数，如图 7.70 所示。

【例 7-22】　制作一个简易的加减法计算器。

首先，在界面上安装两个可编辑文本、两个静态文本与两个按钮，如图 7.71 所示。

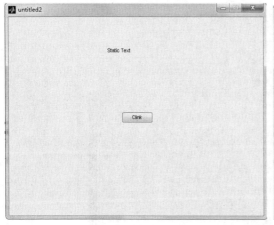
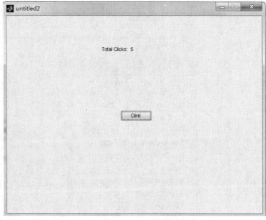

图 7.69　图形窗口运行的效果图　　　　　　　图 7.70　运行效果

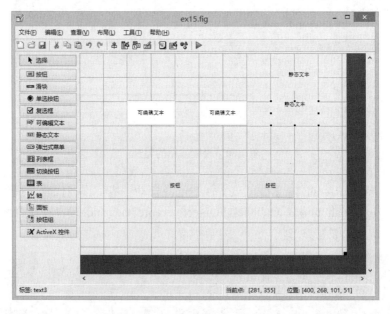

图 7.71　简易计算器图形界面设计效果

其次，使用对象的属性窗口设置控件的属性，设置完成以后的效果如图 7.72 所示。

然后，打开该 GUI 的 M 文件 ex15.m，在函数 pushbutton1_Callback()与 pushbutton2_Callback()中加入如下回调函数代码。

```
% --- Executes on button press in pushbutton1.
function pushbutton1_Callback(hObject, eventdata, handles)
% hObject    handle to pushbutton1 (see GCBO)
% eventdata  reserved - to be defined in a future version of MATLAB
% handles    structure with handles and user data (see GUIDATA)
% 将 handles 结构里面的 string 转化成 double 型
s1=str2double(get(handles.edit1,'String'))
s2=str2double(get(handles.edit2,'String'))
% 进行两数相加并将结果放到静态文本中
set(handles.text1,'String',s1+s2);
% --- Executes on button press in pushbutton1.
function pushbutton2_Callback(hObject, eventdata, handles)
```

```
% hObject    handle to pushbutton1 (see GCBO)
% eventdata  reserved - to be defined in a future version of MATLAB
% handles    structure with handles and user data (see GUIDATA)
% 将 handles 结构里面的 string 转化成 double 型
s1=str2double(get(handles.edit1,'String'))
s2=str2double(get(handles.edit2,'String'))
% 进行两数相减并将结果放到静态文本中
set(handles.text1,'String',s1-s2);
```

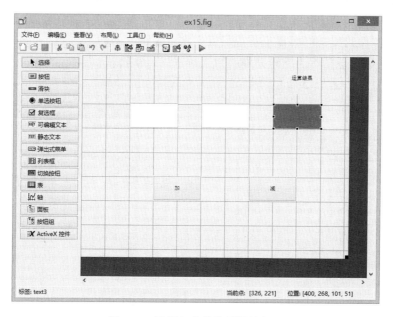

图 7.72　设置各个控件属性值之后

最后，保存并运行程序之后，输入两个数，进行加法运算，结果如图 7.73 所示。

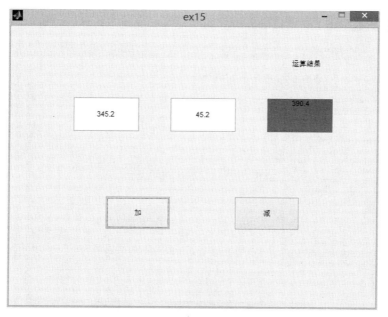

图 7.73　简易计算器的运行结果

【例 7-23】 设计一个简单信号分析仪的程序，要求根据输入的两个频率和时间间隔，计算函数 $x=\sin(2\pi f1t)+\sin(2\pi f2t)$ 的值，并对函数进行快速傅里叶变换，最后分别绘制时域和频域的曲线。下面分步骤对该例进行开发。

首先，设计简单信号分析仪的图形界面。

（1）在布局编辑器中布置控件：本例中使用了 2 个坐标系、3 个文本编辑器、1 个按钮和 3 个静态文本。

（2）使用对象浏览器和几何位置排列工具对控件的位置进行调整，如图 7.74 所示。

（3）设计控件的属性：为显示美观，首先将可编辑文本和静态文本的字号分别设置为 20 和 16，将 3 个静态文本的标题分别改为"频率1""频率2"和"时间"，将按钮的标题改为"绘图"，如图 7.75 所示。

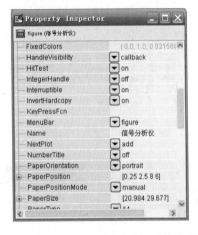

图 7.74　使用对象浏览器进行位置调整　　　　图 7.75　使用属性编辑器进行属性值设置

（4）设置其他绘图属性：如设置主窗口的标题为"信号分析仪"。

上述步骤基本完成了简单信号分析仪图形界面的设计，其界面如图 7.76 所示。

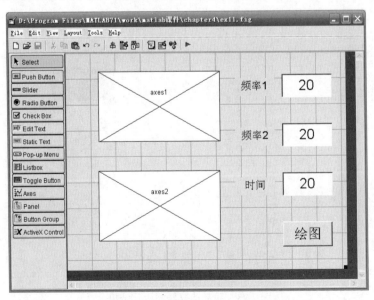

图 7.76　简单信号分析仪图形界面设计

界面设计完成后，运行后的结果如图 7.77 所示。

其次，设置控件的标识。控件的标识（Tag）用于对各控件的识别。每个控件在创建时都会由开发环境自动产生一个标识，在程序设计中，为了编辑、记忆和维护方便，一般为控件设置一个新的标识。

在本例中，设置了两个坐标轴标识 frequency_axes 和 time_axes，分别用于显示频域和时域图形；3 个文本标识 f1_input、f2_input 和 t_input，分别用于输入频率 1、频率 2 和自变量时间的间隔。3 个静态文本和按钮的值不需要返回，因此这些控件的标识可使用默认值。

然后，进行代码的编写。GUI 图形界面，是经过特定的设计思路和计算方法，

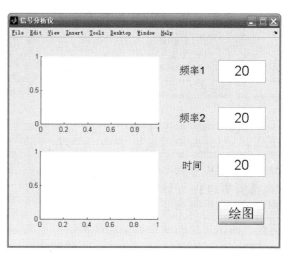

图 7.77　简单信号分析仪图形界面运行效果图

最终由特定程序实现的一种功能。程序中变量的赋值、输入和输出、计算以及绘图等功能的实现，需在程序运行前编写相应的代码。

（1）设置对象的初始值。

使用以下 MATLAB 代码分别设置 3 个可编辑文本的 String 初始值。

```
f1_input=20
f2_input=50
t_input=0:0.001:0.5
```

（2）编写代码。

为按钮的调用函数编写代码，这段代码放在按钮的调用函数 pushbutton1_Callback()中，代码包括以下部分。

① 从 GUI 获得用户输入的数据。本例中输入的 3 个数据分别为频率 1、频率 2 和时间间隔。

```
f1=str2double(get(handles.f1_input,'String'));
f2=str2double(get(handles.f2_input,'String'));
t=eval(get(handles.t_input,'String'));
```

② 计算数据。计算函数值，按指定点进行快速傅里叶变换，并计算频域的幅值和频域分辨率。

```
x=sin(2*pi*f1*t)+sin(2*pi*f2*t);
%进行快速傅里叶变换
y=fft(x,512);
m=y.*conj(y)/512;
f=1000*(0:256)/512;
```

③ 在第一个坐标轴中绘制频域曲线。

```
%选择适当的坐标轴为当前坐标轴
axes(handles.frequency_axes);
plot(f,m(1:257))
set(handles.frequency_axes,'XminorTick','on')
```

```
grid on
```

④ 在第二个坐标轴中绘制时域曲线。

```
%选择适当的坐标轴
axes(handles.time_axes)
plot(t,x)
set(handles.time_axes,'XminorTick','on')
grid on
```

最后，保存并运行程序，所绘制的图形如图 7.78 所示，改变频率 1、频率 2 和时间的数值，可以得到不同的频谱图与时域图。

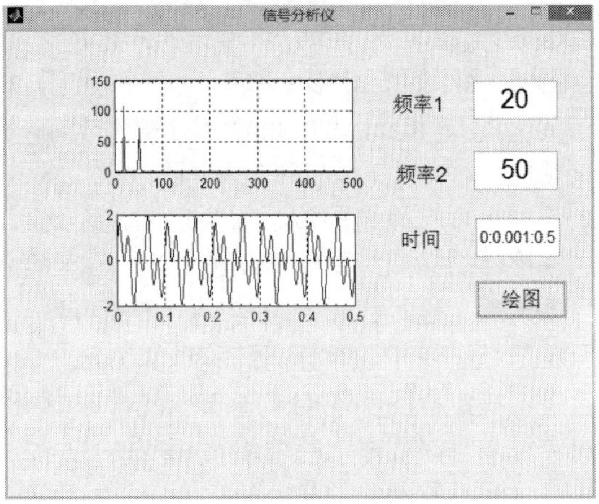

【例 7-24】 设计一个简单的图像去噪界面，要求显示去噪前，加噪声以及去噪后的图像，图像可选的噪声类型为高斯噪声和椒盐噪声，去噪方法有均值滤波、中值滤波与高斯低通滤波，两个功能键分别为去噪和加噪，自行设计一个菜单。下面分步骤对该例进行开发。

首先，设计图形界面。

（1）在布局编辑器中布置控件：本例中使用了 3 个坐标系、2 个弹出式菜单、2 个按钮和 3 个静态文本和菜单编辑器。

图 7.78　简单信号分析仪程序运行效果

（2）使用几何位置排列工具对控件的位置进行调整。

（3）设计控件的属性：为显示美观，首先将按钮和静态文本的字号分别设置为 16 和 12，将 3 个静态文本的标题分别改为"原图""加噪声后"和"去噪后"，将 2 个按钮的标题改为"加噪"和"去噪"，2 个弹出式菜单一个内容为"椒盐噪声""高斯噪声"，另一个为"均值滤波""中值滤波"和"高斯低通滤波"。

（4）进行菜单项的设计，包括一个文件菜单，其下设 3 个子菜单，分别为"打开文件""保存为..."和"退出"；一个帮助菜单。

设计完成后，效果如图 7.79 所示。

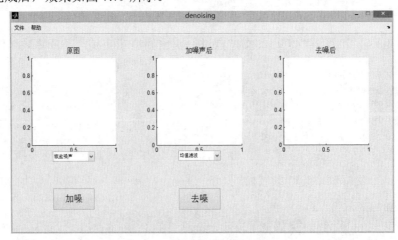

图 7.79　简单图像去噪的图形界面

其次，设置菜单的标识。本例设置文件菜单下的 3 个子菜单的标识分别为 Open、Save 和 Exit，其余的控件根据需求依次进行设置，同样也可以使用默认值。

然后编写代码。主要是编写菜单项功能的设计代码、控件功能的设计代码。

（1）菜单项功能的设计。

① 打开文件的设计。

```matlab
% 定义一个全局变量
global x;
% 文件打开对话框
[filename,pathname]=uigetfile({'*.jpg';'*.bmp';'*.gif'},'选择图片');
if isequal(filename,0)|isequal(pathname,0)
    errordlg('没有打开图像','出错');
    return;
else
    file=[pathname,filename];
    x=imread(file);%读入图像
    % 设置显示的坐标轴
    axes(handles.axes1);
    % 显示图像
    imshow(x);
end
```

② 保存文件的设计。

```matlab
[sfilename,sfilepath]=uiputfile({'*.jpg';'*.bmp';'*.gif'},'保存图片',
'untitled.jpg');
if ~isequal([sfilename,sfilepath],[0,0])
    sfilefullname=[sfilepath,sfilename];
    imwrite(handles.axes3,sfilefullname);
else
    msgbox('你按了取消键','保存失败');
end
```

③ 退出的设计。

```matlab
clc;
close all;
close(gcf);
clear;
```

（2）控件功能的设计。

① 加噪功能的实现。

```matlab
% 定义一个全局变量
global x;
% 将 axes2 作为当前的坐标轴
axes(handles.axes2);
% 获取 popupmenu1 的句柄为 c
c=get(handles.popupmenu1,'value');
% 根据 c 的不同值进行不同的处理
switch c
    case 1
    % 加 salt 噪声
        x=imnoise(x,'salt & pepper',0.005);
        imshow(x);
```

```
     case 2
     % 加 gaussian 噪声
        x=imnoise(x,'gaussian',0.002,0.0008);
        imshow(x);
end
```

② 去噪功能的实现。

```
%定义一个全局变量
global x;
axes(handles.axes3);
% 获取 popupmenu2 的句柄为 b
b=get(handles.popupmenu2,'value');
% 根据 b 的不同取值进行不同的去噪处理
switch b
     case 1
        % 进行彩色图像到灰色图像的转换
        x=rgb2gray(x);
        % 均值滤波处理
        x=filter2(fspecial('average',3),x)/255;
        imshow(x);
     case 2
        % 进行彩色图像到灰色图像的转换
        x=rgb2gray(x);
        % 中值滤波
        x=medfilt2(x);
        imshow(x);
     case 3
        % 高斯低通滤波处理，滤波模板尺寸为 5，标准差为 0.5
        y= fspecial('gaussian',5,0.5);
        z = imfilter(x,y,'symmetric');
        imshow(z);
end
```

保存并运行程序，MALTAB 运行结果如图 7.80 所示。

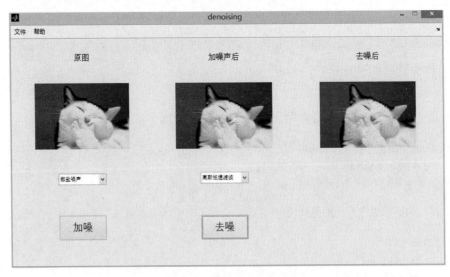

图 7.80　简单图像去噪运行效果

7.7　本　章　小　结

本章主要介绍了 MATLAB 的图形用户界面设计，包括如何添加图形控件以及图形控件的使用，如何创建图形界面的各种菜单对象以及使用方法，并通过大量的实例对 GUI 界面设计进行了详细讲解。学习完本章内容之后，读者应能够进行简单的图形界面设计。

7.8　习　　题

1．什么是 GUI？GUI 有哪些优点？学习完本章内容之后,你对 GUI 设计有了多少了解？

2．GUI 开发环境中提供了哪些方便的工具？各有什么用途？

3．做一个简单的音乐播放器界面（提示，使用.wav 文件，将其放在当前工作目录或者搜索路径中，当按下"开始"按钮，调入文件并播放，发生功能由 sound()函数完成，具体用法可查阅帮助信息）。

4．GUI 中常用的控件有哪些？各自的功能是什么？

5．设计一个设置曲线形状和颜色的界面，按下相应的按钮可以调整曲线的线性、颜色和数据点的形状，如下图所示。

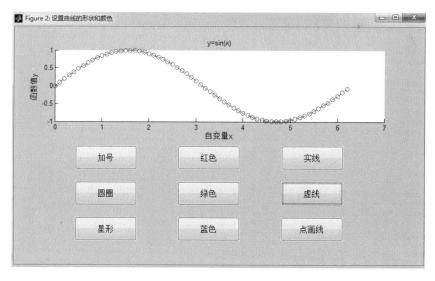

6．做一个滑块界面，图形窗口标题设置为 GUI Demo:Slider，并关闭图形窗口的菜单条。功能：通过移动中间的滑块选择不同的取值并显示在数值框中，如在数值框中输入指定范围内的数字，滑块移动到相应的位置，如不在指定范围内，则提示错误，如下图所示。

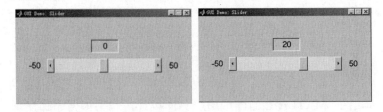

7．设计一个图形绘制界面，界面上有 3 个单选按钮分别控制颜色，有 4 个按钮分别为绘制正弦、余弦、Grid off、退出程序按钮，如下图所示。

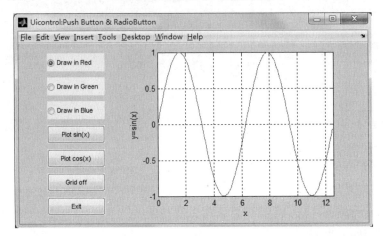

8．进行图形界面设计的方法有哪两种？分别介绍这两种方法的用法，并进行对比。

9．设计一个用户登录界面，标题为用户登录，设计 3 个可编辑文本，分别为用户名、密码和验证码。

10．自行查阅相关资料，了解应用 GUI 进行图像处理的过程与方法，自行设计一个简单的图形处理软件平台（提示：从图像的显示到图像的处理，再到处理后图像的保存）。

第 8 章　MATLAB 在图像处理中的应用

学习任何语言程序的目的就是在未来的科学研究和工作中使用该语言,MATLAB 主要应用于科学计算中, 所以其被广泛地应用到众多学科中, 其中包括数学、计算机、通信、电子科学技术、电气工程等学科。由于本书主要针对的是信号与信息处理专业的读者, 而图像处理在信号处理中占有非常重要的地位, 因此本章将讲述 MATLAB 如何应用到数字图像处理领域。

8.1　读取和显示图像

从数据的源头开始, 图像的读取和显示异常重要, 与 C 或 C++语言等其他高级语言不同, MATLAB 在图像的读取和显示更简单和易于操作。下面介绍 MATLAB 如何进行图像的读取和显示。

8.1.1　读取图片

在 MATLAB 中如果需要对图像进行处理, 则涉及图像的读取、存储和显示, 这些内容又与数字图像的基本概念有所关联, 下面首先介绍几种图像的基本类型。

在 MATLAB 中常用 4 种图像类型, 分别是 RGB 真彩色图像、索引图像、灰度图像和二值图像, 它们各有各的优势, 且可以相互转换。

1. RGB真彩色图像

在 RGB 真彩色图像中, R (Red) 、G (Green) 、B (Black) 3 个分量表示一个像素的颜色。在 MATLAB 中, RGB 真彩色图像可以用双精度存储, 亮度范围为[0 1], [0 0 0]表示黑色, [1 1 1]表示白色。此外, RGB 真彩色图像还可以用无符号整型存储, 一般常用8bit 表示, 亮度范围为[0 255], [0 0 0]表示黑色, [255 255 255]表示白色。两者之间可以相互转换。

【例 8-1】 现在有一个大小为 256×256×3 以无符号整型存储的 RBG 图像 I, 其中 R、G、B 的值全为 1, 将其变成双精度型 I1, 然后再变回无符号型 I2。MATLAB 代码如下:

```
I = ones(256, 256, 3);
I1 = double(I) / 255;
I2 = uint8( round( I1 * 255 ) );
I(2, 3)
I1(2, 3)
I2(2, 3)
```

MATLAB 运行结果如下：

```
ans =
     1
ans =
     0.0039
ans =
     1
```

2. 索引图像

索引图像包括两部分，即图像数据矩阵和调色板。调色板是一个有 3 列和若干行的色彩映象矩阵，矩阵每行代表一种颜色，3 列分别代表红、绿、蓝色强度的双精度数。MATLAB 中调色板色彩强度范围为[0 1]，其中 0 代表最暗，1 代表最亮。

【例 8-2】 读取和显示索引图像，MATLAB 代码如下：

```
[X map] = imread('spine.tif');
figure;
imshow(X)
colormap(map)
```

MATLAB 运行结果如图 8.1 所示。

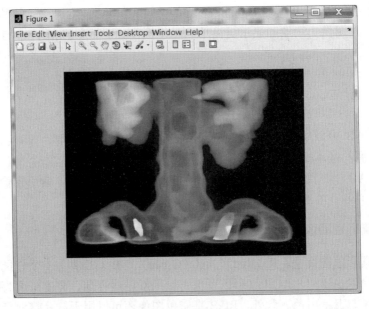

图 8.1　索引图像的显示

在程序中，通过 imshow()和 colormap()两个函数显示索引图像。图像 spine.tif 中调色板 map 的大小为 256×3，程序运行后的结果如图 8.1 所示。在索引图像显示的过程中，也可以采用 imshow(X, map)的方式进行显示。在 MATLAB 中可以通过函数产生标准的调色板，例如 hsv、hot、cool 等，因此用户也可以用指定的调色板对指定的图像进行调色。

【例 8-3】 将例 8-2 中的图像用 cool 调色板显示，MATLAB 代码如下：

```
[X map] = imread('spine.tif');
figure;
imshow(X)
```

```
colormap(hsv)
```

MATLAB 运行结果如图 8.2 所示。

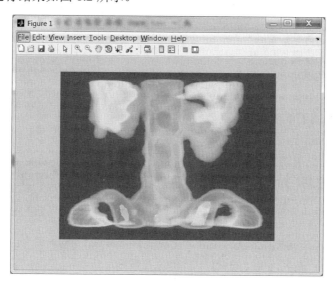

图 8.2　调色板为 hsv 时索引图像的显示

3. 灰度图像

灰度图像是图像处理中常用的一类图像，在 MATLAB 中，一般采用矩阵存储灰度图像，如果数据类型为 double，则取值范围为[0, 1]，其中 0 代表黑色，1 代表白色。灰度图像一般也采用 imshow()函数进行显示。

【例 8-4】　在程序中建立 256×256 的灰度图像，并将其转换为 8 位无符号整型，然后显示图像。

```
clear
I = zeros(256, 256);
for i=1:256
    I(1:256, i) = i / 255;   %像素赋值
end
figure
imshow(I)
```

MATLAB 运行结果如图 8.3 所示。

4. 二值图像

在 MATLAB 中，对于二值图像，采用逻辑类型进行存储，每个像素只有两个灰度值，即 0 和 1，其中 0 代表黑色，1 代表白色。一般可以使用 logical()函数将双精度类型转换为逻辑型矩阵。

【例 8-5】　在程序中建立 256×256 的二值图像，其中上半部分是白色，下半部分是黑色，然后显示图像。

```
clear
```

图 8.3　灰度图像的显示

```
I = zeros(256, 256);
I(1:128, :) = 1;     %像素赋值
I(129:256, :) = 0;   %像素赋值
figure
imshow(I)
```

MATLAB 运行结果如图 8.4 所示。

下面来看图片的读取，在 MATLAB 中利用 imread()
函数读取图片，然后利用 imshow()函数显示图像。

该函数常用的调用格式如下。

❑ A = imread(filename, fmt)：读取文件名
filename 而扩展名为 fmt 的图片，并保存在数
组 A 中，注意，如果图片没有在 MATLAB 可
读取的路径内，filename 应该为全路径+图片
的名称。

❑ [X, map] = imread(filename, fmt)：读取文件名
filename 而扩展名为 fmt 的图片，并保存在数组
X 中，并将其图像调色板的索引保存到 map 中。

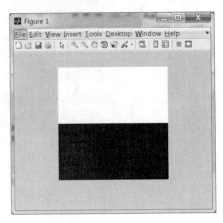

图 8.4　二值图像的显示

❑ [...] = imread(filename)：自动读取文件名为 filename 的图片。

❑ [...] = imread(URL,...)：读取网址为 URl 的网络图片。

【例 8-6】 设在 D 盘中有一幅图片，其名称为 hbu.jpg，利用 imread()函数读取该图片。

```
clear
A = imread('D:\\hbu.jpg', 'jpg');
size(A)
imshow(A)
```

MATLAB 运行结果如下：

```
ans =
     302    580      3
```

这个结果是 A 数组的大小，即表明图片的大小为 302×580 的彩色图像，显示的结果
如图 8.5 所示。

图 8.5　读取图像的显示

【例 8-7】　将例 8-6 中的图像转换为灰度图像进行显示。

```
clear
A = imread('D:\\hbu.jpg', 'jpg');
I = rgb2gray(A);
size(I)
imshow(I)
```

MATLAB 运行结果如下：

```
ans =
     302    580
```

这个结果是 *A* 数组的大小，即表明图片的大小为 302×580 的灰度图像，显示的结果如图 8.6 所示。

图 8.6　读取图像转换为灰度图像后的显示

当然，也可以利用 rgb2ind()函数将 RGB 图像转换为索引图像，利用 ind2rgb()函数将索引图像转换为 RGB 图像，利用 im2bw()函数将灰度图像转换为二值图像，在这里就不再赘述了。

8.1.2　显示图片

在 8.1.1 节中已经讲述了最常见的图像显示函数 imshow()函数，下面对其进行详细解释。该函数常用的调用格式如下。

❑ imshow(*I*)：显示矩阵 *I* 代表的图像，*I* 可以是灰度图像也可是彩色图像。

❑ imshow(*I*, map)：显示矩阵 *I* 代表的图像，*I* 为索引图像，调色板为 map。

❑ imshow(*I*,[low,high])：其中，low 和 high 分别为数据数组的最小值和最大值，由于 MATLAB 自动对灰度图像进行标度以适合调色板的范围，因而可以使用自定义大小的调色板。

❑ imshow(*I*, [ ])：low 为 *I* 中最小的值，high 为 *I* 中最大的值。

【例 8-8】 利用 MATLAB 中自带的 cameraman.tif 图像进行图像显示。

```
I = imread('cameraman.tif');
subplot(1,2,1)
imshow(I)
subplot(1,2,2)
imshow(I, [32 128])
```

MATLAB 运行结果如图 8.7 所示。

（a）直接显示　　　　　　　（b）灰度范围在[32 128]之间的灰度显示

图 8.7　cameraman 图像显示

8.2　图像的直方图均衡

灰度直方图是数字图像中最简单且有用的工具，本节主要总结 MATLAB 中直方图的基本概念和求解方法及应用。

8.2.1　直方图

直方图是数字图像处理中一个非常重要的概念，图像的灰度直方图是图像灰度级的函数，它描述了图像中每个灰度级所包含的像素个数（也就是说每个灰度级出现的频率分布），因此在进行直方图绘制的时候，图的横坐标为图像的灰度级（一般为 0～255），而图像的纵坐标表示图像中该灰度级出现的个数（频率）。在 MATLAB 中绘制直方图的函数是 histU，其使用方法为 hist(y, x)，该函数表示以向量 x 的各个元素为统计范围，绘制 y 的分布情况。hist()函数的调用格式如下。

❑ N = hist($\boldsymbol{Y}$)：该调用格式将向量 $\boldsymbol{Y}$ 中的元素平均分配到 10 个容器中，并且这 10 个容器的大小一样。N 表示每个容器中所包含的元素的个数是多少。对于 $\boldsymbol{Y}$ 为矩阵的情况，该调用格式将对矩阵进行逐列操作。

❑ N = hist($\boldsymbol{Y}$,M)：该调用格式将向量 $\boldsymbol{Y}$ 的元素平均分到 M 个容器中，且这 M 个容器的大小一致。N 表示每个容器所包含的元素的个数是多少。对于 $\boldsymbol{Y}$ 为矩阵的情况，该调用格式也对矩阵进行逐列操作。

❑ *N* = hist(*Y,X*)：该调用格式中 *X* 是向量，该调用格式在划分容器的时候，容器的中心为向量 *X* 中的元素，从而执行该调用命令可获得 *Y* 在这些容器中的分布情况。

【例 8-9】 *Y* = [1:10]，利用 hist(*Y*)计算其直方图。MATLAB 代码如下：

```
Y = [1:10];
hist(Y)
h=findobj(gca, 'Type', 'patch');
set(h, 'FaceColor',[1 0.76 0.05], 'EdgeColor', 'w');
```

MATLAB 运行结果如图 8.8 所示。

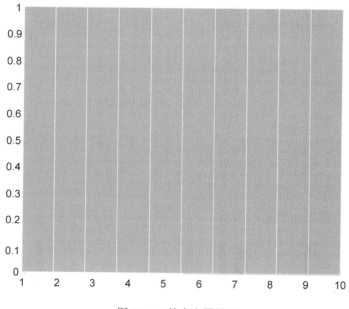

图 8.8　*Y* 的直方图显示

由图 8.8 可知，图中 10 个蓝色长方条对应着 10 个容器，每个长方条的高度代表着容器中数据的个数。而由图 8.8 可知，每个容器中的数据量都是一样的，均为 1。

【例 8-10】 设向量 *Y* = [1 2 2 4 4 7 7 9 10]，利用 hist(*Y*)计算其直方图。MATLAB 代码如下：

```
Y = [1 2 2 4 4 7 7 9 10];
hist(Y)
h=findobj(gla, 'Type', 'patch');
set(h, 'FaceColor',[0 0.7 0.3], 'EdgeColor', 'k');
```

MATLAB 运行结果如图 8.9 所示。

由例题可知向量 *Y* 中最大的元素为 10，而最小的元素为 1，因此将区间[1,10]均分为 10 个容器，每个容器分别为[1, 2],(2,3], (3,4],(4,5],(5,6],(6,7],(7,8],(8,9],(9,10]，最后统计向量 *Y* 中的元素在每个区间中的数量，最后以划分的容器个数为横坐标，以容器中的数目为纵坐标，将其绘制成图。

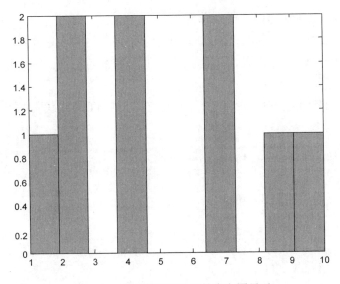

图 8.9 元素不均匀时 Y 的直方图显示

【例 8-11】 设矩阵 $Y = [1\ 2.5\ 2.1;\ 3\ 3.5\ 6]$，利用 hist($Y$)计算其直方图。MATLAB 代码如下：

```
Y = [1 2.5 2.1; 3 3.5 6];
hist(Y)
h=findobj(gca, 'Type', 'patch');
set(h, 'FaceColor',[0 0.7 0.3], 'EdgeColor', 'k');
```

MATLAB 运行结果如图 8.10 所示。

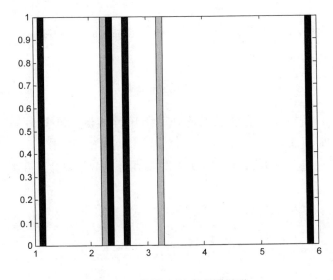

图 8.10 矩阵 Y 的直方图显示

🔔注意：Y 为矩阵 $\begin{bmatrix} 1.0 & 2.5 & 2.1 \\ 3.0 & 3.5 & 6.0 \end{bmatrix}$，可以看到矩阵 Y 为两行三列，因此，按照上述的调用格式，MATLAB 通过对矩阵 Y 中的元素逐列产生对应的直方图，如图 8.10 所示。

观察矩阵 Y 和图 8.10 可知，按列元素划分出了 10 个容器，每个容器的间隔是 0.5，并且容器的上下界正好对应着矩阵 Y 中最大元素 6 和最小元素。图 8.10 中有 3 种颜色的方条：蓝色，绿色和红色，分别对应 Y 中的第 1、2、3 列元素。如第一列元素为 1 和 3，因而区间[1,1.5]和(2.5,3]中有蓝色方条。

【例 8-12】 设向量 Y = [1 2 2 3 4 5 6 7 8 9 10 10]，利用 hist(Y, 6)计算其直方图。MATLAB 代码如下：

```
Y = [1 2 2 3 4 5 6 7 8 9 10 10];
hist(Y, 6)
h=findobj(gca, 'Type', 'patch');
set(h, 'FaceColor',[0 0.7 0.3], 'EdgeColor', 'k');
```

MATLAB 运行结果如图 8.11 所示。

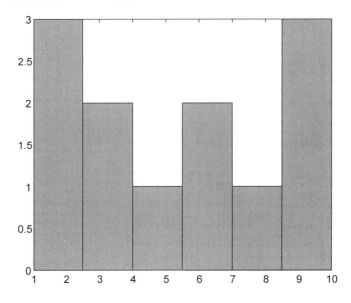

图 8.11　hist(Y, 6)的直方图显示

Y 最大为 10，最小为 1，因而将区间[1,10] 以 1.5 的间隔划分为 6 个等长的子区间作为 6 个容器去容纳数据，然后统计 Y 中的元素落在每个区间中的数量，最后将其绘制成图。

【例 8-13】 设向量 Y = [1 2 2 3 4 5 6 7 8 9 10 10]，a=[1 2 4 6 8]，利用 hist(Y, a)计算其直方图。MATLAB 代码如下：

```
Y = [1 2 2 3 4 5 6 7 8 9 10 10];
a=[1 2 4 6 8];
hist(Y, a)
h=findobj(gca, 'Type', 'patch');
set(h, 'FaceColor',[0 0.7 0.3], 'EdgeColor', 'k');
```

MATLAB 运行结果如图 8.12 所示。

Y 最大为 10，最小为 1，因而将区间以向量 a 中的元素为区间中心可获得一系列区间，然后统计 Y 中的元素落在每个区间中的数量，最后将其绘制成图。我们还可以返回每一个直方的频数，使用方法是 N=hist(x)；会得到一个数组 N，有 10 个元素，每个元素都是 10 个直方之一的频数。

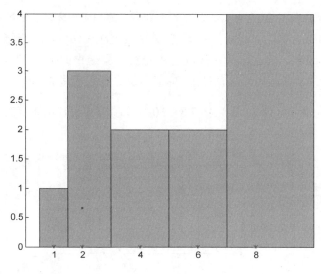

图 8.12　hist(Y, a)的直方图显示

8.2.2　直方图均衡

　　直方图均衡化是将原图像的直方图通过变换函数修正为均匀的直方图，然后按均衡直方图修正原图像。在未进行直方图均衡化以前，图像的直方图具有波峰和波谷，这导致图像的各个灰度出现的频数差异很大，从而导致图像在灰度变化范围小的地方灰度范围较小，视觉效果较差。而图像经过均衡化处理以后，图像的直方图的波峰和波谷都被拉直了，这样整个图像的直方图就变得比较平滑平直了，即各灰度级拥有的频数大致相同，这样灰度级就成了具有均匀的概率分布，图像看起来就更清晰了。

　　为了实现将直方图平直化的目的，就需要推导一种变换，该变换就是直方图均衡化的基础。首先建设数字图像具有连续的灰度级，以此来进行直方图均衡化变换公式的推导，设 r 表示数字图像的灰度级，则 $P(r)$ 表示数字图像灰度级的概率密度分布函数。在进行计算时，首先要对 r 值进行归一化，则此时 r 的取值范围为 0～1，其中大灰度值为 1，最小的灰度值为 0。那么，直方图均衡化的问题就转变为需找到一种变换 $S=T(r)$ 从而使得数字图像中的灰度级均衡化，也就是使得数字图像的直方图平直化，整个变换的示意图如图 8.13所示。为了使直方图均衡化后的灰度仍保持从黑白到单一的变化顺序，且变换范围与原先一致，以避免数字图像的整体视觉效果变亮或变暗，直方图需要满足一定的条件，在后面的变换求解过程中将进行详细规定。

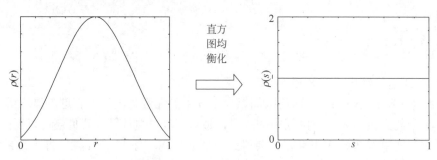

图 8.13　直方图均衡化示意图

为了达到直方图平滑的目的，必须规定：

❑ 在 $0 \le r \le 1$ 中，$T(r)$ 是单调递增函数，且 $0 \le T(r) \le 1$。

❑ 反变换 $r = T^{-1}(s)$，$T^{-1}(s)$ 也为单调递增函数，$0 \le s \le 1$。

考虑到灰度变换不影响像素的位置分布，也不会增减像素数目，所以有

$$\int_0^r p(r)\mathrm{d}r = \int_0^s p(s)\mathrm{d}s = \int_0^r 1 \bullet \mathrm{d}s = s = T(r) \tag{8-1}$$

即

$$T(r) = \int_0^r p(r)\mathrm{d}r \tag{8-2}$$

应用到离散灰度级，设一幅图像的像素总数为 n，分 L 个灰度级。其中 n_k：第 k 个灰度级出现的频数。第 k 个灰度级出现的概率 $P(r_k) = n_k/n$，其中 $0 \le r_k \le 1$，$k = 0,1,2,\dots,L-1$，则直方图均衡化的离散形式为：

$$s_k T(r_k) = \sum_{j=0}^k p(r) = \sum_{j=0}^k \frac{n_j}{n} \tag{8-3}$$

在得到这一系列的变换函数数值 s_k 之后，需要重新对它们进行量化，才能得到变换之后图像的像素分布情况。量化的过程是对上述的以 $1/L$ 为量化单位进行四舍五入计算，然后得到一系列 S'_k，再把相同数值的 S'_k 归并在一起，即得到直方图均衡化后的灰度级。

由上述变换的求解过程可以知道，直方图均衡化处理的中心思想是将原始图像中直方图从比较集中的某个灰度区间重新分配，从而得到一个在全部灰度范围内整个灰度区间均匀分布的图像。在进行直方图均衡化时，需要对原始图像的灰度级进行非线性拉伸，并对原始图像的灰度像素值进行重新赋值，从而达到在一定的灰度范围内数字图像的像素数量大致相同的结果。因此，可以说直方图均衡化的目的，就是把给定的原始图像的灰度概率密度分布函数修改为一条平直均衡的曲线。

直方图均衡化通常被用来增强图像的局部对比度，改善图像的视觉效果，尤其是是当图像的分布改变为均匀直方图分布时。当数字图像的有用数据的对比度相当接近的时候，直方图均衡化还可以用来增加数字图像的局部对比度。例如，在用手机进行文档拍照时，常常会出现由于光照或者遮挡等因素的干扰，所拍摄的图像对比度不高的情况，这种情况下就可以利用数字图像直方图均衡进行处理。通过直方图均衡化，数字图像的亮度可以更均衡地分布。当然，直方图均衡化也可以用于增强局部的对比度而不影响整体的对比度，这种情况下，仅对需要进行直方图均衡化的部位或者区域进行直方图均衡化即可。直方图均衡化通过有效地扩展常用的亮度来实现数字图像的亮度调整，这种方法对于背景和前景都太亮或者太暗的图像非常有用，尤其是可以使 X 光图像中的骨骼结构以及曝光过度或者曝光不足的照片中的细节更好地显示。这种方法的优势是它是一个相当直观的技术并且是可逆操作，如果已知均衡化函数，那么就可以恢复原始的直方图，并且计算量也不大。

在 MATLAB 中，使用 histeq() 函数进行直方图均衡化，其调用格式如下。

❑ J = histeq(I,hgram)：将原始图像 I 的直方图变成用户指定的向量 hgram。hgram 中的各元素的值域为[0,1]。

❑ J = histeq(I,n)：指定直方图均衡后的灰度级数 n，默认值为 64。

❑ [J,T] = histeq(I,...)：返回从能将图像 I 的灰度直方图变换成图像 J 的直方图变换 T。

❑ newmap = histeq(X,map,hgram)、newmap = histeq(X,map)、[newmap,T] = histeq(X,...)

这 3 个是针对索引图像调色板的直方图均衡化，用法和灰度图像一样。

【例 8-14】 对 MATLAB 自带的图像 tire 进行直方图均衡化。MATLAB 代码如下：

```
I = imread('tire.tif');
J = histeq(I);
imshow(I)
figure
imshow(J)
```

MATLAB 运行结果如图 8.14 所示。

（a）原始图像   （b）直方图均衡化以后的图像

图 8.14　直方图均衡化的运行结果

经过直方图均衡化以后，可以看到图像的灰度更均匀了。可以再计算图 8.14（a）和图 8.14（b）的直方图分布情况，MATLAB 代码如下：

```
I = imread('tire.tif');
J = histeq(I);
hist(double(I(:)),256);
figure
hist(double(J(:)),256);
```

MATLAB 运行结果如图 8.15 所示。

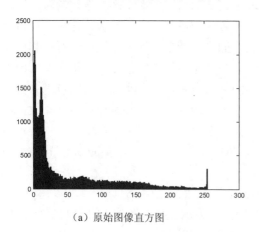

（a）原始图像直方图   （b）直方图均衡化后的直方图

图 8.15　直方图均衡化的直方图对比

对比图 8.15（a）与图 8.15（b）可知，直方图均衡化实质上是减少图像的灰度级以换取对比度的加大。在均衡过程中，原来的直方图上频数较小的灰度级被归入很少几个或一个灰度级内，因此得不到增强。若这些灰度级所构成的图像细节比较重要，则需采用局部区域直方图均衡处理。

8.3　灰度拉伸

某些情况下，需要对图像的灰度级整个范围（或者其中的某一段范围）扩展或压缩到想要的灰度级动态范围之内。灰度变换可分为线性变换、分段线性变换、非线性变换和其他的灰度变换。

1．线性变换

在数字图像处理中，线性变换使曝光不充分的图像黑的更黑，白的更白，从而提高图像对比度，其公式如下：

$$g(x,y)=(d-c)/(b-a)[f(x,y)-a]+c \tag{8-4}$$

其中 $f(x,y)$ 表示线性变换前的原始图像，而 $g(x,y)$ 表示线性变换后的图像，a、b、c 和 d 都表示线性变换的系数。

2．分段线性变换

在数字图像处理中，非线性变换往往可以有效地提高图像的局部对比度，从而有效地增强图像的局部细节，其公式如下：

$$g(x,y)=c/df(x,y) \qquad\qquad 0{\leq}f(x,y){\leq}a$$
$$g(x,y)=(d-c)/(b-a)[f(x,y)-a]+c \qquad a{\leq}f(x,y){\leq}b \tag{8-5}$$
$$g(x,y)=(f-b)/(e-a)[f(x,y)-b]+d \qquad b{\leq}f(x,y){\leq}c$$

其中 $f(x,y)$ 表示分段线性变换前的原始图像，而 $g(x,y)$ 表示分段线性变换后的图像，a、b、c、d、e 和 f 都表示分段线性变换的系数。

3．非线性变换

在数字图像处理中，线性变换往往不能满足所有的图像增强，从而非线性变换被用于图像增强中，这里主要使用的是对数变换和指数变换，其公式如下：

$$g(x,y)=a+\ln[f(x,y)+1]/b{\times}\ln c \tag{8-6}$$
$$g(x,y)=c+\exp(f(x,y)) \tag{8-7}$$

其中 $f(x,y)$ 表示线性变换前的原始图像，而 $g(x,y)$ 表示非线性变换后的图像，a、b、c 都表示非线性变换的系数。

在 MATLAB 中，imadjust()函数用于进行图像的灰度变换，以调节灰度图像的亮度或彩色图像的颜色矩阵，其调用格式如下。

❑ J = imadjust(I)：将灰度图像 I 中像素的亮度值映射到图像 J 中，以致 1%的图像数据在最低和最高强度间达到饱和。此函数的功能是增大图像 J 的对比度，便于后续的图像处理。具体用法同 imadjust(I,stretchlim(I))。

❑ J = imadjust(I,[low_in; high_in],[low_out; high_out])：将灰度图像 I 中像素的亮度值映射到图像 J 中。也就是说，将图像 I 中 low_in 到 high_in 间的亮度值映射到 low_out 到 high_out 间，并将 low_in 以下的值设定为下边界 low_out 而 high_in 以上的值设定为上边界 high_out，最后得到图像 J。[low_in; high_in]和[low_out; high_out]都可以取值为空矩阵，则默认值为[0,1]。

❑ J = imadjust(I,[low_in; high_in],[low_out; high_out],gamma)：将灰度图像 I 中像素的亮度值映射到图像 J 中。其中，通过 gamma 的值来确定 I 和 J 的关系曲线形状。如果 gamma 的值越大，则输出图像 J 的像素值相应地越小，图像越灰暗；如果省略参数 gamma，则默认为图像 J 和 I 间为线性映射。

❑ newmap = imadjust(map,[low_in; high_in],[low_out; high_out],gamma)：调整索引色图像的调色板 map。如果 low_in、high_in、low_out、high_out 和 gamma 都是标量，则将图像中的 r,g 和 b 分量同时做出 map 到 newmap 的映射。对于每一个颜色分量，都有唯一的映射与之相对应。当 low_in 和 high_in，或者 low_out 和 high_out 或 gamma，三者只要有其一是 1×3 向量时，调整后的颜色矩阵 newmap 与 map 的大小相同。

❑ GB2 = imadjust(RGB1,...)：对彩色图像 RGB1 的三基色（红、绿和蓝）分别调整。当颜色矩阵变化时，每个调色板都有唯一的映射值与之对应。

【例 8-15】 对 MATLAB 自带的图像 football 进行灰度拉伸。MATLAB 代码如下。

```
RGB1 = imread('football.jpg');
RGB2 = imadjust(RGB1,[.2 .3 0; .6 .7 1],[]);
imshow(RGB1),
figure
imshow(RGB2)
```

MATLAB 运行结果如图 8.16 所示。

（a）原始图像   （b）灰度拉伸以后的图像

图 8.16 灰度拉伸的运行结果

经过图像的灰度拉伸以后，可以看到图像的对比度更明显了。

【例 8-16】 根据公式（8-4）编写一个以最大值和最小值为范围的线性灰度拉伸算法 ImgStretch()函数，并实现对 MATLAB 自带的图像 football 的灰度拉伸。ImgStretch()函数的

MATLAB 代码如下：

```
function ImgOut = ImgStretch( img )
%
% ImgStretch(): 图像线性灰度拉伸函数
%
% 输入：img ---原始图像
% 输出：ImgOut ---灰度拉伸后的图像
% 获取图像的尺寸和波段数
[M,N,nDims]=size(img);
Image=im2double(img);
ImgOut=Image;
% 对每个波段依次进行灰度拉伸
for i=1:nDims
    Sp=Image(:,:,i);
    MaxDN=max(max(Sp));
    MinDN=min(min(Sp));

    % 灰度拉伸公式
    Sp=(Sp-MinDN)/(MaxDN-MinDN);

    % 将灰度拉伸结果保存在 ImageStretch()函数中
    ImgOut(:,:,i)=Sp;
end
```

程序运行的主程序为：

```
% 读入图像
img = imread('football.jpg');
% 进行线性灰度拉伸
ImgOut = ImgStretch( img )
% 显示原图
figure
imshow(img)
% 显示度拉伸结果图
figure
imshow(ImgOut)
```

MATLAB 运行结果如图 8.17 所示。

（a）原始图像

（b）线性灰度拉伸以后的图像

图 8.17　线性灰度拉伸的运行结果

8.4 图 像 滤 波

在数字图像处理中，图像滤波是常用的图像去噪和图像掩膜的手段，也是许多高层次图像处理的基础，因此图像滤波具有非常重要的地位。本节将介绍常用的图像滤波方法在MATLAB 中的实现，其中主要包括均值滤波和中值滤波，下面对这些算法进行介绍。

8.4.1 均值滤波

均值滤波属于线性滤波的一种，主要是通过像素点和其周围领域像素点简单的线性运算实现滤波的。在 MATLAB 中实现图像的均值滤波主要是通过使用 imfilter()函数和fspecial()函数相结合的方式进行滤波。下面对这种方法分别进行介绍。

在 MATLAB 中 imfilter()函数用于进行图像滤波，其调用格式如下。

❑ B = imfilter(A, H)：利用滤波器系数为 H 的滤波器对 A 进行滤波。

❑ g = imfilter(f, w, filtering_mode, boundary_options, size_options)：其中，f 为输入图像，w 为滤波掩模，g 为滤波后图像。filtering_mode 用于指定在滤波过程中是使用"相关"还是"卷积"。boundary_options 用于处理边界充零问题，边界的大小由滤波器的大小确定。具体参数选项如表 8.1 所示。

表 8.1　options具体参数

options 具体参数	选　　项	描　　　　述
filtering_mode	'corr'	通过使用相关运算来完成滤波，该值为默认
	'conv'	通过使用卷积来完成
boundary_options	'X'	输入图像的边界通过用值 X（无引号）来填充扩展其默认值为 0
	'replicate'	图像大小通过复制外边界的值来扩展
	'symmetric'	图像大小通过镜像反射其边界来扩展
	'circular'	图像大小通过将图像看成是一个二维周期函数的一个周期来扩展
size_options	'full'	输出图像的大小与被扩展图像的大小相同
	'same'	输出图像的大小与输入图像的大小相同。这可通过将滤波掩模的中心点的偏移限制到原图像中包含的点来实现，该值为默认值

在 MATLAB 中 imfilter()函数常与 fspecial()函数结合使用，fspecial()函数用于建立预定义的滤波算子，其调用格式如下。

❑ h = fspecial(type) ：利用 type 建立预定义的滤波算子。

❑ h = fspecial(type, para)：利用 type 和 para 建立预定义的滤波算子。

其中 type 指定算子的类型，para 指定相应的参数。具体类型选项如表 8.2 所示。

表 8.2　type具体类型

选　　项	描　　　　述
'average'	为均值滤波，参数为 hsize 代表模板尺寸，默认值为[3, 3]
'disk'	为圆形区域均值滤波，参数 radius 代表区域半径，默认值为 5

续表

选　项	描　述
'gaussian'	为高斯低通滤波，有两个参数，hsize 表示模板尺寸，默认值为[3 3]，sigma 为滤波器的标准值，单位为像素，默认值为 0.5
'laplacian'	为拉普拉斯算子，参数 alpha 用于控制算子形状，取值范围为[0, 1]，默认值为 0.2
'log'	为拉普拉斯高斯算子，有两个参数，hsize 表示模板尺寸，默认值为[3 3]，sigma 为滤波器的标准差，单位为像素，默认值为 0.5
'motion'	为运动模糊算子，有两个参数，表示摄像物体逆时针方向以 theta 角度运动了 len 个像素，len 的默认值为 9，theta 的默认值为 0
'prewitt'	用于边缘增强，大小为[3 3]，无参数
'sobel'	用于边缘提取，无参数
'unsharp'	为对比度增强滤波器。参数 alpha 用于控制滤波器的形状，范围为[0, 1]，默认值为 0.2

【例 8-17】　对 MATLAB 自带的图像 football 进行窗口为 3×3 的均值滤波。MATLAB 代码如下：

```
img = imread('football.jpg');
% 产生均值滤波算子
H = fspecial('average',[3 3])

% 进行均值滤波
imgAvg = imfilter(img,H);
% 查看原始图像
figure
imshow(img, [])
% 查看滤波后图像
figure
imshow(imgAvg, [])
```

MATLAB 运行结果如图 8.18 所示。

（a）原始图像　　　　　　　　　　　　　　　（b）均值滤波后的图像

图 8.18　图像滤波的运行结果

【例 8-18】　对 MATLAB 自带的图像 football 进行 prewitt 边缘检测。MATLAB 代码如下：

```
img = imread('football.jpg');
```

```
% 产生 prewitt 算子
H = fspecial('prewitt')
% 进行滤波
imgPre = imfilter(img,H);
% 查看原始图像
figure
imshow(img, [])
% 查看滤波后图像
figure
imshow(imgPre, [])
```

MATLAB 运行结果如图 8.19 所示。

（a）原始图像 （b）边缘检测滤波后的图像

图 8.19　图像边缘检测的运行结果

8.4.2　中值滤波

实际中，常见的灰度图像都存在着不同程度的噪声，而噪声的存在对图像质量产生了很大的负面影响。利用中值滤波，不但可以滤掉那些孤立的噪声点，而且还可以很好地保持图像的细节特征与边缘特性，更不会使去噪后的图像产生明显的模糊现象。在人脸等图像中，中值滤波是一种十分有限的去噪方法。

中值滤波是一种非线性信号处理方式，相应地，中值滤波器也是一种非线性的滤波器。一定条件下，中值滤波器不仅可以消除在线性滤波器处理图像时存在的图像细节、边缘模糊等问题，而且对由脉冲干扰和图像扫描产生的噪声的消除十分有效。但是，对于含点、线等突出细节较多的图像，中值滤波则容易把这些细节当做噪声而进行滤波，进而丢失图像的细节信息。最初，中值滤波器被应用于一维信号处理中，随着技术的进步，后来被引用到二维图像处理中。

在使用均值滤波处理图像时，通常把局部区域的像素值按照灰度等级进行排序，然后在该区域中将灰度的中值作为当前像素的灰度值。

中值滤波的步骤如下。

（1）将滤波模板（即一定大小的滑动窗口）的中心与待处理图像中某个位置的像素点重合。

（2）读取模板中各个不同位置的像素的灰度值。

（3）读取后的灰度值按升序或降序顺序排列。

（4）在已排序好的序列中，取其中间的数值即是模板现在所在位置的中心像素值。如果在步骤（1）中的窗口中含有奇数个元素，则待估计的像素值就是排序后的中间元素的灰度值；如果窗口中含有偶数个元素，则待估计的像素值为排序后的中间两个元素的灰度值的平均值。由于图像是二维信号，中值滤波器的滑动窗口的形状和大小对去噪效果有很大的影响，所以应根据实际的需要选取适当的窗口。

（5）重复步骤以上步骤，直到模板的中心位置遍历完待测图像的每个像素点。

通过以上步骤，经分析可得，对于孤立的噪声像素，比如椒盐噪声、脉冲噪声，中值滤波可以取代较好的去噪效果。但是，由于中值滤波并不是简单的取均值，所以由它处理后的图像的模糊现象相对不明显。

在 MATLAB 中中值滤波有固定的调用函数 medfilt2()，其调用格式如下。

❑　h = medfilt2 (I) ：利用 3×3 的窗口对图像 I 进行中值滤波。

❑　h = medfilt2 (I, [M N])：利用 M×N 的窗口对图像 I 进行中值滤波。

【例 8-19】对 MATLAB 自带的图像 football 进行中值检测，窗口大小为 5×5。MATLAB 代码如下：

```matlab
img = imread('football.jpg');
I = rgb2gray(img);
% 加脉冲噪声
I1 = imnoise(I, 'salt & pepper');
% 中值滤波
imgMed = medfilt2 (I1, [5 5]);
% 查看原始图像
figure
imshow(I, [])
% 查看噪声图像
figure
imshow(I1, [])
% 查看滤波后图像
figure
imshow(imgMed, [])
```

MATLAB 运行结果如图 8.20 所示。

（a）原始图像

（b）噪声图像

（c）中值滤波后的图像

图 8.20　图像中值滤波后的运行结果

由例 8-19 可以看到，中值滤波对脉冲噪声的抑制非常有效。

8.5 阈值分割与二值化

在实际应用及对图像的研究中，人们通常只对图像的某些部分感兴趣并希望对它们可以进行进一步地研究而对其他部分并不太在意，则这些感兴趣的部分被称为目标或者前景。为了更有效地辨识和识别目标，需要把相关的区域分离并提取出来，然后在此基础上对目标进行进一步的研究处理，比如特征提取、测量。然而，目标分割技术正是针对这种需求，把图像分割成不同的特征区域，然后提取感兴趣的部分。

图像中往往包含丰富的信息，如边缘等。在边缘部分，像素的亮度值不是连续变化的，通常会有突变，因此图像的亮度值具有不连续性。正是基于亮度值的不连续性和相似性，根据指定的准则，可以利用图像分割算法将图像分为相似的区域，如阈值处理、区域生长、区域分离和聚合。

图像阈值分割是一种被广泛应用的分割技术，它利用图像中待提取目标与其背景在灰度特性上的差异，将图像看做是不同灰度级的两种区域（目标和背景）的组合，然后据此设计一个适当的阈值将图像中的每个像素点判别为目标或者背景，最后得到对应的二值图像。

阈值图像分割算法的基本步骤如下。

（1）确定需要的分割阈值（算法的关键）。

（2）将像素值与分割阈值相比较以划分像素。

阈值分割算法包括：直方图阈值分割法、类间方差阈值分割法、二维最大熵值分割法和模糊阈值分割法等方法。其中 OSTU 阈值分割算法是类间方差阈值分割算法，利用最大类间方差进行图像阈值分割，即利用最大类间方差求取阈值。

假设图像 $f(x,y)$ 是由具有单峰灰度分布的目标和背景组成（显然这符合目前得到的二维码图像的特点），那么在单阈值情况下有下式成立：

$$g(x, y) = \begin{cases} 1 & \text{if } f(x, y) \geq T \\ 2 & \text{if } f(x, y) < T \end{cases} \tag{8-8}$$

其中 $g(x, y)$ 表示阈值分割后的图像，T 表示分割阈值。

OSTU 分割法是一种常见的图像分割算法，算法的基本思想是根据初始阈值把图像分为两类，然后计算两类之间的方差，更新阈值，重新计算类间方差，当满足类间方差最大时的阈值，即为所求的最佳阈值，具体过程如下。

（1）初始化阈值 T，将图像 $f(x, y)$ 分成两类，大于等于阈值的记为 A 类，小于阈值的记为 B 类。

（2）分别计算方法 A、B 两类像素集合的均值 m_A 和 m_B，公式如下：

$$m_A = \frac{1}{N_A} \times \sum_{(i,j) \in A} f(i,j) \tag{8-9}$$

$$m_B = \frac{1}{N_B} \times \sum_{(i,j) \in B} f(i,j) \tag{8-10}$$

其中，N_A 和 N_B 分别为像素集合 A 和 B 的像素个数。

（3）计算 A 和 B 两类的类间方差，公式如下：

$$\sigma(T) = N_A \times N_B \times N_B(m_A - m_B)^2 \tag{8-11}$$

（4）将 T 从 0～255 循环，分别计算 A 和 B 的类间方差 $\sigma(T)$，当类间方差最大时，对应的 T 即为所求的最近分割阈值。

在 MATLAB 中，graythresh()函数使用最大类间方差法找到图片的一个合适的阈值，然后 im2bw()函数进行图像的二值化。

【例 8-20】　对 MATLAB 自带的图像 coins 进行 OSTU 阈值分割和二值化。MATLAB 代码如下：

```
I = imread('coins.png');
% OSTU 阈值分割
% 求取分割阈值
level = graythresh(I);
% 进行图像分割和二值化
BW = im2bw(I,level);
% 查看原始图像
figure
imshow(I, [])
% 查看二值化图像
figure,
imshow(BW,[])
```

MATLAB 运行结果如图 8.21 所示。

（a）原始图像　　　　　　　　　　　（b）二值化后的图像

图 8.21　图像二值化的运行结果

8.6　形态学算子

数学形态学的数学理论基础是数学中的集合论。因此，数学形态学是图像几何形态学分析和进行图像描述的有力工具。数学形态学的研究起源于 19 世纪。1964 年法国的 Matheron 和 Serra 在进行积分几何的研究时首次将数学形态学引入图像处理领域，并在此基础上研制开发了基于数学形态学的图像处理系统。数学形态学发展的里程碑是 1982 年出版的专著 *Image Analysis and Mathematical Morphology*，该书表明数学形态学在理论上趋于完备，并且不断地应用到不同的图像应用中。由于数学形态学算法可以进行快速的求解，并且易于硬件实现，因此引起了各国研究学者的广泛关注，并得到了广泛的应用。目前，数学形态学理论已经被应用到计算机视觉、信号处理、图像分析、模式识别、计算方法与数据处理等方面，并且都取得了较为成功的成果。在数字图像处理领域，数学形态学算法可以用来解决噪声抑制、特征提取、图像分割、边缘检测、纹理分析、形状识别、图像恢复与重建、图像压缩等问题。

数学形态学是以形态结构元素为基础对图像进行分析的数学工具。它的基本思想是用具有一定形态的结构元素去度量和提取图像中的对应形状以达到对图像分析和识别的目的。数学形态学的应用可以简化图像数据，保持它们基本的形状特征，并除去不相干的结构。数学形态学的基本运算有 4 个：膨胀、腐蚀、开启和闭合。它们在二值图像中和灰度图像中各有特点。基于这些基本运算还可以推导和组合成各种数学形态学实用算法。

数学形态学中二值图像的形态变换是一种针对集合的处理过程。其形态算子的实质是表达物体或形状的集合与结构元素间的相互作用，结构元素的形状就决定了这种运算所提取的信号的形状信息。形态学图像处理是在图像中移动一个结构元素，然后将结构元素与下面的二值图像进行交、并等集合运算。

基本的形态运算是腐蚀和膨胀，在形态学中，结构元素是最重要且最基本的概念。结构元素在形态变换中的作用相当于信号处理中的"滤波窗口"。用 B 代表结构元素，对图像 $f(i,j)$，腐蚀的定义为：

$$fe = f \ominus B = \{(x,y), B(x,y) \subset f\} \tag{8-12}$$

而膨胀的定义为：

$$fd = f \oplus B = \{(x,y), B(x,y) \cap f \neq \phi\} \tag{8-13}$$

先腐蚀（删除对象边界某些元素）后膨胀的过程称为开运算。它具有消除细小物体，在纤细处分离物体和平滑较大物体边界的作用。先膨胀（对象边界添加元素）后腐蚀的过程称为闭运算。它具有填充物体内细小空洞，连接邻近物体和平滑边界的作用。可见，二值形态膨胀与腐蚀可转化为集合的逻辑运算，算法简单，适于并行处理且易于硬件实现，适于对二值图像进行图像分割、细化、抽取骨架、边缘提取、形状分析。但是，在不同的应用场合，结构元素的选择及其相应的处理算法是不一样的，对不同的目标图像需设计不同的结构元素和不同的处理算法。结构元素的大小、形状选择合适与否，将直接影响图像的形态运算结果。

在 MATLAB 中常用形态学操作函数包括 strel()、imdilate()、imerode()、bwmorph()、imclose() 和 imopen() 函数，这 6 个函数各有用途，下面进行一一介绍。

1. strel() 函数

该函数能够生成膨胀腐蚀及开闭运算等操作的结构元素对象，其调用格式如下。

❑ SE=strel(shape,parameters)：创建由 shape 指定形状的结构元素。其中，参数 parameters 用来控制 SE 的大小。通常，shape 的类型有 'arbitrary'、'pair'、'diamond'、'periodicline'、'disk'、'rectangle'、'line'、'square'、'octagon' 等。

- SE = strel('arbitrary', NHOOD)：创建一个任意形状的结构元素。其中，NHOOD 是只包含元素 0 和 1 的矩阵，可以用 se=strel(NHOOD)简化来指定形状。

- SE = strel('arbitrary', NHOOD, HEIGHT)：HEIGHT 是一个与 NHOOD 同大小的矩阵，包含于相关的 NHOOD 中非零元素的高度值。

- SE = strel('ball', R, H, N)：创建一个椭球形的结构元素。其中，R 为平面 X-Y 内的半径，H 为高度。当 N 大于 0 时，椭球是利用 N 不平坦的线状结构来进行逼近的。当 N 等于 0 时，它没有逼近。

- SE = strel('diamond', R)：创建一个平坦的菱形结构元素。其中，R 是结构元素中从原点到菱形最远的距离。

- SE = strel('disk', R, N)：创建一个平坦的圆形结构元素，其中，R 为半径。N 必须是固定值 0,4,6 或 8。当 N 大于 0 时，圆形结构元素被 N 个周期线性结构元素序列近似逼近；当 N 等于 0 时，没有逼近，结构元素包含所有小于从原点到 R 的像素。

- SE = strel('line', LEN, DEG)：创建一个平坦的线性结构。其中，LEN 为线的长度，DEG 为角度。

- SE = strel('octagon', R)：创建一个平坦的八边形结构。其中，沿水平轴和垂直轴度量，R 是从结构元素的原点到八边形的距离，且 R 必须是 3 的非负倍数。

- SE = strel('pair', OFFSET)：创建一个包含两个成员的平坦结构元素。其中，一个成员在原点，一个成员由向量 OFFSET 表示，且该向量必须是一个两元素的整数向量。

- SE = strel('periodicline', P, V)：创建一个包含有 $2 \times P + 1$ 个成员的平坦元素。其中，V 是一个两元素向量，包含有整数值的行和列的转移，一个元素在原点，另一个元素位于 $1 \times V$，$-1 \times V$，$2 \times V$，$-2 \times V$，...，$P \times V$，$-P \times V$ 处。

- SE = strel('rectangle', MN)：创建一个平坦的矩阵结构。其中，由 MN 指定矩形的大小。

- SE = strel('square', N)：创建一个方形的结构元素。其中，N 表示边长包含的像素数。

【例 8-21】　利用 strel()函数生成一个半径为 5 的圆盘结构。MATLAB 代码如下：

```
se = strel('disk',5,0)
```

MATLAB 运行结果如下：

```
se =
    0    0    0    0    0    1    0    0    0    0    0
    0    0    1    1    1    1    1    1    1    0    0
    0    1    1    1    1    1    1    1    1    1    0
    0    1    1    1    1    1    1    1    1    1    0
    0    1    1    1    1    1    1    1    1    1    0
    1    1    1    1    1    1    1    1    1    1    1
    0    1    1    1    1    1    1    1    1    1    0
    0    1    1    1    1    1    1    1    1    1    0
    0    1    1    1    1    1    1    1    1    1    0
    0    0    1    1    1    1    1    1    1    0    0
    0    0    0    0    0    1    0    0    0    0    0
```

2．imdilate()函数

该函数能够实现二值图像的膨胀操作，其调用格式如下。

❑ *BW*2=imdilate(*BW*1，*SE*)：使用二值结构要素矩阵 *SE* 对图像数据矩阵 *BW*1 执行膨胀操作，输入图像 *BW*1 的类型为 double 或 unit8，输出图像 *BW*2 的类型为 unit8。

❑ *BW*2=imdilate(*BW*1,*SE*,…,*n*)：使用二值结构要素矩阵 *SE* 对图像数据矩阵 *BW*1 执行 *n* 次膨胀操作。

【例 8-22】 对例 8-20 中二值化后的图像进行膨胀操作。MATLAB 代码如下：

```
I = imread('coins.png');
% OSTU 阈值分割
% 求取分割阈值
level = graythresh(I);
% 进行图像分割和二值化
BW = im2bw(I, level);
% 产生形态学结构
se = strel('rectangle',[3 5]);%结构元素
% 形态学膨胀
imgDil = imdilate(BW,se,'same'); %dilate
% 查看原始图像
figure
imshow(I, [])
% 查看二值化图像
figure,
imshow(BW,[])
% 查看形态学膨胀图像
figure,
imshow(imgDil,[])
```

MATLAB 运行结果如图 8.22 所示。

 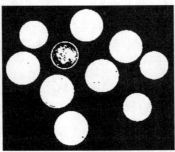 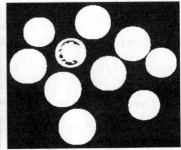

(a) 原始图像   (b) 二值化后的图像   (c) 形态学膨胀后的图像

图 8.22 图像形态学膨胀的运行结果

3. imerode() 函数

该函数能够实现二值图像的腐蚀操作，其调用格式如下。

❑ *BW*2 = imerode(*BW*1,*SE*)：使用二值结构要素矩阵 *SE* 对图像数据矩阵 *BW*1 执行腐蚀操作。输入图像 *BW*1 的类型为 double 或 unit8，输出图像 *BW*2 的类型为 unit8。

❑ *BW*2 = imerode(*BW*1,*SE*,…,*n*)：使用二值结构要素矩阵 *SE* 对图像数据矩阵 *BW*1 执行 *n* 次腐蚀操作。

【例 8-23】 对例 8-20 中二值化后的图像进行腐蚀操作。MATLAB 代码如下：

```
I = imread('coins.png');
```

```
% OSTU 阈值分割
% 求取分割阈值
level = graythresh(I);
% 进行图像分割和二值化
BW = im2bw(I,level);
% 产生形态学结构
se = strel('rectangle',[3 5]);%结构元素
% 形态学腐蚀
imgEro = imerode (BW,se,'same');
% 查看原始图像
figure
imshow(I, [])
% 查看二值化图像
figure,
imshow(BW,[])
% 查看形态学腐蚀图像
figure,
imshow(imgEro,[])
```

MATLAB 运行结果如图 8.23 所示。

　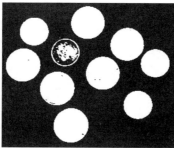　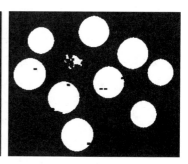

　　　　（a）原始图像　　　　　　　　（b）二值化后的图像　　　　　　（c）形态学膨胀后的图像

图 8.23　图像形态学腐蚀的运行结果

4．bwmorph()函数

该函数的功能是实现二值图像形态学运算。格式如下。

❑ **BW**2=bwmorph(**BW**1,operation)：可对二值图像 **BW**1 采用指定的形态学运算。

❑ **BW**2=bwmorph(**BW**1,operation,*n*)：可对二值图像 **BW**1 采用指定的形态学运算 *n* 次。

operation 为表 8.3 所示的字符串之一。

表 8.3　operation选项

operation	Description
'bothat'	是形态学上的"底帽"变换操作，返回的图像是原图减去形态学闭操作处理后的图像（闭操作：先膨胀后腐蚀）
'bridge'	连接断开的像素。也就是如果一个像素值为 0，且它有两个不相连的非零像素值（包含该像素点的 8 领域内的像素点），则将其像素置 1
'clean'	移除孤立的像素（被 0 包围的 1）
'close'	执行形态学闭操作（先膨胀后腐蚀）
'diag'	利用对角线填充来消除背景中的 8 连通区域
'dilate'	利用结构 ones(3)执行膨胀操作

续表

operation	Description
'erode'	利用结构 ones(3)执行腐蚀操作
'fill'	填充孤立的内部像素（被 1 包围的 0）
'hbreak'	移除 H 连通的像素
'majority'	如果该像素的 3×3 邻域中至少有 5 个像素为 1，将某一像素置 1；否则将该像素置 0
'open'	执行形态学开操作（先腐蚀后膨胀）
'remove'	移除内部像素。该选项将一像素置 0 如果该像素的 4 连通邻域都为 1，仅留下边缘像素
'shrink'	$n =$ Inf 时，将目标缩成一个点。没有孔洞的目标缩成一个点，有孔洞的目标缩成一个连通环
'skel'	$n =$ Inf 时，移除目标边界像素，但是不允许目标分隔开，保留下来的像素组合成图像的骨架
'spur'	移除刺激（孤立）像素
'thicken'	$n =$ Inf 时，通过在目标外部增加像素加厚目标直到这样做最终使先前未连接目标成为 8 连通域
'thin'	$n =$ Inf 时，减薄目标成线。没有孔洞的目标缩成最低限度的连通边；有孔洞的目标缩成连通环
'tophat'	执行形态学"顶帽"变换操作，返回的图像是原图减去形态学开操作处理之后的图像（开操作：先腐蚀后膨胀）

【例 8-24】 对例 8-20 中二值化后的图像进行 tophat 操作。MATLAB 代码如下。

```
I = imread('coins.png');
% OSTU 阈值分割
% 求取分割阈值
level = graythresh(I);
% 进行图像分割和二值化
BW = im2bw(I,level);
% tophat 变换
imgTop = bwmorph(BW,'tophat');
% 查看原始图像
figure
imshow(I, [])
% 查看二值化图像
figure,
imshow(BW, [])
% 查看 tophat 变换图像
figure,
imshow(imgTop, [])
```

MATLAB 运行结果如图 8.24 所示。

（a）原始图像　　　　　（b）二值化后的图像　　　　　（c）tophat 变换后的图像

图 8.24　图像 tophat 变换的运行结果

5．imclose()函数

该函数的功能是对灰度图像执行形态学闭运算，即使用同样的结构元素先对图像进行膨胀操作后进行腐蚀操作。调用格式如下。

```
IM2=imclose(IM,SE)
```

【**例 8-25**】　对例 8-20 中二值化后的图像进行形态学闭运算。MATLAB 代码如下：

```
I = imread('coins.png');
% OSTU 阈值分割
% 求取分割阈值
level = graythresh(I);
% 进行图像分割和二值化
BW = im2bw(I,level);
% 产生形态学结构
se = strel('rectangle',[3 5]);%结构元素
% 形态学闭运算
imgClo = imclose (BW, se);
% 查看原始图像
figure
imshow(I, [])
% 查看二值化图像
figure,
imshow(BW, [])
% 查看形态学闭运算结果
figure,
imshow(imgClo, [])
```

MATLAB 运行结果如图 8.25 所示。

（a）原始图像　　　　　　　　（b）二值化后的图像　　　　　　　（c）形态学闭运算后的图像

图 8.25　图像形态学闭运算的运行结果

6．imopen()函数

该函数的功能是对灰度图像执行形态学开运算，即使用同样的结构元素先对图像进行腐蚀操作后进行膨胀操作。调用格式为：

```
IM2=imopen(IM,SE)
```

【**例 8-26**】　对例 8-20 中二值化后的图像进行形态学开运算。MATLAB 代码如下：

```
I = imread('coins.png');
```

```
% OSTU 阈值分割
% 求取分割阈值
level = graythresh(I);
% 进行图像分割和二值化
BW = im2bw(I,level);
% 产生形态学结构
se = strel('rectangle',[3 5]);%结构元素
% 形态学开运算
imgOpe = imopen (BW, se);
% 查看原始图像
figure
imshow(I, [])
% 查看二值化图像
figure,
imshow(BW, [])
% 查看形态学开运算结果
figure,
imshow(imgOpe, [])
```

MATLAB 运行结果如图 8.26 所示。

 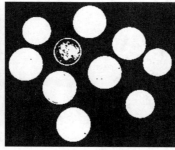 

（a）原始图像   （b）二值化后的图像   （c）图像形态学开运算后的图像

图 8.26 图像形态学开运算的运行结果

8.7 图 像 变 换

图像变换是指把图像从空间域转换到变换域的过程，通过转换可以更好地处理分析图像。本节主要介绍图像变换中比较常用的傅里叶变换和余弦变换的实现。

1. 快速傅里叶变换

在 MATLAB 图像处理工具箱中，对图像进行二维的傅里叶变换的函数为 fft2()，其调用格式如下。

- Y = fft2(X)：对矩阵 X 进行快速傅里叶变换，返回变换后傅里叶系数 Y。通常，X 为二维数据（一般为灰度图像），Y 与 X 的维数相同，且 Y 包含复数。
- Y = fft2(X, m, n)：对矩阵 X 进行快速傅里叶变换，m 和 n 表示返回的傅里叶系数矩阵 Y 的大小，如果 m 和 n 超过了数据矩阵 X 的大小，则返回的 Y 矩阵在超出 X 的维数部分补 0。通常，X 为二维数据（一般为灰度图像）。

在 MATLAB 图像处理工具箱中，对图像进行二维的逆傅里叶变换的函数为 ifft2()，其调用格式如下。

- ❑ $Y = \text{ifft2}(X)$：对矩阵 X 进行逆傅里叶变换，返回变换后二维矩阵 Y。通常，X 为二维数据，且包含复数，Y 与 X 的维数相同。
- ❑ $Y = \text{ifft2}(X, m, n)$：对矩阵 X 进行逆快速傅里叶变换，m 和 n 表示返回的二维矩阵 Y 的大小。通常，X 为二维数据。

在 MATLAB 中，通常利用函数 fftshift() 将傅里叶变换后的图像频谱中心从矩阵的原点移动到矩阵的中心，从而有利于观察傅里叶变换的效果，其调用格式如下。

$Y = \text{fftshift}(X)$：将傅里叶变换后的频谱 X 的中心从矩阵的原点移动到矩阵的中心，即将零频率成分从矩阵的原点移动到矩阵的中心。

【例 8-27】 对 MATLAB 自带的图像 coins 进行快速傅里叶变换和逆傅里叶变换，并观察其频谱。MATLAB 代码如下：

```
I = imread('coins.png');
% 快速傅里叶变换
J = fft2(I);
% 进行频谱搬移
K = fftshift (J);
% 逆傅里叶变换
L = ifft2(J) / 255;
% 查看原始图像
figure
imshow(I)
title('原图像')
% 查看傅里叶变换后的频谱
figure,
imshow(J)
title('傅里叶变换后的频谱')
% 查看频谱搬移后的频谱
figure,
imshow(K)
title('频谱搬移后的频谱')
% 查看逆傅里叶变换后的图像
figure,
imshow(L)
title('逆傅里叶变换后的图像')
```

MATLAB 运行结果如图 8.27 所示。

（a）原始图像　　　　（b）傅里叶变换后的频谱　　　（c）频谱搬移后的频谱　　　（d）逆傅里叶变换后的图像

图 8.27　图像的快速傅里叶变换的运行结果

2. 离散余弦变换

在 MATLAB 中，对图像进行二维离散余弦变换的函数为 dct2()，其调用格式如下。

- $Y = dct2(X)$：对矩阵 X 进行离散余弦变换，返回变换后余弦系数为矩阵 Y。通常，X 为二维数据（一般为灰度图像），Y 与 X 的维数相同。
- $Y = dct2(X, m, n)$：对矩阵 X 进行离散余弦变换，m 和 n 表示返回的余弦系数矩阵 Y 的大小，如果 m 和 n 超过了数据矩阵 X 的大小，则返回的 Y 矩阵在超出 X 的维数部分补 0。通常，X 为二维数据（一般为灰度图像）。

在 MATLAB 中，对图像进行二维的逆离散余弦变换的函数为 idct2()，其调用格式如下。

- $Y = idct2(X)$：对矩阵 X 进行逆离散余弦变换，返回变换后二维矩阵 Y。通常，X 为二维数据，Y 与 X 的维数相同。
- $Y = idct2(X, m, n)$：对矩阵 X 进行逆离散余弦变换，m 和 n 表示返回的二维矩阵 Y 的大小。通常，X 为二维数据。

【例 8-28】 对 MATLAB 自带的图像 coins 进行离散余弦变换和逆离散余弦变换。MATLAB 代码如下：

```matlab
I = imread('coins.png');
% 离散余弦变换
J = dct2(I);
% 逆离散余弦变换
L = idct2 (J) / 255;
% 查看原始图像
figure
imshow(I)
title('原图像')
% 查看离散余弦变换系数
figure,
imshow(J)
title('离散余弦变换系数')
% 查看逆离散余弦变换后的图像
figure,
imshow(L)
title('逆离散余弦变换后的图像')
```

MATLAB 运行结果如图 8.28 所示。

（a）原始图像　　　　　　　（b）离散余弦变换系数　　　　　（c）逆离散余弦变换后的图像

图 8.28　图像的离散余弦变换的运行结果

8.8　本 章 小 结

　　本章详细介绍了 MATLAB 中常用的有关数字图像处理的知识，其中包括图像的读取和显示、图像的直方图均衡和灰度拉伸、图像滤波、阈值分割与二值化、形态学算子和图像的简单变换等内容。其中图像的读取和显示、直方图均衡、图像滤波和图像变换是本章应该掌握的重点内容，这些知识在通信工程和信号处理中很常用，而且在进行科学计算时非常方便。

8.9　习　　题

　　1．读取 MATLAB 工具箱中的 cameraman 图像，并将其灰度化。

　　2．设矩阵 $Y = [1\ 2.5\ 2.1;\ 3\ 3.5\ 6]$，利用 hist($Y$)计算其直方图。

　　3．对 MATLAB 自带的图像 tire 进行直方图均衡化，并显示均衡化后的效果。

　　4．对 MATLAB 自带的图像 football 以最大值和最小值为范围进行线性灰度拉伸。

　　5．对 MATLAB 自带的图像 football 进行窗口为 3×3 的均值和中值滤波。

　　6．对 MATLAB 自带的图像 football 进行 OSTU 阈值分割和二值化。

　　7．对习题 6 中二值化后的图像进行腐蚀膨胀操作。

　　8．对 MATLAB 自带的图像 coins 进行快速傅里叶变换和逆傅里叶变换，并观察其频谱。

　　9．对 MATLAB 自带的图像 coins 进行离散余弦变换和逆离散余弦变换。